国家出版基金项目
NATIONAL PUBLICATION FOUNDATION

当我们对野味说不时,
我们在说什么

吕植　肖凌云　主编

北京大学出版社
PEKING UNIVERSITY PRESS

人与自然和谐共生行动研究 | Action Research on People and Nature | 丛书主编 吕植

图书在版编目（CIP）数据

当我们对野味说不时，我们在说什么/吕植，肖凌云主编. —北京：北京大学出版社，2023.5

（人与自然和谐共生行动研究；Ⅰ）

ISBN 978-7-301-33871-1

Ⅰ.①当…　Ⅱ.①吕…②肖…　Ⅲ.①人类 – 关系 – 野生动物 – 研究　Ⅳ.①Q958.12

中国国家版本馆CIP数据核字（2023）第054177号

书　　　　名	当我们对野味说不时，我们在说什么
	DANG WOMEN DUI YEWEI SHUO BU SHI，WOMEN ZAI SHUO SHENME
著作责任者	吕　植　肖凌云　主编
责 任 编 辑	黄　炜
标 准 书 号	ISBN 978-7-301-33871-1
出 版 发 行	北京大学出版社
地　　　　址	北京市海淀区成府路 205 号　100871
网　　　　址	http：//www.pup.cn　　新浪微博：@北京大学出版社
电 子 信 箱	zpup@pup.cn
电　　　　话	邮购部 010-62752015　发行部 010-62750672　编辑部 010-62764976
印 刷 者	北京宏伟双华印刷有限公司
经 销 者	新华书店
	720毫米×1020毫米　16开本　24印张　360千字
	2023年5月第1版　2023年5月第1次印刷
定　　　　价	120.00元

"人与自然和谐共生行动研究Ⅰ" 丛书编委会

本书编委会

主 编　吕　植　肖凌云

编 委（以姓氏拼音为序）

陈怀庆　程　琛　韩雪松　洪艺轩

黄巧雯　李彬彬　李泓莹　李立姝

李　露　李沛芸　李添明　李雪阳

卢　桦　罗　岚　吕　植　吕忠梅

平晓鸽　秦天宝　史湘莹　宋大昭

孙　戈　王　放　王怡了　魏辅文

吴　昊　吴　鹏　肖凌云　徐晶晶

曾　岩　张劲硕　赵　翔　左旭光

前　言

2019年底开始暴发的新型冠状病毒（SARS-CoV-2）感染疫情（以下简称"新冠疫情"）在过去的三年里给世界各国人民的生活带来了极大的影响，也令全球的经济遭受重创。历时三年，这个病毒的传播和变异仍在进行中。与以往暴发的严重急性呼吸综合征（SARS，曾称为"传染性非典型肺炎"）、埃博拉出血热、禽流感类似，此次的新冠病毒也属于人畜共患病（或称为人兽共患病）。据2022年3月世界卫生组织报道，迄今的观察，除家畜外，自由放养、圈养或养殖的野生动物，如大型猫科动物、水貂、雪貂、北美白尾鹿和大型灵长类动物也可以感染SARS-CoV-2；近期已有观察表明，受感染的养殖水貂和宠物仓鼠能够将SARS-CoV-2病毒传给人类，如果SARS-CoV-2传至野生动物有可能形成动物宿主。作为一项紧急措施，世界动物卫生组织和世界卫生组织建议各国暂停在食品市场中销售捕获的活体野生哺乳动物。

此次疫情的暴发，也令人反思人与自然之间复杂的关系。流行病研究表明，自然界中病毒种类繁多，动物储存的病毒偶尔也会跨越宿主，传播给人或者其他动物，这便是病毒学家们担忧的病毒"溢出（spillover）"，溢出的方式有各种可能，比如存在中间宿主等。有可能由于野生动物自然栖息地破坏、野生动物非法贸易和消费等原因，人类与野生动物的接触增加，这些原本存在于自然界的病毒借助野生动物给人类健康带来了更多不可控的风险。

为了减少人畜共患病的风险，并防患于未然，在2020年1月20日疫情公布后，十九位院士和学者在1月22日呼吁全国人民代表大会紧急修订《中华人民共和国野生动物保护法》等相关法律，禁止野生动物非法食用和贸易，从源头控制重大公共安全风险。此后的一项公众意愿调查表明，在近10万被调查者中，赞成全面禁止吃野味和进行野生动物贸易的人在95%以上。"对吃野生动物说不"一时间成为各大公共媒体和社交平台上自发传播的焦点。

公众之所以有如此高涨的意愿，除了疫情给全社会造成了巨大的健康与生命损失令人为之伤痛之外，还因为战"疫"付出了难以估量的社会经济代价。许多人称此次疫情暴发的事件是"灰犀牛"——远看似乎没有威胁，而当它一旦被触怒、向你奔袭而来时，能够逃脱的概率微乎其微。用这个概念来比喻野生动物贸易和食用野味对人类的潜在风险再恰当不过。在2003年的SARS时期，也曾有过对野生动物食用和交易的禁令，然而一段时间过后，"好了伤疤忘了疼"，人们重蹈覆辙，一再忽视风险。

在新冠疫情期间，多家机构以及对此问题有深入思考和研究的个人，在各种媒体上发表了数十篇文章，全方位论述了野生动物食用与贸易的现状与风险，以及野生动物利用管理中的潜在问题。基于存在的问题和事实证据，大家对《中华人民共和国野生动物保护法》的修订提供了系统的修改意见，并参与推动了被称为史上最严的野生动物禁食决定①的出台。从此，我国野生动物的保护将从仅仅重视大熊猫、雪豹等旗舰物种，向关注和保护所有的野生动物演进，推动了全社会保护野生动物意识的提升。

本书主要是2020年间，大家在各个平台对野味风险和野生动物管理问题进行探讨和思考的一本合集，文章都完成于《野生动物保护法》修订之前，其中部分作者根据近三年的思考对相关内容做了修订。作为亲历者，作者们深度探讨了野生动物与人类复杂的关系以及人类对待野生动物的恰当态度和行为。这次疫情亦引发我们思考和认识与生物多样性关联的另一角度：公共健康安全。从吃开始，每一个人都能够参与到保护野生动物和重构人与自然关系的文明建设中来。

这些探讨和思考呼应了全社会的需求。2020年2月《全国人民代表大会常务委员会关于全面禁止非法野生动物交易、革除滥食野生动物陋习、切实保障人民群众生命健康安全的决定》的出台，推动了我国规模宏大的后续一系列相关立法与法律完善的进程，包括2021年1月修订完成《中华人民共和国动物防疫法》、2020年10月颁布《中华人民共和国生物安全法》和2022年底修订完成《中华人民共和国野生动物保护法》及相关刑法法条的修改。同时，2021年2月正式更新

---

① 禁食决定即为《全国人民代表大会常务委员会关于全面禁止非法野生动物交易、革除滥食野生动物陋习、切实保障人民群众生命健康安全的决定》。

完成的《国家重点保护野生动物名录》和2021年底发布的《国家保护的有重要生态、科学、社会价值的陆生野生动物名录》征求意见稿，广泛收纳了大家的建议，已经覆盖并保证绝大多数陆生脊椎动物在我国受到法律的保护。

　　回顾本书中的内容，一些观点已经纳入了新的法律修订中，另一些可供新的政策和法律进一步修订和出台时参考。无论如何，它们代表了这一富有特殊意义的时间段的宝贵历史截面。我们给读者呈现的，既是对历史的记录，也希望对未来有所启发。唯愿新冠疫情早日结束，人类从中获得的经验和教训能够让我们更从容有效地减少和应对未来可能发生的类似风险，让"同一健康（One Health）"从理念变为现实。

吕　植

2023年2月6日

全国人民代表大会常务委员会
关于全面禁止非法野生动物交易、
革除滥食野生动物陋习、
切实保障人民群众生命健康安全的决定

（2020年2月24日第十三届全国人民代表大会常务委员会第十六次会议通过）

为了全面禁止和惩治非法野生动物交易行为，革除滥食野生动物的陋习，维护生物安全和生态安全，有效防范重大公共卫生风险，切实保障人民群众生命健康安全，加强生态文明建设，促进人与自然和谐共生，全国人民代表大会常务委员会作出如下决定：

一、凡《中华人民共和国野生动物保护法》和其他有关法律禁止猎捕、交易、运输、食用野生动物的，必须严格禁止。

对违反前款规定的行为，在现行法律规定基础上加重处罚。

二、全面禁止食用国家保护的"有重要生态、科学、社会价值的陆生野生动物"以及其他陆生野生动物，包括人工繁育、人工饲养的陆生野生动物。

全面禁止以食用为目的猎捕、交易、运输在野外环境自然生长繁殖的陆生野生动物。

对违反前两款规定的行为，参照适用现行法律有关规定处罚。

三、列入畜禽遗传资源目录的动物，属于家畜家禽，适用《中华人民共和国畜牧法》的规定。

国务院畜牧兽医行政主管部门依法制定并公布畜禽遗传资源目录。

四、因科研、药用、展示等特殊情况，需要对野生动物进行非食用性利用的，应当按照国家有关规定实行严格审批和检疫检验。

国务院及其有关主管部门应当及时制定、完善野生动物非食用性利用的审批和检疫检验等规定，并严格执行。

五、各级人民政府和人民团体、社会组织、学校、新闻媒体等社会各方面，都应当积极开展生态环境保护和公共卫生安全的宣传教育和引导，全社会成员要自觉增强生态保护和公共卫生安全意识，移风易俗，革除滥食野生动物陋习，养成科学健康文明的生活方式。

六、各级人民政府及其有关部门应当健全执法管理体制，明确执法责任主体，落实执法管理责任，加强协调配合，加大监督检查和责任追究力度，严格查处违反本决定和有关法律法规的行为；对违法经营场所和违法经营者，依法予以取缔或者查封、关闭。

七、国务院及其有关部门和省、自治区、直辖市应当依据本决定和有关法律，制定、调整相关名录和配套规定。

国务院和地方人民政府应当采取必要措施，为本决定的实施提供相应保障。有关地方人民政府应当支持、指导、帮助受影响的农户调整、转变生产经营活动，根据实际情况给予一定补偿。

八、本决定自公布之日起施行。

缩 略 语

一、法律法规

《传染病防治法》：《中华人民共和国传染病防治法》

《动物防疫法》：《中华人民共和国动物防疫法》

《环境保护法》：《中华人民共和国环境保护法》

《陆生野生动物保护实施条例》：《中华人民共和国陆生野生动物保护实施条例》

《农业法》：《中华人民共和国农业法》

《森林法》：《中华人民共和国森林法》

《生物安全法》：《中华人民共和国生物安全法》

《食品安全法》：《中华人民共和国食品安全法》

《突发事件应对法》：《中华人民共和国突发事件应对法》

《刑法》：《中华人民共和国刑法》

《畜牧法》：《中华人民共和国畜牧法》

《野生动物保护法》：《中华人民共和国野生动物保护法》

《渔业法》：《中华人民共和国渔业法》

《治安管理处罚法》：《中华人民共和国治安管理处罚法》

二、文件、名录

《保护名录》：《国家重点保护野生动物名录》

《决定》：《全国人民代表大会常务委员会关于全面禁止非法野生动物交

易、革除滥食野生动物陋习、切实保障人民群众生命健康安全的决定》

《三有名录》：《国家保护的有益的或者有重要经济、科学研究价值的陆生野生动物名录》，2018年后修正为《国家保护的有重要生态、科学、社会价值的陆生野生动物名录》

《54种动物名单》：《商业性经营利用驯养繁殖技术成熟的陆生野生动物名单》（已失效）

《IUCN红色名录》：《世界自然保护联盟濒危物种红色名录》

CITES：《濒危野生动植物种国际贸易公约》（Convention on International Trade in Endangered Species of Wild Fauna and Flora）

三、概念

三有动物：有重要生态、科学、社会价值的陆生野生动物

新冠病毒：新型冠状病毒

新冠疫情：新型冠状病毒感染引起的疫情

野保人员：野生动物保护员

野捕：野外猎捕

野生动物驯养繁殖许可证：国家重点保护野生动物驯养繁殖许可证

COVID：新型冠状病毒感染疾病

四、机构简称

联合国粮农组织（FAO）：联合国粮食及农业组织

林草局：林业和草原局

全国人大法工委：全国人民代表大会常务委员会法制工作委员会

IUCN：世界自然保护联盟

五、公益性组织和基金会

阿拉善SEE基金会：北京市企业家环保基金会

广州绿网：广州绿网环境保护服务中心

荒野新疆：新疆维吾尔自治区青少年发展基金会荒野新疆公益专项基金

猫盟：猫盟CFCA

美境自然：广西生物多样性研究和保护协会

潜爱大鹏：深圳市大鹏新区珊瑚保育志愿联合会

守护荒野：乌鲁木齐沙区荒野公学自然保护科普中心

桃花源基金会：桃花源生态保护基金会

自然之友：北京自然之友公益基金会

智渔：海南智渔可持续科技发展研究中心

目　　录

第一章

为什么对野味说不？

什么是野味

"野生动物"的概念框架和术语定义[①]

曾　岩　平晓鸽　魏辅文

　　2003年，为应对SARS暴发，国家林业局和国家工商总局联合发文，紧急通知立即停止野生动物市场经营活动。但是，《野生动物保护法》所保护的对象和林业部门所监管的目标，与人们从字面上理解的野生动物，即"生活在野外的非家养动物"，具有很大差别。因此引发了公众对通知所涉及"野生动物"范围的讨论，建议必须在法律上给"野生动物"以明确的定义。

　　2020年世界范围内暴发了新冠疫情，由于其病毒可能源自野生动物，引发了人们对2016年修订的《野生动物保护法》适用范围的大讨论，再次引起对"野生动物"这个常用词汇做出准确定义的呼吁。

　　定义"野"（wild）或"非野"（non-wild）不只是个理论问题，而且具有特别重要的现实意义。"野生生物""野生动植物""野生来源"这些概念存在着相对性，在定义时需要考虑多种因素。很多国际自然保护协议、国家法律，包括世界自然保护联盟的《IUCN濒危物种红色名录》（*IUCN Red List of Threatened Species*）都没有对"野生"给出准确的定义。

　　为确定"野生动物"概念的理论基础，本文梳理了世界各国、相关的国际组织以及在野生动物保护方面有单独立法权的我国香港特别行政区关于"野生动物"的文件、法律、法规、术语，提取了"野生动物"定义的关键信息，并根据对动物人工选择和干预控制的强度，提出了"野生动物"的一个二维概念框架，解释现实中动物所处的不同状态，揭示这些状态之间的连续性和差异，提示不同法律规定适用背景，不同操控意图、规范和语境下应考虑的"野生动物"定

---

① 本文原载于《生物多样性》2020年第5期，稍作修改，注释已省略。

义，并根据现实情况，就我国野生动物保护和管理的法律框架提出
修订建议。

1. "野生动物"相关术语及其法律适用范围

在我国，"野生动物"曾对应翻译为wildlife，在概念上被认为
有广义和狭义两类：广义的概念包括了自然界所有自由栖息的动物种
类，狭义的概念因时间和地区而变化。

以下为不同国家、相关的国际组织的英文法条中与"野
生动物"（wild animal）相关的英文术语及其解释，包括
wildlife、animal、wild fauna、wild population、domestic/
domesticated和captivity等（表1.1）。可以看出，相关术语的表述
和适用范围因各自法律立法目的的不同而有所不同。

2. 术语"野生动物"的限定条件

各个国家的野生动物管理和保护法规均从自身的传统需求和法律
目标出发，覆盖动物界的不同类群，并有不同的限定条件（表1.1）。
一般地，术语适用生物类群的确定方式分三种：

（1）采用其他词汇做出描述或解释，即"定义法"；

（2）举例该术语所涵盖的类群，即"列举法"；

（3）列出该术语不涵盖的类群，即"排除法"。

不同国家和相关国际组织对"野生"的表述具有不同的限定条
件，主要涉及：是否属于或者存在于自然中，是否包括处在圈养和人
类控制条件下的群体，是否包括驯化动物的野化群体等。

从联合国粮农组织的定义看，驯化动物和野生动物并不直接对
应。前者强调经过很多世代，繁殖和饲养受到人类控制；后者要求生
活不受人类直接监管或控制，且表型未受到人工选择的影响。然而，
新兴的宠物产业和动物特种养殖业，有可能只经过几个世代的遗传操
作，就能得到表型、基因频率与野外种群不尽相同的群体。

表1.1　部分英语语境下"野生动物"相关词汇的解释和适用范围

语境		野生		非野生	
政府间机构和国际组织	联合国粮食及农业组织① (FAO)	野生生物 (wildlife)	除人和被驯化生物外的所有生物。	家养动物 (domestic animal)	繁殖和饲养受到人类控制，以从中获得利益或服务的动物。其驯化过程可能需要许多代才能完成。
		野生动物 (wild animal)	表型未受到人类选择影响，且生活不受人类直接监管或控制的动物。	圈养野生动物 (captive wild animal)	在圈养或受监管或控制下生活的动物，包括动物园里的动物和宠物。
	世界自然保护联盟② (IUCN)	野生动物群 (wild fauna)	在自然选择过程中自由发展的陆生动物，包括受人类控制的较小种群，以及被人类遗弃而野生的家养动物，因此易受捕获和占有。	驯化 (domestication)	遗传学上的定义是：对种群施加的一组新的选择压力，使基因频率和性状发生变化的过程。根据FAO，"驯化是指将野生物种置于人类管理之下，使从野外选择的植物、动物或微生物适应人类为其创造的特殊栖息地的过程"。
	《濒危野生动植物种国际贸易公约》③ (CITES)	野外种群 (wild population)	在分布区内所有自由生活个体的集合。	人工繁育 (bred in captivity)	有性繁殖时，亲本在控制环境下交配（或配子被转移到控制环境下）；其发育亲本处于控制环境下；不从野外捕获标本以维持圈养种群或遵循科学机构提出的建议获取种群，且已繁殖出了二代或后续代。
美国	《濒危物种法案1973》 (Endangered Species Act of 1973)	鱼或野生生物 (fish or wildlife)	指动物界中的任一成员，包括但不限于任何哺乳类、鱼类、鸟类（它们也迁徙、非迁徙或濒危或受到国际协定的保护）、两栖类、爬行类、软体动物、甲壳类、节肢动物或其他无脊椎动物，包括其任何部分、产品、卵或后代，或其尸体或其部分。		

① FAO的相关解释来自http://www.fao.org/faoterm/en，检索日期：2020-02-13。
② IUCN的相关解释来自https://www.iucn.org/sites/dev/files/iucn-glossary-of-definitions_march2018_en.pdf，检索日期：2020-02-13。
③ CITES的相关解释来自https://cites.org/eng/resources/terms/glossary.php，检索日期：2020-02-13。

续表

国家/地区	语境	野生	非野生
新加坡	《雷斯法案》(Lacey Act)	野生动物和野生动物资源（wildlife and wildlife resources）包括野生哺乳类、鸟类，鱼类（包括软体动物，甲壳类）和所有其他种类的野生动物赖以生存的所有类型的水生和陆地植物。	
	《野生动物与鸟类法案》(Wild Animals and Birds Act)	野生动物和鸟类（wild animals and birds）包括野外自然的所有动物和鸟类，但不包括豢养的狗、猫、马、牛、绵羊、山羊、猪、鸡和鸭。	
澳大利亚	《野生动物法案1975》(Wildlife Act 1975)	野生动物（wildlife）（a）除人类以外，无论是否出现在其他地方，在全澳大利亚全域或部分地域，水域分布的任何动物；（b）总督会同行政会议在政府公报上以命令宣布，为实施本法令而宣布为野生动物的各种鹿、非土著鹌鹑、雉鸡、鹧鸪以及其他动物类群；（ba）根据1988年《植物和动物保护法》列出的陆生无脊椎动物类群；（c）（a）和（b）款中任何包括非该类的动物或类群的杂交个体，除非该命令另有明文规定，否则包括该动物或类群的命令或环境下出生或生活在圈养或限制环境下出生或生活的动物，但本法第 I 至 VI 部分以及第 IX 部分和 XI 部分不包括第75条所指的鲸类。	
	《生物多样性保护法案2016》(Biodiversity Conservation Act 2016)	动物（animal）动物界（人类除外）的任何活的或死亡个体，并包括以下内容：（a）动物的任何生命或无生命后代；（b）幼体、胚胎、卵、卵子或精子；（c）可以从中生产另一动物的任何部分、产品或遗传材料；（d）动物的尸体。	

语境		野生	非野生
英国	《展演野生动物法案2014》(Wild Animals in Circuses Act 2019)	野生动物 (wild animal)	除大不列颠常见驯化品种外的所有动物。上一条"动物"的脊椎动物，但个别情况下也可扩至无脊椎动物。	
加拿大	《加拿大野生生物法案》(Canada Wildlife Act)	野生生物 (wildlife)	指隶属于某一野生物种或与该野生生物或其他生物。	
新西兰	《野生动物法案1953》(Wildlife Act 1953)	野生动物 (wildlife)	指野外状态生活的动物，也包括经本法或其他繁育的此类动物；但不包括按受1977年《野生动物控制法案》约束的野生动物。	
		非家畜	任何野外状态生活的家畜类动物，或家畜定义中未提及的任何其他状态，即使该动物可能是家养状态生活。	家畜 (domestic animal) 任何牛、绵羊、马、骡子、驴、狗、猫、猪或山羊，定义了不包括的状态，见左侧。
		非家禽	野外状态生活的家禽类动物，或家禽定义中未提及的其他状态，即使该鸟；释疑：(a) 可能是家养状态生活；但未限制在某一土地或处所内饲养，但在围栏内的雉鸡应被视为野外状态生活；(b) 根据第23条、第53条或第56条许可持有的雉鸡，作为狩猎作为家禽，不应作为家禽；(c) 任何一可供狩猎的雉鸡都应被视为野外状态生活。	家禽 (domestic bird) 是指任何家鸡、鸭、鹅或火鸡，或主要目的是出售肉或活体供人类消费而持有、饲养或繁殖的雉鸡；定义了不包括的状态，见左侧。

续表

语境	野生		非野生	
《野生动物控制法案》(Wild Animal Control Act 1977)	野生动物 (wild animal)	马鹿、驼鹿、岩羚羊、塔尔羊；不在有效围栏或限制环境中，无识别装置的山羊；生活在野外不作为牲畜饲养的猪；可由理事会命令指定的陆生动物；包括尸体的任何动物，不包括合法圈养的鹿，依照有效许可执照属于圈养殖的任何动物，不包括《狩猎动物理事会法》第16条指定为特殊关注兽群里的动物。		
	非家畜	以野生状态生活的动物，或本定义中未提及的任何其他动物，即使该动物可能以家养状态生活。	家畜 (domestic animal)	任何牛、绵羊、马、骡子、驴、狗或猫；不属于本节（左侧）定义了的野生的猪或山羊，见左侧。
印度 《野生生物保护法案1972》(The Wildlife (Protection) Act 1972)	野生动物 (wild animal)	在自然界发现野生的动物，包括该法案附表一、附表二、附表五的任何动物；上一条的"动物"包括两栖类、鸟类、哺乳类和爬行类及其幼体，还包括鸟类和爬行类的卵。		

《濒危野生动植物种国际贸易公约》（Convention on International Trade in Endangered Species of Wild Fauna and Flora，CITES）将动物和植物以物种（亚种或种群）的形式列入附录。对于一些特定动物物种，附录在其拉丁名后添加注释来标明其家养型（domesticated form）除外，如狼（*Canis lupus*）的家养型即狗（*C. l. familiaris*）和澳洲野狗（*C. l. dingo*）除外；又如猫科动物所有种的家养型标本（如家猫或孟加拉系宠物猫）除外。此外，CITES在附录中还排除了家养大额牛（*Bos frontalis*）、家水牛（*Bubalus bubalis*）、家牦牛（*Bos grunniens*）、家驴（*Equus asinus*）、家山羊（*Capra hircus aegagrus*）和家养型毛丝鼠属的所有种（*Chinchilla* spp.）。而对于新兴养殖产业的一些动物，无论其表型或基因频率与野生个体如何不同，都未排除其特定品系。但是，对于整目列入的鹦鹉，则通过注释排除了人工繁育动物早已成功占领市场的4个种，即桃脸牡丹鹦鹉（*Agapornis roseicollis*）、虎皮鹦鹉（*Melopsittacus undulates*）、鸡尾鹦鹉（*Nymphicus hollandicus*）和红领绿鹦鹉（*Psittacula kramer*）。

由此可见，在讨论野生动物保护相关条款适用范围时，如何定义从"野生"到"驯化"的不同状态具有重要意义。

3．"野生"的连续性和概念框架

野生动物的定义和概念的适用性与人们对动物的"野性"判断有关。动物的"野性"可以从动物所处的位置、是否驯服、是否发生了本质性改变三个方面来描述。其中的本质性改变即遗传组成发生了变化，可以理解为"驯化"。定义驯化时还要考虑到动物群体的连续变化过程，如在人类控制下野生动物经历了圈养、驯养再到驯化，而驯化动物在逃离人类控制下，又可以从流浪变为野化。无论是以食用为目的还是对如猫和狗的驯化，数千代的人工选择提高了动物对人类存在的耐受力。俄罗斯科学家通过银狐（*Vulpes vulpes*）驯化实验发现，人工选择50多代后，可以得到驯化动物。

人工选择是人类有意识地对种群的性状或性状组合进行筛选。与自然选择不同，人工选择是以生存和繁殖为筛选标准的，而非由整个基因型的适应度所决定的。在野生动物物种的管理和保护方面，除进行人工选择外，人类的干预水平也是连续的。对动物不同水平的干预，可使其种群实现自我维持，或依赖保护、轻度管理、集中管理或圈养繁育，并达到物种保护目标。人类对大型脊椎动物的管理干预措施可以从空间、疾病控制、被捕食风险、食物和水资源的获得以及繁殖等五个与脊椎动物的演化和生态动力学相关的属性来评估，继而可用于评估种群的"野性"。

参照以上定义和研究，从物种保护和管理的角度出发，我们考察了野生动物从野外种群到被捕捉、圈养再到成为驯化动物的一系列过程，发现可能存在连续的12种状态：

（1）狭义野生动物。即在海洋、河流、森林、荒野等自然环境中自由生活，群体未经人工选择，个体不受人类主动操控的动物，也是最基本意义上的野生动物。

（2）城市乡村野生动物。当地球进入人类世后，自然环境或多或少受到人类活动的改造。在城市和乡村的绿地、农田中，也有很多自由生活的动物，它们的生活史基本不受人类控制，但可能会因人类建造的环境而容易获得食物、住所，也可能会受到农药、建筑、车辆等人造物品的直接或间接影响。

（3）救护和辅助生殖放归或人工投喂的野生动物。对某些生活在自然中的动物，人类会采取一定的管理控制措施，作用于其生活史中的短暂阶段，但不刻意采用人工选择筛选动物个体。如对一些动物的野外种群在其食物贫乏期为它们提供补充饲料或民众随意自发投喂，救治受伤动物使其获得在野外生存的能力后放归，以及卵、蛋或繁殖体（配子）源自野外、但在人工条件下出生或者野外出生的幼体饲养到亚成体阶段后放回野外。一些两栖爬行动物的卵、蛋的自然孵化率与幼体的存活率相对很低，辅助生殖回归的操作有助于恢复野外种群。

（4）被捕捉圈养的野生动物。出生在野外，因科学研究、育种、展示和作为宠物等各种人类需求被捕捉后饲养在人工环境下的野生动物，其无论在人工环境下生活多久，都源于野外。

（5）圈养出生的动物。指卵、蛋或者繁殖体（配子）源于野外，但在人工条件下出生，或者亲本来自野外而在人工控制条件下交配产生后代。另有一些人工繁育群体会因长期近交，其生存力、繁殖力下降，需要从野外引入个体补充种源。这些动物即为子一代，在本文概念中应属于野生动物。

（6）养殖与野生的自然杂交动物。释放或逃逸的人工繁育个体在野外与原产地分布的野外种群杂交产生的后代。已有研究表明，诸如大西洋鲑（*Salmo salar*）、加利福尼亚钝口螈（*Ambystoma californiense*）的人工繁育个体与野外种群的自然杂交影响了它们野外种群的保护。从物种保护的角度考虑，为防止释放养殖大鲵（*Andrias davidianus*）与野外种群杂交造成负面影响，应开展遗传评估。

（7）放生、逃逸或引入的动物。在人工控制条件下繁育的野生动物物种在种群增殖后开展原产地野外重引入的动物，如麋鹿（*Elaphurus davidianus*）和野马（*Equus ferus*）；渔业部门放流到自然/半自然水域的人工繁育的水生动物；部分民间放生的人工繁育动物，及人工繁育逃逸到野外存活的动物。

（8）人工繁育子二代及其后代。在这一状态类别上，《野生动物保护法》（2016年修订版）和CITES对标本来源的要求类似，即在人类控制条件下已经繁育到子二代及以上。为区别驯养动物，其直系血亲可能还有野外来源。CITES将直系血亲解释为世系的前四代。

（9）驯养动物。经过一定时期的人工繁育，已经形成稳定的人工种群，直系血亲中无野外来源，但人工选择的时间还不够长，不被认为是驯化动物。一些动物因人类对特定表型的需求（如宠物、皮张）可能快速选育出品种，但也有不少繁育群体在表型和基因频率与野外种群差异不显著，或者在行为上没有显著的变化。如目前人工饲养的梅花鹿（*Cervus nippon*）、马鹿（*C. elaphus*）、貉（*Nyctereutes procyonoides*）等，及部分用于科学研究的实验动物，如食蟹猕猴（*Macaca fascicularis*）、雪貂（*Mustela pulourius*）。这类状态相对复杂，虽然不是严格意义上的野生动物，但因存在对野外种群或相似物种的可能影响，宜参考CITES的物种列入相似性原则、预防性措施和合法来源判定操作，采用证书管理、注册机制和公开数据库等可追溯系统监管。

（10）外来动物。源自野外种群或人工种群，由人类有意或无意携带到一个新的生态系统中，在自然环境中建立了可自我维持种群的动物。如南欧的和尚鹦鹉（*Myiopsitta monachus*）种群已经开始从城市和乡村往自然保护区扩散；我国南方一些自然水域已有牛蛙（*Lithobates catesbeianaus*）、红耳龟（*Trachemys scripta elegans*）等外来物种建立入侵种群；新西兰引入的一些狩猎动物（如大型鹿类等草食哺乳动物）、欧亚大陆引入的美洲皮毛动物，如麝鼠（*Ondatra zibethicus*）等，它们在自然中也已建立种群，这些种群会对原生物种和自然生态系统带来负面影响。但是，如曾被作为宠物进行贸易的濒危物种小葵花鹦鹉（*Cacatua sulphurea*），逃逸后在中国香港地区建立了野化种群，它们也可能成为濒危物种的异地保护种群。

（11）流浪猫狗、放生禽畜和野化家养动物。即离开人类控制、在自然中生存繁育不受人类控制的驯化动物。如高原地区被遗弃的流浪狗、自然水域放生的家鱼或已经野化的澳洲野狗等，这些进入自然界的驯化动物可能对野生动物带来负面影响。

（12）驯化动物、模式动物。经过人类长期驯化但仍生活在人类控制条件之下的动物，最常见的如家养的猫、狗、马、驴、牛、山羊、绵羊、猪、鸡、鸭、鹅、鸽子和蚕等；在科学研究的强人工选择下，近代已经形成一些实验模式动物类群，用于对生物演化、遗传发育或人类疾病开展研究，如果蝇（*Drosophila melanogaster*）、斑马鱼（*Danio rerio*）、非洲爪蟾（*Xenopus laevis*）、大鼠（*Rattus norvegicus*）、小鼠（*Mus musculus*）。

这12种类型如果从人类控制管理干预的强度和人工选择时间的长度这两个维度的连续变化来描述，属于3种不同的人类控制管理干预强度以及4个不同的人工选择阶段（图1.1）。

第1类到第8类无论其是否处在自然环境中都被视为野生动物，第11类和第12类是经过强人工选择的动物，无论其处在什么位置都不是野生动物。在第9类到第10类中，由于经过一定程度的人工选择，所处人类控制情况和对野外种群的影响各异，其是否应被作为野生动物管理则需要根据管理和保护的目标来设定范围。

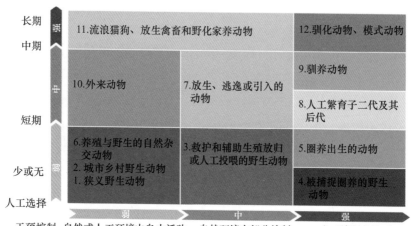

图1.1   "野生动物"概念二维框架

人类有意无意将动物置于一些特定的状态中，有些人类活动有一定的负面影响。例如，从野外捕捉个体、捡拾卵蛋、随意放生或造成外来动物入侵；有些被认为有助于野外种群恢复，如将人工孵化育幼后的亚成体放归、将人工繁育后代放归野外的重引入项目或增殖放流；还有一些对野外种群的影响以间接为主，如近百年来兴起的特种养殖等。其中绝大多数都应该被纳入法律监管和保护的范围。

4．我国《野生动物保护法》因"野生动物"术语定义而产生的问题

《野生动物保护法》在第一章"总则"的第二条第一款中阐述了法律适用的地域范围是"在中华人民共和国领域及管辖的其他海域"；第二款规定保护的物种对象是"珍贵、濒危的陆生、水生野生动物和有重要生态、科学、社会价值的陆生野生动物"；物质属性是"本法规定的野生动物及其制品，是指野生动物的整体（含卵、蛋）、部分及其衍生物"；但没有对"野生动物"做出规定。

　　这与1988年《野生动物保护法》第一版的描述具有一定差别。第一版第一章"总则"第二条第三款标明了"本法各条款所提野生动物，均系指前款规定的受保护的野生动物"，即明确了野生动物就是两个名录："珍贵、濒危的陆生、水生野生动物"和"有益的或者有重要经济、科学研究价值的陆生野生动物"中的动物。

　　比较而言，反而是2016年修订版的《野生动物保护法》删除了"野生动物"一词的术语限定。这一删除直接影响了后续一些条款的适用范围。如，第一章第三条第一款"野生动物资源属于国家所有"、第三章野生动物管理相关条款中所有涉及非国家重点保护动物的活动，包括妨碍野生动物生息繁衍，猎捕行为及所用工具，出售、利用、运输、从境外引进、释放活体的行为和检疫证明等。

　　没有"野生动物"术语限定的《野生动物保护法》中，从字面意义上来看，理应将这些条款适用于动物界的所有动物。从资源的归属和从境外引进两个条款角度观察，将法律适用于所有"野生动物"看似具有合理性，比如对未列入任何名录的新物种和新发现，其资源归属也明确应属于国家。而且各主管部门也在依法审批非国家重点保护名录和非公约附录所列的境外引进野生动物。

　　但涉及妨碍野生动物生息繁衍和猎捕等人类活动时，如果根据以上条款则相关管理活动将无限扩大适用范围，波及所有"非国家重点保护野生动物"，包括苍蝇、蚊子等。当然人们从未据此实施过。反之，如果《野生动物保护法》中的"野生动物"只限定国家重点保护动物，三有动物和地方重点保护动物，则其他非保护野生动物的归属以及管理则存在不确定性。

　　综上所述，模糊不加限定的术语，必然造成人们对法律条款理解上的分歧和执行上的困难。

　　5. "野生动物"术语在我国法律体系下的定义

　　我国现行《野生动物保护法》承担着"保护野生动物，拯救珍贵、濒危野生动物，维护生物多样性和生态平衡，推进生态文明建设"的立法目标。参照前述"野生动物"的概念框架，第1类到第10类的动物状态与野外种群的存续相关，应作为《野生动物保护法》完成立法目标需要保护和监管的动物。在此目标之下，现行《野生动物保护法》通过设置分级的名录，将保护和管理限定在部分物种，而不是所有动物类群。

在此框架和立法目标下，必须在法条中明确被监管动物的状态，并限定条款的适用范围。因此，结合1988年《野生动物保护法》的表述，参考前述汇总的术语和概念框架，我们建议将《野生动物保护法》第一章"总则"第二条第三款"本法规定的野生动物及其制品，是指野生动物的整体（含卵、蛋）、部分及其衍生物。"修订为："本法各条款所提野生动物，均系指前款规定中所列物种在自然、半自然和人工控制条件下孵化、生长或繁殖的所有活的或死的个体和卵，且包括其任何部分、产品及衍生物"，明确概括现有法条的适用范围。

在此定义下，第三款的前款需排除被归为第11类、第12类的动物，但对第9类中"人工繁育已成熟，无须依赖野生血缘的受保护物种的人工种群"，可考虑采用证书、标记和注册等方式开展溯源管理。为避免第10类动物的影响，涉及从境外引进非原产动物物种，以及向自然界释放非原产动物活体的，应在《野生动物保护法》中考虑监管，并适用其他相关法律加强监管，如《环境保护法》《动物防疫法》《生物安全法》等。

在2020年新冠疫情暴发后，禁止食用野生动物，加强野生动物保护的呼声越来越高。一些专家学者建议尽快修订《野生动物保护法》，对所有野生动物物种实行普遍保护，并将已经成为《动物防疫法》《传染病防治法》《食品安全法》等法律立法目标的公共卫生安全写入《野生动物保护法》的立法目标。

但通过分析发现，现有法律条款难以通过简单的修订、添加定义和扩大保护范围来达到既要拯救珍贵、濒危野生动物，又要普遍保护野生动物，还要维护人类公共卫生安全的需求。在新的立法目标出现后，需要革新野生动物所涉法律的整体框架。

野生动物各类群在栖息地类型、生态功能、生活史以及动物与人的关系上截然不同。各类群的地理分布、物种丰富度、生物多样性丧失程度和受威胁因素也各有差异。与此同时，考虑到我国的珍贵、濒危野生植物保护尚缺乏法律可遵照，本文建议可将现有《野生动物保护法》的保护目标/对象和管理目标/对象拆分。设立《濒危物种保护法》，保护因受人类活动威胁而濒临灭绝的野生生物物种，包括动物、植物和大型真菌等，出台并及时更新《国家重点保护濒危物种名录》。制定的法律可参考美国的《濒危物种保护法案》、加拿大的《加拿大野生生物法案》或印度的《野生生物保护法案》的管理目标和框架，并与一些国际协议如《濒危野生动植物种国际贸易公约》《生物多样性公约》《保护野生动物迁徙物种公约》《国际湿地公约》等接轨。

对于未受到《濒危物种保护法》保护和管理，未列入《国家重点保护濒危物种名录》的第1类～第10类"野生动物"，及第11类、第12类驯化动物的管理，可根据遗传资源管理、疫病防疫、动物福利和生态安全等需要，另外新设立《动物福利法》和《生物安全法》等，结合现有《渔业法》《动物防疫法》《传染病防治法》《食品安全法》等法律，做好相关条款的修订衔接，解决相关问题。

野味的公共健康风险

那些没有且无法被检疫的肉，你真的敢吃吗？

赵　翔　吕　植

关于《野生动物保护法》的讨论日益激烈，随着修法进程的推动，无论是从公共卫生安全还是野生动物保护的目标出发，大家都意识到《野生动物保护法》需要和《动物防疫法》《食品安全法》以及诸多名录、办法、条例以及决定配合，形成一个完善的法律和制度体系，防止有损人类健康和公共卫生安全的产品，特别是食品，进入消费和利用市场。

而在这个体系之中，检疫是关键，它如同一道红线，将不符合检疫标准的产品阻挡在市场之外。事实上，《动物防疫法》《食品安全法》以及现行的《野生动物保护法》中都有这方面的内容。

我们发现，针对野生动物及其制品的食用，受科学研究的限制（对于野生动物疾病的临床观察和疾病研究太少），并且从保障公共卫生安全的角度考虑，农业农村部目前并没有出台相关的产地检疫、屠宰检疫标准和规程，卫生监督部门也不具备发放动物检疫合格证明的条件，目前市场上众多看似"合法"的野生动物食品基本都是没有动物检疫合格证明的"非法"产品。

很多水生生物可能面临类似的困境，但限于篇幅，我们这里主要说的是陆生脊椎动物。

一、消失的检疫证明

在目前的讨论中，有一些朋友会说："我吃的肉是合法的呀，你是不是也要尊重我合法吃野生动物的权利。"那么我们来看一下，基于目前的《野生动物保护法》，假设你想吃到一块合法的野生动物的肉，需要具备什么条件呢？

首先，由于《野生动物保护法》明确规定了国家重点保护动物，即一级和二级保护动物是不能被食用的，请确保你吃的动物不在《国家重点保护野生动物名录》内。

其次，如果动物源自野外，那需要有猎捕证；按照《动物防疫法》规定，猎捕之后三天内需要有县级动物卫生监督机构（动物卫生监督所）出具的证明文件，以及运输、屠宰、售卖过程中的检疫证明文件；还有供你吃肉的那家餐馆需具备野生动物经营许可证。

如果动物是源自驯养繁殖场，那需要提供野生动物驯养繁殖许可证、运输、屠宰、售卖过程中的检疫证明文件，供你吃肉的那家餐馆的经营许可证。

野生动物合法流通的流程如图1.2所示：

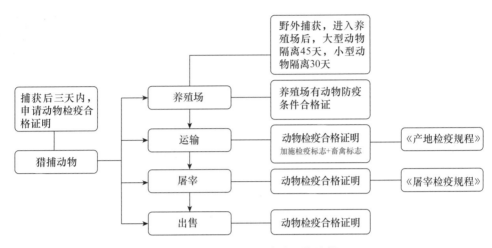

图1.2　野生动物合法流通的流程

2021年最新修订的《动物防疫法》和2010年开始实施的《动物检疫管理办法》对所有圈养动物的检验检疫进行管理。按《动物防疫法》第五十四条的规定：输入到无规定动物疫病区的动物、动物产品，货主应当按照国务院农业农村主管部门的规定向无规定动物疫病区所在地动物卫生监督机构申报检疫，经检疫合格的，方可进入。

在《国务院食品安全办关于深入开展肉及肉制品检查执法工作的通知》（食安办发电〔2014〕2号）中：严禁食品生产经营者购进、销售、使用无合法来源肉品以及无"两证两章"（即：动物检疫合格证、肉品品质检验合格证，动物检疫合格印章、肉品品质检验合格印章）和腐败变质肉品。这"两证两章"很重要，其中，动物检疫合格证明会从产地检疫开始，一直伴随着肉制品进入消费者手中，而肉品品质检验合格证主要用于屠宰检疫和进入市场后。

因此，本应该伴随生产全过程并被盖了若干个章的两种证明（图1.3），我们可以回想一下，什么时候见过？

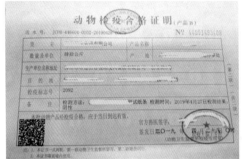

图1.3　盖章后的动物检疫合格证明和肉品品质检验合格证

二、检疫的标准，到底是什么

对野生动物以及其肉制品进行检疫，是希望能够甄别出在成为食物之前可能存在的安全风险。那么，一个标准的检疫流程就需要：检疫标准、检疫人员、检疫技术设备，最后形成检疫合格证明。

按照《动物检疫管理办法》（中华人民共和国农业农村部令2019年第2号）第四条规定：*动物检疫的范围、对象和规程由农业部制定、调整并公布*。这里面出现了一个词，叫作"检疫规程"。根据信息，目前农业农村部只颁布了生猪、家禽、反刍动物、马属动物、犬、猫、兔、蜜蜂等10类陆生动物以及鱼类、贝类、甲类三类水生动物的《产地检疫规程》。按照规定，对人工饲养或合法捕获的野猪、野禽、野生反刍动物（牛、羊、鹿、骆驼）、野生马属动物、野生犬科动物、野生猫科动物，可对应参照上述规程进行产地检疫、出具动物检疫合格证明。

除此之外，对于涉及肉类制品的，农业农村部目前还出台了涉及生猪、牛、羊、家禽、兔的五个《屠宰检疫规程》。

那不在目前的《屠宰检疫规程》内的动物呢？地方农业农村部门也可以根据实际情况出台相关的检疫标准，比如，2019年，山东畜牧兽医局发布了一个新闻《〈驴屠宰检疫规程〉等4项地方标准通过专家会议审查》。因为驴拥有较长期的驯化历史，驴肉制品也有相对比较大的市场，比如我们老北京喜闻乐见的"驴肉火烧"。作为马属动物，驴可以参照《马属动物产地检疫规程》进行产地检疫，相关屠宰检疫规程也可以参照。

不过，对诸如果子狸、竹鼠、豪猪等养殖技术不那么成熟，养殖时间较短，没有可参照家畜家禽的物种就没那么容易了。比如，2019年，海南省农业农村厅有一个对政协提案的答复："根据《农业部办公厅关于做好2018年春节期间兽医领域有关工作的通知》（农医办〔2018〕3号）要求，各地要严格执行动物检疫规程，按程序、规范开展工作，不得为无检疫规程动物出具检疫证明。目前，由于农业农村部尚未制定竹狸①等动物检疫规程，我省各级动物检疫机构不能为其检疫出证。竹狸等陆生野生动物的相关检疫问题，我厅将积极向农业农村部报告。同时，主动与有相关经验的省市沟通，学习借鉴相关措施。"

不同于家畜，野生动物生活在野外，人类对其了解往往非常有限，科学研究也远远不够。2008年农业部发布的《一、二、三类动物疫病病种名录》中，只纳入了几种毛皮动物的疫病种类。相关第三方检测公司食品安全检测方案中的监测对象，也主要针对传统畜牧业中的畜禽种类。

活体动物或生肉的检验、检疫，有时候不光要看动物活体或生肉当时已有的症状，第三方检测公司还会通过饲料配方、饲养环境、设备、饲养人员、使用的兽药来判断动物有可能存在什么患病风险（或药物残留），在完成常规项检验的同时，参考这些风险的情况，考虑重点检测某些项目。这就像我们人类的医生，如果知道患者平时盐摄入较多，就会考虑查一下他是否患上了心血管疾病。而野生动物由于没有任何饲养信息可以追溯，就更难做疫病的检测了，而且在疫病发生后也很难去溯源。

总之，检疫是一件非常严肃的事情。目前我们开展的野生动物检疫基本都是参照家畜、家禽来做的。那些和家畜、家禽进化关系比较远的，比如竹鼠、果子狸、穿山甲，更不要说蝙蝠了，基本没有也不可能被检疫。

---

① 文件中的"竹狸"即竹鼠。

三、没有检疫标准，没有经过检疫的肉，你真的敢吃吗？

首先，在这里需要继续强调的是，让野生动物生活在它们的环境中，并不会对人类造成什么危害，反而还有可能作为疾病传播的屏障，缓冲和降低人类被传染的风险。人类与野生动物之间最关键的是那条看不见的界限，而人类往往是越界的那一个：扩张领域、猎捕、养殖、交易、消费，每一个环节都有风险，这也是为什么每一个环节都要求检疫的原因。

有研究表明动物在紧张时容易释放出病毒。目前来看，野味市场及野生动物的养殖、运输过程，会将各地本来见不到的物种混杂在一起，而卫生条件极差的环境，正适合动物身上携带的病毒突变重组，尤其是单链不稳定的RNA病毒（RNA病毒基因组复制不稳定，经常变异）。此外由于人类不断侵入野生动物栖息地，增加了与野生动物及荒野中各种病原体接触的概率，也导致近年野生动物传播疾病频发。

虽然目前林业部门对竹鼠、果子狸、豪猪等野生动物的猎捕和驯养繁殖都开放了行政许可，但是农业农村部出于科学研究的不足，以及对公共安全的考虑，尚没有出台相应的检疫规程，因此动物卫生监督所是无法开展以上物种的检疫工作的，当然无法出具动物检疫合格证明。

这就会出现矛盾的情况：林业部门可以批驯养繁殖证，也可以批经营许可证，但如果农业农村部门不出具检疫合格证明，那么以肉食为养殖目的的野生动物，除了做宠物（这条路倒是畅通）外，只能非法流入市场。

很多林业部门也希望通过发展野生动物驯养繁殖，比如竹鼠、果子狸的肉用，来推动社区扶贫。这些考虑目前也是《野生动物保护法》修订中的重要参考。这些工作的初衷可能是好的。但是按照目前的科研水平不可能有相应的检疫规程，即使这些野生动物被驯养繁殖了，也不能合法进入食用市场，那继续推动这类产业，农民们到底如何合法经营呢？是不是需要重新考虑一下出发点呢？

另外需要多说一句，动物，尤其是野生动物的检疫是一件非常科学，再强调重要性都不为过的事。我们应该耐心地等待相关科学研究的进展，千万不能超越科学研究的现状，强制性地要求出台某些不符合科学规律的野生动物检疫规程。

四、需要注意的《食品安全法》

上面已经说明了，目前众多野生动物是无法获得检疫的，但为什么有人还是会在餐馆里看到一些供食用的竹鼠、果子狸，并且商家也号称合法呢？

很多开办养殖场的人，通常也会开一个餐馆，这是合法的。根据我国2021年最新修订的《食品安全法》第三十五条规定：

国家对食品生产经营实行许可制度。从事食品生产、食品销售、餐饮服务，应当依法取得许可。但是，销售食用农产品和仅销售预包装食品的，不需要取得许可。

这一条规定的原意应该是希望降低一线经营者的审核流程和成本，让基层社区充分受益。但作为特种养殖的动物也属于农产品，这可能为野生动物的交易提供一个窗口，因为《野生动物保护法》第二十七条规定：出售本条第二款、第四款规定的野生动物的，还应当依法附有检疫证明。如果《食品安全法》没有要求相关的许可，那么这就可能成为基层的餐馆合法销售野生动物的灰色地带。

因此我们建议，首先应该继续甚至进一步降低基层餐饮从业者的压力，让他们充分受益。但是对其中的野生动物及其制品销售应提出相关要求：餐饮服务场所的经营许可证里标明的经营范围包括野生动物的，其相关野生动物及其制品，依然需要在生产、流通和销售环节取得检疫合格证明。

目前关于法律修订的讨论中，有一个议题是，在禁食野生动物之外，对于驯养繁殖技术比较成熟的，是否设立一个"白名单"。我们呼吁，对于没有制定相应产地检疫和屠宰检疫规程、无法被检疫的，不得列入可以养殖、运输、售卖和食用的野生动物种类名单内。要坚守检疫红线，这应该是《野生动物保护法》修订时的一个重要依据。同时我们建议《食品安全法》等也应该进行相应的配套修订。

而对于科学研究、公众展示展演、文物保护、宠物交易、特别是药用等其他特殊情况，严格检疫，按照检疫规程来开展工作，或许也是需要继续努力的方向。人类花了几千年时间与家禽、家畜打交道，仍然有禽流感、猪瘟等新的疾病让我们猝不及防。但至少对家禽、家畜已经建立了相对完善的防疫检疫系统，而且它们也是人们摄取蛋白质时最安全的选择。对于我们不了解的野生动物，最佳的选择还是不要用嘴来"探索"，因为个人的一时口舌之欲，可能会让无数人付出生命与健康的代价。

最后，我们对消费者说，作为一个对自己的健康负责、对公共卫生安全负有义务的公民，请对食用野生动物说不。

一口野味的健康风险[①]

李泓莹

野生动物与公众健康怎么会联系在一起呢？有两个故事与大家分享。

2003年暴发的SARS，被人们说成是一场没有硝烟的战争，这一点也不夸张。疾病刚暴发的时候，世界卫生组织就召集了一群科学家，开始了紧张的调查，寻找疾病的来源。

他们先从患者的血液中分离出一种新病毒，确定为引发这种疾病的病原体，就是我们现在所说的SARS冠状病毒。接着，在分析患者的病例时发现，大多数人都从事食品相关工作。于是顺藤摸瓜，经过四处走访，科学家最终来到了广东一个知名的野生动物市场，通过采样，在市场上被贩卖的一些果子狸身上发现了这种病毒。

然而，这些果子狸似乎被冤枉了，因为我们从未在果子狸这类动物身上发现过此类病毒，它或许只是一个中间宿主。那么，真正的来源是什么呢？通过多年的野外调查采样，2013年，我们终于在华南地

---

① 本文原载于《中华环境》2016年第9期，稍作修改。

区的中华菊头蝠身上分离出了一株与SARS冠状病毒高度相似的病毒，就此确认了蝙蝠是SARS病毒的自然宿主，还了果子狸一个清白。

故事到这里还没有结束，还有一个问题没有解决，病毒是如何从蝙蝠传播到人身上的呢？其实，无论是蝙蝠还是果子狸，在这个事件中都是受害者。我们所谓引起SARS的病毒对于蝙蝠或果子狸来说并非病毒，它们天生不会被影响。是我们人类贪吃一口野味的行为，导致了这次疾病的暴发。

世界上有65%的新发传染性疾病都是源于人和野生动物的接触，所以我们会强调"同一健康"：环境的健康、公众的健康、动物的健康，谁出了问题都不行，都会给整个生态系统带来破坏。由此也衍生出了一个专业名词，保护生物医学（conservation medicine），我们的大部分工作也都与此相关。

在孟加拉国，有一种特别受欢迎的纯天然饮料：椰枣树树汁。一些大胆的农夫在每年12月到次年3月之间就会爬上高高的椰枣树，挂上罐子收集树汁。而这段时间恰恰也是当地人最容易患上由一种叫作尼帕病毒的病原体引起的急性呼吸道疾病或致命脑炎的时候。

果蝠是尼帕病毒的自然宿主，早在1998年，尼帕病毒就在马来西亚被发现，当时很多猪作为中间宿主都死了，不少被传染的养猪工人也因为没有得到及时救治而死亡，当地的养猪产业也受到了巨大的打击。不过，病毒到底是从蝙蝠直接传播给猪还是经由别的野生动物传播给猪，至今都不得而知。

但孟加拉国的案例就直接得多，病毒是由果蝠直接传播给人类的，没有任何中间宿主。我们在调查中发现，大多数患者都曾经饮用过椰枣树汁，于是就开始检测当地一些椰枣树周围的蝙蝠，并安装了摄像机，果不其然抓到了赤裸裸的"罪证"。

收集树汁的罐子需要挂在树上一段时间以便收集足够多的树汁，所以夜晚没人的时候，蝙蝠就悄悄来偷喝罐子里的树汁，一边喝一边流口水一边尿尿（这是大多数蝙蝠的习性）。尼帕病毒刚好是一种通过体液传染的病毒，于是当人们喝了被蝙蝠尿液污染的树汁，就不幸患上疾病，甚至失去生命。

我们发现这些以后，就教导当地的居民，在收集树汁时，用帘子将罐子罩住，防止被蝙蝠污染。简单的一个步骤，就可以有效预防这种可怕的疾病。如果我们早些发现这些风险，就可以挽救很多生命。

可是我还是想说，错不在蝙蝠。

野生动物身上自古存在很多我们不知道的可能会对人类健康带来危害的病原体，可是在森林还没有被过度侵占，人类没有过度地利用自然资源之前，人类和野生动物大多都井水不犯河水，相安无事。其实，蝙蝠在中国古代文化中，因为发音相近，是"福"的象征，古代很多人的住宅里有各种蝙蝠样式的设计。

但如今，人口膨胀、城市化、对自然资源的过度开发利用，彻底改变了人们与野生动物的接触方式。消失的栖息地迫使野生动物迁徙居住到了离人类更近的地方，人类不断贪婪地剥削着自然，野生动物贸易、森林砍伐……当我们把眼光太过于集中在自身发展的时候，就会忽略我们赖以生存的自然环境，同时也给自己带来巨大的生命健康风险。我们常说让野生动物待在它们应该待的地方，请不要去打扰它们，其实并非只是为了动物，也是为了人类的健康着想。

而在SARS中，我们人类是在与看不见的病毒对抗，与未知对抗，现实中我们面对的是最亲近的朋友、家人的死亡，面对的是社会经济的重大创伤。如果我们事先知道，不吃那一口野味就不会发生这一系列悲剧，我们还会去那样做吗？

这也是这些疾病让人"惊叹"的地方，谁能够想象，如今全球大约3690万艾滋病病毒感染者，可能都是源于一个在猎杀黑猩猩时不小心割破手指被感染的人？同样的还有埃博拉病毒、禽流感病毒、中东呼吸综合征冠状病毒、亨德拉病毒、狂犬病毒等等，这些病毒都会由于人和野生动物的接触而由野生动物传播到人身上。

所以，我们不得不去保护野生动物，保护动物的栖息地，因为只有当动物们能够在属于自己的地域里生活，不受人类干扰的时候，我们才有可能减少人类和动物的接触，才能够减少疾病发生的风险。

科学家们在努力试图预测这类流行性疾病的发生，希望在发生之前能够将它制止。但这是一条漫长的路，我们甚至还不确定自然界中还有多少未知的可能给人类健康带来威胁的病原体。但我们确切知道的是，只要愿意做出行为上的改变，做出正确的有益于生态健康的决定，就能够有效地保护我们和大自然的健康。

我们生存在一个超级神奇复杂的星球上，我们的工作只是通过科学的研究，有限地去探索自然中人、野生动物和环境之间错综复杂的关系，发现疾病发生背后的深层次原因，并把这些故事分享给大家，希望大家通过行为的改变，一起来保护地球生态的健康。

野味的生态风险

养殖技术成熟，就可以开放市场了吗？

孙 戈 肖凌云

2020年2月24日，十三届全国人民代表大会常务委员会第十六次会议通过了《全国人民代表大会常务委员会关于全面禁止非法野生动物交易、革除滥食野生动物陋习、切实保障人民群众生命健康安全的决定》（以下简称《决定》），全面禁止了食用陆生野生动物，包括人工繁育以及人工饲养的动物。同时，《野生动物保护法》也启动修订，意味着野生动物保护与利用的管理将有很大的进步空间。

食用只是野生动物利用的一个方向，养殖场的野生动物还会进入中医药、实验动物、宠物、动物园及展演以及皮毛市场。追溯源头，养殖场动物的种源主要有三个（图1.4）：已有繁育种群、野外猎捕（wild-caught，以下简称"野捕"）、进口国外种群，进口的国外种群，若在出口国追溯，也包括野捕和已有繁育种群两个来源。

从公共安全和生物多样性保护的角度出发，保护野生动物的意义是保护其野外种群及其自然栖息地，尽量减少与野外种群的非正常接触。因此，在主管部门颁发野生动物驯养繁殖许可证的时候，除了要求养殖场掌握"成熟"的养殖技术外，还应该评估养殖和交易野生动物对其野外种群的影响，而且应以此作为前置条件。过去一段时间，我们整理了一部分野生动物养殖与野捕的关系，并梳理出以下几个类别， 希望供大家参考。

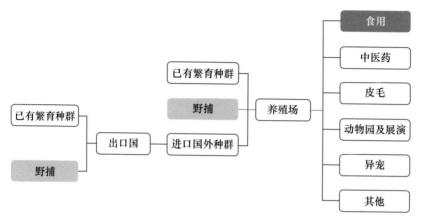

图1.4 养殖场动物溯源示意

第一类 人工繁育技术成熟，可居家饲养，但对于野生种群的猎捕仍在发生

其中最典型的例子是非洲灰鹦鹉（*Psittacus erithacus*）， 作为智商最高的鸟类（也许没有之一），它一直是很受欢迎的宠物，在圈养条件下也繁殖得很好。但一只鹦鹉要养到4～6岁才可以繁殖，而且由于智商高，不是两只鹦鹉养在一起就能凑对；万一彼此看不上， 就只能再买其他的个体来配对。因此，一些繁殖场主就会走私野生个体。

在一般人的想象中，猎捕野生个体，需要冒生命危险，受苦受累，卖价肯定远高于人工繁育个体。但对于非洲灰鹦鹉则不然，因为人工养大一只到繁殖年龄的非洲灰鹦鹉成本太高，而非洲中西部一些国家的盗猎和走私又太容易了，导致猎捕野生非洲灰鹦鹉的成本低于人工繁育（从蛋孵化一直到养大）的费用。而野生个体可以改善其"血统"， 又进一步加大了对野外种群的猎捕。目前南非的许多繁育场，已成为"洗白"（指从野外捕捉野生动物投放养殖场，伪装为合法养殖个体）野捕非洲灰鹦鹉的最大中转站。

人们本以为支持人工繁育可以保护非洲灰鹦鹉野生种群，没想到事与愿违，无奈之下，于2016年将其从CITES附录Ⅱ中调整到附录Ⅰ中，《IUCN红色名录》也在同年把非洲灰鹦鹉从VU（近危）调整为EN（濒危），禁止一切野捕个体的商业进出口，由各国CITES办公室（我国对应单位是国家林业和草原局下设的"濒危物种进出口管理办公室"，以下简称"濒管办"）对所有繁育场进行认证，只有获得CITES认证的繁育场才可以出售非洲灰鹦鹉。

非洲灰鹦鹉在调整入附录Ⅰ之前，有多少是由野捕个体洗白为圈养个体，我们不得而知；但根据CITES的进口记录，我们可以略微了解这一当红宠物对野生种群的依赖。2009—2018年显示进口到我国的非洲灰鹦鹉共约12 600只，其中野捕个体约4270只，占总数的1/3，其中94%都标注的是"商业目的"。

鹦鹉中的颜值担当——金刚鹦鹉，命运也类似。其中最著名、出镜率最高、在历史上饲养最广泛的绯红金刚鹦鹉（*Ara macao*），饱受盗猎和走私之苦，1985年被从CITES附录Ⅱ调整到附录Ⅰ。CITES记录显示，我国近10年一共进口了124只绯红金刚鹦鹉作为繁育种源，全部是在苏里南野捕得到的。现在国内外饲养绯红金刚鹦鹉的单位和个人都非常少了，取而代之的是人工繁育更为成功的蓝黄金刚鹦鹉（*Ara ararauna*）和红绿金刚鹦鹉（*Ara chloroptera*），它们也是国内近年发放的驯养繁殖许可证中涉及最多的两个物种。但即使这样，这两种也仍未完全摆脱原产地的捕猎。例如，2009—2018年合法进口到我国的3944只蓝黄金刚鹦鹉和3906只红绿金刚鹦鹉中，分别有2190只和2665只来自野捕，占总数的56%和68%。

大部分宠物龟类与非洲灰鹦鹉的情况类似——人工繁育周期长、耗费巨大，因此，即使很多种类圈养繁殖技术成熟，仍无法遏止野捕。比如，最受欢迎的宠物龟之一的印度星龟（*Geochelone elegans*）（图1.5），虽然早就实现了人工繁育，但仍有大量从南亚野捕的个体出口到世界各地，使得CITES被迫在2019年将其调整到附录 I 中。陆龟中可能目前只有非洲的苏卡达陆龟（*Centrochelys sulcata*）、欧洲的缘翘陆龟（*Testudo marginata*）、南美洲的红腿陆龟（*Geochelone carbonaria*）等少数几种圈养种群可以满足宠物市场的需求。

图1.5　野生状态下的印度星龟（摄影/baboon）

爬行动物宠物爱好者对动物个体都会区分是CB（captive-bred，圈养繁殖）、WC（wild-caught，野捕）还是CR（captive-raised，野捕后在养殖场暂养一段时间）。负责任的饲主会选择价格昂贵的CB个体，不但容易养活，还会免去后期巨额的医疗费用。但也有无知的入门者会贪图便宜购买WC个体，结果不但所购动物大概率会因长途运输所受的压力和折磨致死，即使没死，后期也要花费巨额财力来祛除其携带的各种疾病和寄生虫。

本土水龟类则相反。由于对野生龟品相的追捧，三线闭壳龟（*Cuora trifasciata*）等种类的大量的圈养种群仍不能遏制人们在野外继续对其同类的疯狂追捕。黑眉锦蛇（*Orthriophis taeniurus*）（图1.6）则代表了另一种情况，国内被捕捉食用，一度是野味市场最常见的蛇种，在欧美地区则被视为美丽的宠物，进行圈养繁育。

图1.6　野生状态下的黑眉锦蛇（摄影/baboon）

对于以上这几类动物，如果开放市场，使得私人可以合法地将其作为宠物饲养，可能会对野外种群带来很大的风险。

管理上，需要由林业部门和市场监管部门进行极其严格的管控，并且由第三方机构对行政执法开展独立监督，严防非法野捕个体混入和洗白。每一个个体都要有唯一的标识；涉及进出口物种的每一家繁育场、宠物店都要经过濒管办的认证，并且通过网上数据库向全社会发布，接受公众的监督；每一名饲主也要在网上数据库中登记并随时更新动物的信息，以便于警方日后的查验。

对于很多把野生动物作为宠物的爱好者来说，关注每一个个体的合法来源，做到对野外种群无伤害，或许是最好的喜爱。

第二类　人工繁育技术较成熟，较适合养殖场饲养，但野生种群的猎捕仍在发生

这一类都是近几十年新兴的养殖物种。圈养数量还没多到可以保证不伤害野生种群，或者人工繁育的成本远高于野捕。在市场监管不力的情况下，守法的繁殖场主根本无法和非法野捕后洗白的养殖场主

竞争。因此，对这一类物种进行严格监管，不但不是极端动物保护主义，反倒会真正帮助到守法的老实人。针对这些种群管理的白名单也是目前争议的中心。

比如麝类，虽然我国自1958年就开始驯养繁殖林麝（*Moschus berezovskii*）（图1.7）和马麝（*Moschus chrysogaster*）（图1.8），目前全国饲养着约2万只麝，还专门成立了四川养麝研究所，但由于麝极易受惊，即使繁殖到子N代也无法消除其对人工环境的应激反应，因此饲养成本很高，圈养种群增长缓慢，无法遏止野外盗猎，以至于我国在2003年将《国家重点保护野生动物名录》中麝类的保护级别由二级全部升为一级。

大壁虎（*Gekko gecko*）（图1.9）作为中药材蛤蚧（gé jiè）也在我国南方被大量圈养，根据2016年统计，仅广西和云南两省区就有存栏量约5万只，每年还要从印度尼西亚等国进口大量晒干的大壁虎（蛤蚧干）。但想要养好大壁虎，成本很高，需要喂食活虫或乳鼠；它们性格暴躁，不能群养；每次通常只产两枚卵。因此，印度尼西亚等国大量野捕大壁虎冒充圈养个体出口到我国，导致2019年11月CITES将大壁虎列入附录Ⅱ。

图1.7　林麝（来源/白水江国家级自然保护区）

图1.8　马麝（来源/山水自然保护中心）

图1.9　野生状态下的大壁虎　（摄影/baboon）

在1978年印度全面禁止出口猕猴（*Macaca mulatta*）后，食蟹猕猴（*Macaca fascicularis*）（图1.10）成为各国医学实验的首选猴子，在老挝、柬埔寨等国食蟹猕猴被野捕后送进养殖场洗白为圈养个体，之后出口到包括我国在内的各国养殖场和实验室，导致当地的保护区"林在猴空"，连当地的野味市场都见不到食蟹猕猴了。有专家把食蟹猕猴和旅鸽（*Ectopistes migratorius*）相提并论，明明是数量最多、最好养的动物，却因为人类图便宜，可能在几十年内被抓光。因此CITES在2016年2月暂停了老挝的食蟹猕猴出口贸易。

图1.10　野生状态下的食蟹猕猴（摄影/baboon）

对国内的野生动物市场，最大的难点在以肉用为目的的野生动物养殖业。目前国内养殖较多的王锦蛇（*Elaphe carinata*）、滑鼠蛇（*Ptyas mucosus*）等肉用蛇类和豪猪（*Hystrix brachyura*）等"野味"兽类，虽然各大养殖场可以无须依赖野生种群长期圈养，但山区民众仍热衷野捕。而小麂（*Muntiacus reevesi*）（图1.11上）、果子狸（*Paguma larvata*）（图1.11下）这类饲养成本较高的物种，就更难保证不会混入野捕个体了。至于猪獾（*Arctonyx collaris*）、鼬獾（*Melogale moschata*）等繁殖难度非常大的物种，要是纯养殖不野捕，几乎不可能盈利。

图1.11　动物园中的小麂（上）和果子狸（下）（摄影/baboon）

　　但在我国，最大的挑战是野味爱好者对野生个体的迷信。他们
愿意出高价购买。因此，无论肉用动物的养殖成本降到多低，野捕个
体的利润永远更具吸引力。比如一旦在养殖场发现夹断腿的麂子，或
在市场上发现带枪眼的果子狸，那无论饲养者或销售者的证件是否齐
全，也一定是盗猎所得。

　　随着《决定》出台，大家开始将关注点聚焦到如何通过修订现有

的《国家畜禽遗传资源品种名录》，把一些养殖成功的野生物种纳入其中。但如果想让这一类养殖场进入交易市场，并且规避相关风险，除最严格的市场监管和最详尽的动物标识外，还需修订相关法律法规，对非法买卖野捕个体的双方都进行更加严厉的处罚。

第三类　仍需依赖野生种群的动物园物种

这一类包括了一些人工繁育难度较大的动物园物种，由于圈养个体有限，为了避免近交衰退，仍需从野外补充个体，比如全球动物园的犀牛种群。这些物种在动物园和野外的种群一损俱损，一荣俱荣。如果动物园能够利用好自己的资源做好自然教育，为那些物种的野外保护争取公众支持，进而影响政府决策，反哺野生世界，那么就可以实现良性循环——通过保护增加野外的动物数量，并从中继续移取一小部分拿来展出，让它们继续充当本物种的"大使"。如果动物园没有尽到自己的责任，没有为某些物种争取到公众的支持，那么这些物种在动物园中也会走向没落，比如豺（*Cuon alpinus*）和金猫（*Catopuma temminckii*）（图1.12）。

图1.12　动物园中的金猫（摄影/baboon）

但还有很多物种，圈养技术其实挺成熟的，但国内近年私立动物园和室内动物园激增，一些动物园不去引进其他机构的繁殖个体，更不想费心地扩增自己的人工繁育种群，而是为了速效又便宜地达到展出效果，直接购买野捕个体。比如繁育技术极为成熟、每一个大小动物园的标配——松鼠猴（*Saimiri sciureus*），相信任何一个动物园爱好者都不会料到，我国动物园和繁殖场在2009—2018年间进口的所有松鼠猴，除了一笔120只的记录标记为圈养繁殖外，其余5000余只全部来自圭亚那和苏里南的野捕。CITES给圭亚那的松鼠猴出口额度是每年2200只，所以，这些贸易看似合法，但是合法未必合理。

还有一个更典型的例子是亚洲小爪水獭（*Aonyx cinerea*），由于东南亚的繁殖场不断将野捕个体洗白为圈养个体，出口到各国动物园以及日本的各种水獭咖啡馆，CITES在2019年将其从附录Ⅱ调整到附录Ⅰ中。几内亚更是由于将非洲各地野捕的黑猩猩（*Pan troglodytes*）等洗白为圈养繁殖个体出口到我国和其他国家的动物园，在2013年被CITES暂停了一切商业性进出口。

再如近几年我国各地动物园出现了一批来自老挝和越南的河静乌叶猴（*Trachypithecus hatinhensis*）和老挝叶猴（*Trachypithecus laotum*），经营者用它们冒充本土的黑叶猴（*Trachypithecus francoisi*）展出，甚至已威胁到我国圈养黑叶猴种群的纯度。我国从未批准过这两种叶猴的进口，河静乌叶猴和老挝叶猴也从未在国外任何一家动物园展出，仅在越南的濒危灵长类救助中心（Endangered Primate Rescue Center，EPRC）饲养着因盗猎和非法宠物贸易等原因而被救助的个体，因此这些叶猴无疑都来自野捕和走私。可叹的是我国的黑叶猴圈养种群如此之大，饲养单位如此之多，可这些新建的动物园宁可走私野捕个体，也不愿意多费点精力和财力来引进本国的圈养个体。

第四类　人工繁育技术不成熟，却一直在尝试养殖的物种

有些物种，繁育难度近乎不可能，但由于具有经济价值，人们一

直没有停止过探索。比如高鼻羚羊（*Saiga tatarica*），也叫赛加羚的饲养，就是令当世所有名园折戟沉沙的噩梦。它们生于中亚干旱草原，在湿润地区的抗病力极低，所以，如果饲养密度稍高，接触其他有蹄类，或者长期不换围场，羚羊群就会暴发瘟疫。它们的平均寿命只有5年，雄性在繁殖期只顾打斗，不吃不喝，导致免疫系统崩溃，因此，极少有雄性能活过第一个繁殖季。

甘肃濒危动物研究中心于1987年从美国圣迭戈野生动物园（San Diego Zoo Safari Park）和德国东柏林动物园（Tierpark Berlin）引入12只高鼻羚羊，通过繁育，2017年时曾达到170只个体，但到2022年时仅存19只成体和12只幼崽，这已经很难得了。圣迭戈野生动物园和东柏林动物园的种群都已消亡。曾经和甘肃濒危动物研究中心、乌克兰Askania Nova野生动物园并列为三大人工种群繁育基地的俄罗斯卡尔梅克野生动物中心（The Centre for Wild Animals of Kalmykia），2015年近百只个体因为一场瘟疫暴毙殆尽。根据2017年的统计，仅有我国甘肃和乌克兰、俄罗斯、哈萨克斯坦等国的八家机构提心吊胆地维持着总数不足1000只的人工种群。

紫貂（*Martes zibellina*）在圈养环境下极易应激和"家暴"，除俄罗斯之外，其他国家再无养殖成功的案例。尖吻蝮（*Deinagkistrodon acutus*）目前的繁育技术只能保证子一代，子二代只在少数机构得以实现。旱獭（*Marmota* spp.）（图1.13）在国内几乎没有圈养繁殖，宠物和野味市场的个体全部来自野捕。

这其中最极端的例子就是穿山甲：对食物要求极为苛刻，不同种类的穿山甲，需要的蚁种和饲料成分还不一样；极易应激；大多数圈养个体甚至活不过100天。目前全球仅有我国台北动物园的中华穿山甲（*Manis pentadactyla*）和广西壮族自治区林业科学研究院的马来穿山甲（*Manis javanica*）繁殖出子三代，也只有台北动物园完成过全人工育幼。而这些机构都有专业的饲养和科研团队，并且除临时救助个体外，长期圈养个体仅十几至几十只。

图1.13 尕尔寺前的喜马拉雅旱獭（摄影/何海燕）

2015年某些机构曾试图从尼日利亚引进100只大穿山甲（*Manis gigantea*）、200只长尾穿山甲（*Manis tetradactyla*）和200只树穿山甲（*Manis tricuspis*）。且不说这三种穿山甲在尼日利亚都已濒临灭绝，野捕这么大数量是否合理，单就技术层面来说，一次性引进这么多食性和习性与本土穿山甲迥异的非洲穿山甲，就算交给业内顶级的饲养团队，也会凶多吉少。即使钻研出足够成熟的繁育技术和足够廉价的饲料配方，穿山甲1年最多1崽的生育率、8个月的妊娠期、6个月的哺乳期、极高的幼崽死亡率和极慢的鳞片生长速度，也使得这类物种不可能成为可以圈养盈利的工具。

对于这类物种，与其耗费巨大人力、财力来探索养殖之道，不如将这些资源投入该物种的野生种群及其栖息地的保护，让大自然作为其真正的"养殖场"。此外，鸟市上绝大多数雀形目鸟类，比如各种歌鸲、绣眼鸟、山雀、噪鹛、百灵等，都来自野捕。对于这些，就应该禁止。有养鸟的钱，不如买个望远镜，在公园里和野外看野鸟（图1.14），对自然对自己的健康都更有益，"始知锁向金笼听，不及林间自在啼"。

图1.14　观鸟多好玩，试试就知道了（来源/山水自然保护中心）

　　用表1.2总结一下以上所提到的截至2020年的部分野生物种保护级别变更情况。

表1.2　截至2020年的部分野生物种保护级别变更情况

物种名称	IUCN原保护级别	变更后级别	变更时间
非洲灰鹦鹉	VU	EN	2016年
印度星龟	LC	VU	2016年
三线闭壳龟	EN	CR	2000年
林麝/马麝	NT	EN	2008年
高鼻羚羊	CD	CR	2002年
中华穿山甲/马来穿山甲	EN	CR	2014年
大穿山甲/树穿山甲	VU	EN	2019年
长尾穿山甲	LC	VU	2014年

注：CD，依赖保护；CR，极危；EN，濒危；LC，无危；NT，近危；VU，易危。

　　综上所述，我们建议，一个物种是否允许进行以商业为目的的人工繁育，除了繁育技术外，至少要考虑以下几个方面：

　　（1）养殖成本：食物+环境+成活率+人力投入+繁殖率。

如果一个物种对食物特别挑剔、温湿度要求特别高、特别容易应激和患病，需要饲养人员倾注大量心血（比如穿山甲），存活率依然较低，那么就极不适合推广养殖。除此之外，如果最早繁殖年龄很晚（比如龟类）、产崽数很少、繁殖存活率较低，那么需要无产出的饲养很多年，对饲养者经济实力要求很大。

（2）猎捕收益：如果一个物种的养殖利润远低于野捕，会激发对于野外种群的直接捕捉，那么也不建议养殖。

（3）违法成本：对于国内物种，如果野捕受到的惩罚很低（比如就罚几百块钱），被查获的概率很低，对于国外物种，如果原产地执法力度不够、政府监管不力（比如有的产地国政府给钱就能帮助洗白，并出具CITES证明），那么总体上违法成本就很低，对野外种群容易造成危害，也不宜推广养殖。

（4）洗白成本：如果现有的技术和管理，很难区分某个物种的野外种群和人工饲养种群，洗白成本很低，那么也不建议饲养。比如像黄金蟒这样的人工品系就很容易和野生缅甸蟒（*Python bivittatus*）相区分，但要区分菜市场的黑眉锦蛇是否养殖就太难了。

因此，我们认为，合法的养殖场，养殖技术即使相对成熟，也不是开放市场的充分条件。野捕个体由于获取成本更低，经过养殖洗白的案例比比皆是，更别提还有那么多视"野外个体"为更高质量商品的消费文化存在。在后期的修法过程中，食用目的以外的其他养殖场，也需要严格规范，谨慎开放（比如穿山甲这类动物的养殖场肯定得全部关停）。所有养殖场接受社会监督，一旦发现野捕洗白现象，永远列入黑名单。

除了加强管理，加大违法处罚外，还可以考虑对合法养殖的企业进行认证、公示，加入白名单，并对企业白名单信息公开。现行《野生动物保护法》第三十九条（图1.15）就有对猎捕证、人工繁育许可证和经营许可证等信息依法公开的要求，我们也非常赞成武汉大学秦天宝教授的建议：在全国建设统一联网的野生动物保护信息平台，类似许可证的发放和使用情况都要定期上传至该信息平台，接受公众的监督。通过构建更为科学、透明和公开的监管流程，来更好地保护野生动物，实现治理体系和治理能力的现代化。

从境外引进野生动物物种的，应当采取安全可靠的防范措施，防止其进入野外环境，避免对生态系统造成危害。确需将其放归野外的，按照国家有关规定执行。

第三十八条　任何组织和个人将野生动物放生至野外环境，应当选择适合放生地野外生存的当地物种，不得干扰当地居民的正常生活、生产，避免对生态系统造成危害。随意放生野生动物，造成他人人身、财产损害或者危害生态系统的，依法承担法律责任。

第三十九条　禁止伪造、变造、买卖、转让、租借特许猎捕证、狩猎证、人工繁育许可证及专用标识，出售、购买、利用国家重点保护野生动物及其制品的批准文件，或者允许进出口证明书、进出口等批准文件。

前款规定的有关许可证书、专用标识、批准文件的发放情况，应当依法公开。

第四十条　外国人在我国对国家重点保护野生动物进行野外考察或在野外拍摄电影、录像，应当经省、自治区、直辖市人民政府野生动物保护主管部门或者其授权的单位批准，并遵守有关法律法规规定。

第四十一条　地方重点保护野生动物和其他非国家重点保护野生动物的管理办法，由省、自治区、直辖市人民代表大会或者其常务委员会制定。

图1.15　现行《野生动物保护法》第三十九条就有对相关证明文件依法公开的要求

　　其实，真的不必沉迷于驯养繁殖，因为大多数野生动物，最终都会被证明不适合圈养盈利。对于保护野生动物而言，更是如此。如果我们能像钻研驯养繁殖技术一样，对自然保护，尤其是野外栖息地的保护也投以同样多的热情，那么大部分野生动物，也就根本没有驯养繁殖的需求了。事实上到目前为止，通过驯养繁殖让濒危物种野生种群增加的例子乏善可陈。我们希望在多少代之后的中国，我们也能拥有如此唾手可得的真正的自然，拥有具有真正生态功能而非仅仅保存在养殖场中的物种，如，扬子鳄（*Alligator sinensis*）、华南虎（*Panthera tigris amoyensis*）、中华鲟（*Acipenser sinensis*）。毕竟，那种于野外观赏在真正意义上享有自由和尊严的野生动物的乐趣，是在任何人工场所也无法获得的。

　　所有保护自然以及野生动物的最终落脚点，应该都是在自然。

野味帝国[①]

在新冠疫情暴发后的一个月里，老韦手上囤积了大量的猎物。有苍鹰、猫头鹰、白腹鼠、蛇雕、瑶山鳄蜥，以及一只不断试图撞破铁笼的豹猫。

他是广西云开大山深处的山民，几十年来以捕猎与救治蛇伤为生。此前每个月，一个信宜佬和一个罗定佬都会来收买他手上的野生动物。信宜和罗定都地处两广交界处。老韦更喜欢和信宜佬做生意，因为信宜佬好说话，也会给他同步外边的市场与价格。罗定佬则每次都神神秘秘地，变着戏法压价钱。比如他捕到了一只豹猫，以前豹猫150元一斤（500克），罗定佬说由于现在有很多进口的孟加拉豹猫，价格便宜了只能80元一斤（500克）。在老韦看来他太奸诈了。

不过，无论是信宜佬还是罗定佬，都有一个多月没来了。他知道，短时间内也不可能来了。冬春期，是最容易捕获野生动物的季节。老韦觉得应该把那些捕猎设施全部卸回来，因为本来山里的野生动物就在急剧变少，趁着这个空档期，也好让它们再生长生长。

在云开大山，此前都是茂盛的阔叶林和松林，存在着一条丰富的生态链。满山的松果给松鼠极好的食物，白腹鼠则啃咬那些根系丰富的植物，还啃咬蔬果。而苍鹰、蛇、豹猫等会捕食啮齿类，苍鹰也以蛇为食。若苍鹰泛滥了，跑到村庄袭击家禽，也会被村民抓捕。因此，处于食物链各个位置的动物的数量保持在一个平衡的水平。

这样的状态看起来是很稳定的，直到桉树的到来。

"中林集团，理文造纸都来了，一大片一大片山林承包下来，以前的松树、杂树全砍了，全部种上速生林，以桉树为主，你说松鼠吃什么，老鼠吃什么？"老韦告诉我们，以前每天出猎，两只松鼠是可以捕到的。在大清早天刚蒙蒙亮的时候，松鼠就会出没觅食。带上

---

① 本文原载于公众号《蓝字计划》，稍作修改。

两只猎狗进松林，狗看到松鼠会一起围猎追赶，松鼠在树林与山石之间跳跃，最后会钻进某个洞穴。猎人用烟熏或者其他方法，把松鼠赶进竹筒或者布袋里就行了。2002年前后，松鼠收购价是15元一只，2020年是50元一只。不过现在，他即使用铁笼子加诱饵，一周也难得捕到一只松鼠。

树林生态的变化，给野生动物带来的影响是致命的。此前，这一带是种类多元的树林，有各种庇护所，有丰富的果实与根系，是啮齿类动物的天堂。树林之下，潮湿阴凉、虫卵繁盛，更是鸟类的食堂。变成单一的桉树林以后，松鼠失去食物，急剧缩减，以往随处可见的斑鸠，一年下来老韦都没捕到一只。食物紧缺，松鼠和白腹鼠来到地里啃咬村民种植的木薯、玉米；松鼠与白腹鼠的缩减，使得豹猫、苍鹰等动物转移到人类生活区捕食，村民养的鸡成了它们的目标；没有白腹鼠吃的猫头鹰和蛇，盯上了村庄里的家鼠。

"猫头鹰很好抓的，它们捕猎前总要站在某个高处，环视周围的动静。所以你在开阔的地方竖起一根桩，在木桩上放上铁夹子，一般天亮就会有。"老韦跟我说他的捕猎方法。蛇雕则复杂一些，要找好它的活动路径。当然，他也有一些捕猎禁忌。比如山里最猛的眼镜王蛇，他绝不会赤手空拳去捕捉，必须借助长棍子与他人的协助。眼镜王蛇就是当地人称"过山风"的毒蛇，在山林里它是王者般的存在。这种蛇的毒液里包含神经毒素和血液毒素，并且毒液量大。一般被咬到的话，2小时内找不到血清基本就丧命了。我们曾一起目击一个空手抓捕了眼镜王蛇的山民，抓完来到街上卖出，换得2000元钱以后，前去打酒，一边喝一边说，"啱先比佢啜咗一啖，饮两杯消消毒先。[①]"

很快，他就死了，全身瘀黑。

所以，抓捕野生动物的这些山民，他们关注的焦点从来不在野生动物"带病""有病毒"上，而在捕猎的技巧与传统。传统是什么？就是按照经验行事，不要自己作死跟"过山风"斗，不要吃家里出没的老鼠，不要对屋檐下的蝙蝠动任何念头，如果半个月猎不到猫头鹰，就不猎了，让它休养半年。在他们的脑海里，那些病毒和自己接

---

① 此方言的意思是：不小心让它咬了一口，先喝两杯消消毒。

触的野生动物距离很远。不管是因为知识局限也好，不常见也好，他们对病毒和野生动物的关系充满质疑："为什么山里人、捕猎者就没得过病毒疫病？这些都发生在城市吧？"

"落水狗（瑶山鳄蜥）全国就1000来条，但我抓落水狗30年了，河溪里还是很多。起码我们知道不要赶尽杀绝。要说生态的影响，你看这一片一片的桉树林，比起我们捕猎要严重多了吧？"在老韦看来，他们生来就是猎人，人类最初就在荒野中以狩猎为生，这都是天经地义的事。不能简单粗暴地因为要"维持生态平衡"或者"这是国家保护动物"，就要求他们不能猎捕野生动物。

老韦这样的山民还有克制。在他们没有看到的地方，鄱阳湖畔竖起上万平方米的捕鸟网，一次捕获的鹭鸟超过一万只；天津市和河北唐山市交界的地方，3万多只捕捉来的鸟类会先用激素增肥，再被卖往广东；华北平原那些40多万伏的高压捕猎器一晚上可以电死70多只兔子；还有捕鸟者大量使用高毒农药毒鸟。

一、庞大的吃野味人群

普通人很难想到，这些野生动物都会在哪些餐馆出现，又会是哪些人喜欢食用。

李蓓是一个武汉姑娘，毕业于华中科技大学，父亲是大学老师，母亲是社区干部。毕业后她在珠江新城的一家医疗器械外资企业工作多年，日常喜欢游泳，喜欢去国外旅游，喜欢汉服与cosplay，以及喜欢吃野味。

在广州市海珠区前进路基立南街，这个当地人称为"河南"的地方，有一家名为"南乐酒家"的餐馆，寓意河南边快乐的地方。两层楼的用餐位置，即使是工作日的晚上，都经常需要排队。"南乐酒家"这个餐馆名字似乎很低调，但横幅招牌的另外一边，"蟾蚷大王"四个闪闪发亮的大黄字让你发现这里别有洞天。四个字底下还写着"始创于1993年""正宗老店"，以及"全国第一家"等字样。

所谓"蟾蚷"，是蟾蜍的粤语说法，也就是癞蛤蟆。这家店就是专门吃蟾蜍的。李蓓每个月都要来这里吃一顿。首先，她觉得这些都是有别于日常菜的味道，新奇甚至是怪异。其次，餐厅推荐里说"蟾蜍全身都是宝，药用价值极高"打动了她。

蟾蜍背面长满了大大小小的疙瘩，这是皮脂腺，会分泌出白色的黏液。这些黏液含有剧毒，对人的心脏、消化道及中枢神经会产生严重损害。症状主要表现为头晕、腹痛，严重者出现昏迷，甚至导致呼吸循环衰竭而死亡。并且中毒后，并无相应的特效疗法。也正因此，蟾蜍被列为传统的"五毒之首"。

蟾蜍的皮有毒？没问题，剥了皮就是。在这家店里，有着传说的"四十式蟾蜍做法"，包括咸蛋黄包裹的金沙蟾蜍、陈皮腌制的九制蟾蜍、椒盐蟾蜍，甚至还有椰子蟾蜍火锅等。并且，分乳香、蒜香、芝士等一系列口味。而所有的做法，都是在将蟾蜍的皮剥去以后制作。

每次来，李蓓都会品尝不同样式的做法。由于周边朋友极少愿意和她一起赴蟾蜍宴，她还使用相亲软件在网上认识异性，邀请其一起寻找各种野味品尝。出乎她的意料，响应者极多，甚至有人直接带她去深圳吃娃娃鱼。而此前她曾在豆瓣网发布野味征集，被网友围攻到注销了账号。

这几年来，吃尽了广州、深圳周边的野味，李蓓也慢慢掌握了吃野味的一些门道。比如在广州天河棠德南路上一家普通餐厅，餐牌写着的"龙虎凤火锅"，虎一般是猫。"普通猫谁吃啊？要有人直接说要吃猫，老板都会说这个菜没有了。但有人是先定了包房，然后问老板，'这虎，究竟是虎还是豹？'，老板就会知道你是内行人，直接给你豹猫的图片和价格。"

同样，其他种类的野味，尤其是国家保护野生动物。在广州、佛山、深圳一带如果不是熟客，都需要对一下暗号。比如野鸭大部分都是国家二级保护动物，其中绿头鸭最为普遍。如果你去吃的时候点绿头鸭，餐厅服务员会问你要怎样的，你要回答"最野那种"，基本就能吃得上，但要是回答"野到头都绿的"，服务员会认为你是来稽查的森林警察，只会给你人工饲养繁殖出来的绿头鸭。

不只是这几个城市，全国很多地方，对野味的需求超出你的想象。只不过这三个地方因为历史原因，有着较为成熟的运输与售卖体系。稳定的老客户，围绕着固定的几家餐馆。在武汉、长沙等地，不少野味餐馆悄然隐藏在闹市之中。摸得上门的都是熟客。面对熟客，他们都知无不言。比如长沙，在吃野味群体里名声大振的"陆大安土菜馆"，除了蛇、竹鼠之类的标配，还有大雁、夜鹭、水貂、斑鸠等。你只要来到店里，想要的他们都会给你供应，甚至连鳄鱼肉都有。

在陆大安土菜馆，一般一桌消费2000多元，每天十来桌，也就是100来号人。这让他们每天的流水进账都超过3万，生意兴隆。每三四天就要进货一次。不过，野生动物的终端销售形态近几年也在悄悄改变。不少人通过社交网络等渠道发售野生动物。他们可以通过视频聊天的方式看货并称重，谈好价钱后直接转账，省去了很多中间环节。买家只用等着野味送上门。甚至是象牙一类的野生动物制品，一笔转账，就可以等着快递送到家。

即便如此，蟾蚣大王的蟾蜍还是越卖越好，"从几十斤卖到几百斤，到如今的上千斤"。如果你对全国各地的野味酒楼和农家乐没有很直观的认识，那你可以去广州市黄埔古港一家叫"古港人家"的餐厅。那里有一道菜叫"木瓜爆雀"，菜里爆炒的据说是麻雀。专门来吃这道菜的人，可以说人山人海。

蟾蜍、麻雀这种不属于国家重点保护动物，门面不必遮蔽，更充分体现着人们对野味的好奇与热情。至于味道，我个人觉得，即使放下成见来品尝，蟾蜍的味道依然是怪异的。跟人们常吃的青蛙相比，蟾蜍的肉质缺少纤维和水分，更像一个糯米团子般的口感。但这不妨碍人们趋之若鹜。

坐在广州、佛山交界的野味餐厅里观察一个下午，就会发现这个群体的人员并没有固定的标签：有集体改善伙食的建筑工人，有附近做花草育苗的小老板一家，有带着猎奇心理来吃的白领，也有真觉得吃这些能滋补身体的当地人，有通过吃这些野味获得征服感的人，有好奇心重就想试下到底是什么味道的普通人，还有人认为能体现自己的与众不同："你看，我都能吃到这些"。

这些人可能住在城中村，可能活动在城市周边，也可能生活在城市中心商业区的高档楼盘，他们有着各种心理需求。"小动物那么可爱不要吃它"并不在他们的认知范围里。

其中，靠野味"补身体"的群体占据主流。他们吃野味，就像广东人喝凉茶一样。凉茶所谓"下火"，野味号称"补身"。不管到底有没有用、需不需要、经不经得起推敲。反正就是传统，就是文化，吃了有好处没坏处 。

一般情况下，在河北省、天津市等地查获的鸟类野生动物盗猎贩卖案，单次涉及的鸟类都有3万只左右。一家餐馆要300只，只需100家餐馆就能消化掉这3万只。广州、佛山、深圳等地，一个城市30来家餐厅、农家乐就能消化掉。吃掉300只需要多少天？一家野味餐厅跟我说，平时一个周末就没了。

显然，山民供给是远远不够的。下游餐馆庞大的需求，正驱使着捕猎者提高捕获数量，达到"规模化、产业化"的水平，因为它确实就是个产业。

二、灭绝式捕猎

王志伟回到家门口，有些不放心。他开着车绕着屋子周边转了几圈，发现没有人以后，忽然拐弯把车开进了院子里，再利索地把院子的大门关上。很快，他就把收购回来的草兔、雕鸮、豹猫、狗獾等十几种野生动物，总共近2000只卸到了屋子里，死掉的就放在冷库暂且保存。完成以后他又要继续出门了。

早晨6点，他就从山西省吕梁市交城县的住所出发，前往遍布吕梁、太原、忻州等市的十几个县收购野生动物。在这些地方，王志伟共有十几个收货点。大多是狩猎者事先和他联系后，开着摩托车带上猎物，来到约定的收货点交货。王志伟开着面包车，将猎物放入笼子装到车上。每次沿着收货点一趟，基本上能收到2000只左右的野生动物，有活体，也有尸体，反正都会有人要。一天他能来回三四次。

2018年1月15日，湖南省郴州市小塘收费站，交警在例行检查时发现一辆货车里藏满了野生动物，其中雕鸮41只。10月19日，一辆套牌的河南货车被交警发现车身侧边藏着大量透气箱子，箱子里装着31只雕鸮和3只豹猫。很快，当地森林警察摸到了在河南省南阳市出货的呼延等人，把他们一窝端了。他们都是王志伟售卖的对象。随后大半年里，王志伟的下家变成了另外几个河南人。他们会把王志伟卖的野生动物运往南阳，大部分会再被南阳的中间商运往广东等地。

王志伟每隔几天就得出货。出货当天，他会将猎物全部打包好，通过面包车运到太原东或者太古东的高速服务站，在那里将猎物快速转移到一辆从太原开往南阳的客车底部的货仓，下家会在南阳等着这些货。

1个月里，一半时间王志伟都在收猎物，基本上能达到10万只的量。每天在收货点将猎物收完，他能收获6000多只草兔、雕鸮等野生动物。10来个收货点，相当于一个收货点一天就有近600只野生动物送过来。这么大的量，狩猎者是怎么做到的？

他们使用高压电捕猎器，输出电压能达到60万伏。在背风、朝阳、有水、叶草浓密的地方，布上几圈线路，经过的野鸡、野兔、野猪，不用碰到电线，就直接被高压放电击伤至皮焦肉绽。放电也可以致人死亡。在山西，这样一天一夜下来，就能电到好几十只草兔。

每天，王志伟走的路线都是不一样的。自从呼延被抓后，王志伟变得越加小心。他把手机号码换掉，呼延周边那群人有不少判缓刑回来的，但也不联系了。

如果说SARS暴发前的野生动物贸易链，是通过商贩聚合本土捕猎者捕获野生动物资源，那SARS暴发以后，就是通过技术提高产量，进入了横扫式、赶尽杀绝式推进的时代。所谓的技术，是五花八门的各种方法。有绵延几千米的捕鸟网，有可以快速让鸟类窒息死亡的毒鸟药；兽类的捕捉，除了传统的铁夹子与铁笼子，也有不少配备了诱捕或者毒杀的药物。

不只是技术先进了，人的胆子也大了起来。下游的需求量日益增大，捕猎也开始无差异化操作了。比如野味食客普遍食用的鸟类，大量餐厅都可以接受鸟尸体。

捕猎的人，对猎物的生活习性极为了解。所以，在一些湿地周边或者新翻地块等鸟类时常出没的区域，他们经常会拉起一片大网。而更有不少处于南北交界地区的人看准了候鸟迁徙的路线，拉好了捕鸟网，等着旺季的到来。这些网的面积、数量逐年增加。以前一片网一般是长5米、高3米左右，现在已经普遍发展到高15米，长可以绵延100多米。并且，在鸟类活动区周边，一般不会少于10张以上这种一张面积达1500平方米的捕鸟网。

这种捕鸟网，从广东阳江、福建莆田、浙江台州、湖北襄阳、江西九江再到辽宁抚顺，随处林立。一次捕获都是上万只，可以说将周边的鸟类都灭绝了。

2017年10月，万林多次多批收购野生鸟尸体共计19 000多只。

2018年9月25日中午，王志明的仓库内，警察查获野生鸟类共计14 482只。

野生鸟类，尤其是候鸟，是中国野味饭桌占比较大的种类。它们大多数是被捕鸟网捕获的。不过，相比那些投毒捕鸟的行为，这已经算是良心行为了。

在黑龙江省东升省级自然保护区，每年3月中旬至5月中旬，都是候鸟的迁徙季。随着早些年生态环境的好转，春季迁徙到该地的候鸟不断增多，高峰时鸟"铺天盖地"地到来。不过，这一次是中毒了的候鸟铺天盖地掉落地上。

2016年4月开始，作为三江平原候鸟迁徙区的重要通道，东升自然保护区陆续发现了死亡的候鸟，每天均有200只左右，主要为大雁及野鸭。这些"候鸟雨"覆盖面积达18公顷，总共1128只，都是食用了掺着农药的玉米粒死亡的。许多鸟的头部深陷泥里，身上也有被老鼠咬过的痕迹。不过这些老鼠估计也要遭殃了。

毒鸟药，这些年已盛行于捕猎行业。捕猎的人大多使用俗名为"扁毛霜"的农药。在一些购物网站上使用关键词"野鸡药""野味王""扁毛药"等就可以搜到。"今晚吃鸡"则成了毒鸟药的广告语。这些毒鸟药其实就是高毒农药呋喃丹。

呋喃丹是一种被禁用的杀虫药，是只要接触极少量就会引起中毒或死亡的高毒农药，残留期极长。原用于毒杀地下害虫，后来很多人发现，鸟类啄食这些虫类的尸体后，也快速窒息而死。因此被捕鸟人用来快速毒杀鸟类。

东升自然保护区与6个村屯相邻。不过，毒杀候鸟的并不是当地村民。在他们看来，这种行为太过卑劣了，不小心还会把人给毒死，他们对此非常痛恨。"那些拌了农药的玉米粒，要是掉在我们的菜地上，或者被小孩误食了，分分钟会出人命的。"

所以，投毒式盗猎者一般会选择异地施行。他们时常将农药、豆油、玉米以一定比例混合，然后在鸟群出没的农田、玉米地等处抛撒。第二天，在撒药点附近捡拾鸟只。

这种毒鸟群体不只在东北有，全国各地也都有。2020年2月13日，正处疫情期间的湖北省襄阳市下辖老河口市，捕猎者在王甫洲水电站附近投毒，鸟只中毒以后随着江水漂往下游，捕猎者在下游等着打捞鸟尸体。这些走水路捕猎的鸟，以水鸟类为主，包括凤头鸊鷉、白骨顶、螺纹鸭、大麻鸭等。

这些被毒死的鸟，除了被查获的，其他全都卖给人吃了。

处理东升自然保护区的毒杀候鸟惨案时，当地警方远赴天津、哈尔滨、建三江垦区等地调查取证，最后打掉捕猎、流通、销售等环节的三个团伙，锁定犯罪嫌疑人20人。警方发现，还没死的大雁，犯罪嫌疑人会卖120元一只，如果是死的，就按9元一斤卖。只要一趟，捕猎环节就获利2万元。但这些大雁，等上到餐桌的时候基本卖到800元一只。

大量的鸟尸体，经过冰冻后运往各地的野味餐厅。食客以为自己吃到的大雁都是亲眼看到的活雁，其实大部分情况下，给食客看的只是几只活的，但下厨时还是用冰冻的鸟尸体。仔细的食客或许会发现，当他们去品尝野味的时候，即使体型大如鹭鸟、大雁的鸟，基本都不会有内脏。因为餐厅的人知道，那些农药大部分聚集在鸟的胃肠部。

所以，人吃了这些死掉的鸟到底会不会中毒？显然会。

呋喃丹通过血液循环对鸟的器官产生作用，导致鸟死亡。短时间内，毒性就渗透到了鸟的肌肉里，潜伏期5～6天，并且无法清除。所以，即使野味餐馆的经营者将鸟的内脏摘除，鸟体内的毒素依旧存在。一旦食用，基本都会有迟发性神经中毒，这种中毒短期内不会发作，但它将来会影响人的生殖系统，并且致癌致残。黑龙江大庆市曾有一村民，将捡回来的中毒的野鸭给6岁儿童炖汤食用，造成这名儿童中毒，双腿瘫痪。

那些用捕鸟网捕捉的，或者收获的活鸟，总该没问题了吧？不一定。

2019年中秋节，河北省唐山市，反盗猎志愿者发现和举报了一个大型候鸟催肥窝点。涉及鸟类包括黄胸鹀（即广东食客较为喜爱的禾花雀）总共12 000只，其他朱雀等鸟类3000多只。从数量上说，以往天津、广西桂林等地发现的10余万只候鸟催肥案要严重得多，但唐山市这个棚屋规模可以同时催肥候鸟10万只以上。

为什么要催肥？因为下游餐厅以鸟的体重、肉量来衡量好坏。鸟贩子在收获鸟类以后，如果直接运往下游，路途漫长辗转，野鸟死亡率高，并且被围困后鸟类时常不喜饮食，数日时间便会减重过半。为了避免这种折损，鸟贩子选择了催肥再闷死这些野鸟，冷冻过后送往下一个环节。

催肥一般需要半个月以上，这期间鸟类会染病，死亡率极高。因此鸟贩子会给这些鸟喂大量的阿莫西林，以及抗生素乳酸诺氟沙星可溶性粉等。这些抗生素每天拌着饲料一起喂养。而鸟饲料，则主要用苏子拌谷物等。苏子为白苏子，由于含脂率较高，能轻易将鸟类养肥。通常，喂养时苏子的占比不宜超过10%，否则会导致鸟类内分泌失调，出现尾脂腺发炎、嘴角生疮、眼角发炎等病症。同时，也会出现体脂过高的情况。然而，鸟贩子一般会按20%～50%苏子的比例喂养。由于同时喂养了抗生素，因此他们并不担心炎症导致鸟类死亡的情况。

经过这轮催肥，鸟的体重一般都会增长50%～100%。鸟贩子就会用尼龙化肥袋，每袋30个左右，将鸟直接闷死，再冰冻出货。所以，食客吃到的各种鸟类，含农药或者抗生素的概率极高。

捕鸟不过是冰山一角。全国各地有着不同的野生动物资源：宁夏主要是野鸡、野兔、野鸭；东北以狍子、熊为主；河北、天津、安徽一带主要是各类小型候鸟，以及雕鸮、豪猪等；广东、广西一年四季蛇、豹猫、果子狸都不少；浙江、湖南、湖北有野猪、麂子这些兽类；另外，还有西藏的麝鹿与秃鹫，新疆的野牦牛、藏羚羊、猞猁、狼等。无论什么样的猛禽野兽，都会有一款针对性的捕猎器材等着它。如果不是器材，那就是一包毒药。

抛开种群灭绝、生态冲击等社会维度问题，单纯将野生动物当作一种商品，其中的操作也充满了卑劣。稀缺性催生神秘，外加一些偏方的暗示、民间传说的加持，让充满巫医色彩的野味带上了极高的附加值。这让每个吃野味的人，都有一种中"彩票"的心理，并且还认为物竞天择，吃野味天然正义。正是这种执着和迷信，导致了野味高昂的价格。一条野生菜花蛇在河南卖120元/千克，卖出1000条大概1500千克，收益是18万元。但到了餐桌上可以卖到600元/千克，油焖一条1800元，可以想象总收益有多大。

随着网络的普及，人们获取信息的来源增多，获取这张"彩票"变得容易多了。需求量不断增加，加上充满想象力的利润空间，这个行业变得体系化、产业化，再加上监管不到位，上中游为了尽可能扩大规模，实现利益最大化，慢慢变得失控而疯狂。捕猎这个行业，这十几年来风卷残云般推进，甚至吃腐肉的高山秃鹫都被捕来食用。

这个产业网络背后的人，到底是谁？

三、盗猎老板状告国家林业和草原局（原国家林业局）

2019年9月23日，左兴国的官司输了。这场野生动物盗猎团伙老板状告国家林业和草原局（以下简称"国家林草局"）的诉讼，彼时终于画上了句号。

这个故事，需要从17年前说起。2002年10月15日，SARS还未暴发。江苏省连云港市灌云县的森林警察突袭了两处野生动物盗猎贩卖窝点。在一处四周不靠人家的育苗培育场，10多个品种的水鸡、野鸭、海鸥、大雁等野生动物装满一辆卡车，正要运往广州。另一处位于灌西盐场菜市场北侧的一间平房，也查获了200多只野生动物，主要以珍禽水鸟为主。

这两处都是同一个团伙，由20多名安徽省安庆市人构成。甫一开业，大老板就告诉他们，自己神通广大，早已通过当地关系，搞到了一张野生动物利用经营许可证，可以在灌云县合法猎捕收购各类珍禽水鸟。不过，灌云县农林局副局长验证以后，宣布那张所谓的许可证纯属伪造。

这次行动，收缴了水鸭约2000只，共抓了11人。老板左兴国因为不在现场，成为漏网之鱼。不过这2000只野生动物里，有不少是国家重点保护动物。左兴国即使没在现场被抓，也应该追责判罚。

但经此一役，左兴国有了新的认识：一要选自己如鱼得水的地方发展，二要合法化。不然他做的这行生意，随时会被监管部门端掉，然后沦为亡命之徒。

于是，他将目光转向了新疆。

2009年，左兴国在乌鲁木齐市开办的兴国水禽驯养繁殖场（以下简称"乌鲁木齐兴国养殖场"）成功办理了野生动物驯养繁殖许可证和野生动物及其制品经营利用许可证。

这次的两个证都是真的了。野生动物驯养繁殖许可证的办理流程为：当地区县林业局进行全面审查与上报，同意后由市林业局上报省林业厅进行审核报批；野生动物及其制品经营利用许可证则由区县林业局核实经营的内容和规模、供货渠道和方式，并报请市林业局，根据经营利用单位或个人申请经营种类、在当地种群数量情况和驯养繁殖情况审查批准，代替省林业厅颁发。

但办理这两个证件，都需要满足场所、医疗、技术条件。其中，最关键的要求就是野生动物种源渠道合法，并具有相应的技术驯养繁殖野生动物。这是国内大多养殖场都会遇到的问题。

所谓"种源"，说的是野生动物是从哪里来的。猎捕来的？那就不是合法了；从科研机构获取的？那科研机构就违法了；从其他的养殖场购买获取？这个说法或许说得过去。但现实是，那些所谓的养殖场，动物的种源基本都是猎捕获取的。

不管怎样，左兴国给新疆维吾尔自治区林业厅和乌鲁木齐林业分局等发证机关提供了"合法"的种源说明，顺利地拿下了驯养繁殖和经营利用的许可证。左兴国在新疆"驯养繁殖"的野生动物种类，是赤麻鸭、潜鸭等野鸭。2010年，他又在洞庭湖畔的岳阳市注册成立了兴国水禽驯养繁殖场（以下简称"岳阳兴国养殖场"）。

事实上，不少野生动物养殖场都有着给野生动物洗白的职能。从狩猎到运输、再到销售，无论多大量的野生动物，一经过养殖场，运输和销售渠道基本打通了。相比潜在地下的中转站，野生动物养殖场更像是野生动物贸易的一个枢纽。上游大量盗猎来的猎物，都会汇聚在这里漂白，由这些拥有合法证件的养殖场源源不断地输送给各个餐馆，或者野生动物交易市场。据《羊城晚报》报道，中国野生动物驯养繁殖利用产值，每年至少数百亿元，其中很大一部分就是野味产业。

在新疆，左兴国确实是如鱼得水的。并且他不像其他养殖场一样只是收购、倒卖赚差价，他干脆自己狩猎。2014年3月，他以岳阳兴国养殖场为主体在新疆拿到狩猎证，并和新疆农业大学动物医学院签订了一份《委托捕捉野生鸟类协议书》。协议书要求，左兴国在2014年春秋两季需要各捕捉750～1000只野生鸟类，交于该动物医学院用于H7N9禽流感相关课题研究。也就是说，2014年3月开始，他就可以合法狩猎2000只野鸭。

时间就是金钱。左兴国快速组织了15名安徽老乡，并利用上述协议书，在新疆维吾尔自治区林业厅野生动植物保护管理处给他们办理了狩猎证。这时候，左兴国和新疆林业厅的关系起码不会是差的。这时候左兴国的公司，既可以合法捕猎，又可以合法饲养，还可以合法出售这些野生动物。

这些"合法持枪的老乡"开始在新疆福海县、焉耆县和博湖县猎捕野鸭。每捕一只野鸭，左兴国就给40元。这一次他很高调，光天化日下肆意抓捕，毕竟有系列证书傍身。猎捕到野鸭以后，他并没交给新疆农业大学搞科研，而是选择先转运到岳阳兴国养殖场，再转运到广州。当然，盗猎出身的他是不会受2000只数量的限制的。

也正因为高调，惹怒了新疆当地群众，新疆维吾尔自治区森林公安局也盯上了他。很快，森林公安局调查发现左兴国存在严重的盗猎行为。2014年6月30日，森林警察查到，在乌鲁木齐兴国养殖场当时有野鸭580只，从新疆运往湖南省岳阳兴国养殖场2760只。而这些还不是全部，这一两个月时间，左兴国从新疆运到广州销售的野鸭，收回款项就已经有35万元。

2014年7月7日，左兴国因"涉嫌非法猎捕及买卖国家机关公文、证件、印章罪"，被新疆森林公安局刑事拘留。为什么会是这个罪名呢？因为他和新疆农业大学的委托捕鸟的协议书是买的。8月13日，他又因涉嫌非法经营被乌鲁木齐沙依巴克区人民检察院批准逮捕。刑拘一年多以后，2015年10月8日，沙依巴克区人民检察院以其犯"非法经营罪及非法出售珍贵、濒危野生动物罪"向沙依巴克区人民法院提起公诉。

你以为左兴国就这样完了？不会的，那只是左兴国人生反转的开始。

1年以后的2016年12月22日，沙依巴克区人民检察院又申请撤回起诉，退回补充侦查。这两年里，新疆森林警察在乌鲁木齐市、福海县、焉耆县、岳阳市、广州市等地奔走，侦查、取证。参与此案件侦查的森林警察说，个中辛酸，只有自己知道。到2017年2月4日，沙依巴克区人民检察院做出不起诉决定。仍然认为新疆森林公安局认定的犯罪事实不清、证据不足，不符合起诉条件。同时，检察院也解除了扣押的"涉案物品"，也就是说，那些野鸭都全部给回了左兴国。

回到养殖场后，左兴国的生意还在继续做。那些野生动物驯养繁殖许可证和野生动物及其制品经营利用许可证也都还得由新疆林业厅年审。

当时，新疆森林警察还隶属新疆林业厅。也就是说，新疆森林警察这次查处的对象左兴国及其公司，是其上级"全面核查监管"并发放合法证件的企业。这也是全国森林警察在转隶公安部之前的困境。诸多森林警察在查处非法盗猎的养殖场时，都会碰到与上级冲突的问题。毕竟养殖场的资质都是林业部门发放的。

新疆森林公安局的案件就此冷却下来。几个月后，他们的上级新疆林业厅出手了。2017年7月31日，新疆林业厅对左兴国的盗猎行为做出处罚：

（1）没收未按狩猎证规定猎捕的野生动物1340只野鸭；

（2）没收违法所得350 000元；

（3）处以罚款2 286 000元。

左兴国并没有接受这些处罚，也没有去林业厅求饶或者套近乎。在他看来，地方人民检察院都撤诉了，监管部门再罚，同一事实既刑事立案又行政处罚立案，这属于非法立案。他硬气地向国家林业局提出行政复议。

2017年11月13日，国家林业局做出《行政复议决定书》，认定左兴国的盗猎行为，维持新疆林业厅的处罚决定。也就是说，左兴国还得交出35万元的违法所得，并被罚款220多万元。

左兴国并不服输，一怒之下，他将新疆林业厅和国家林业局一起告上了法庭。不只是告了，在一审判决中他还赢了。赢的核心关键是"那些超额的野鸭，没有证据证明是盗猎的。"

和彼时全国遍布的养殖场一样，如果被查到来历不明的野生动物，他们都会说是以前养的。一般而言，养殖场需要对所养殖野生动物进行清晰的来源记录。但现实中，他们从不会进行准确的账目记录。被检查时，他们会直接销毁出货单。到了法院，法院要求的是谁主张谁举证，因为林业部门认为他们的来源是非法盗猎，那么需要林业部门出具证据。拿不出来，就不排除有此前饲养和合法收购、合法狩猎的可能。

而林业部门对其盗猎数量的认定，只能通过具体查出的数量，减去合法持有的数量，然后算出超额的数目。补充的证据，则是相应的证人证言，这充满各种变动和反转。当然还有一个方法，就是由监管部门委托第三方专业机构，即由中国科学院的研究机构或国家林业局司法鉴定中心对野生动物进行鉴定，而这类鉴定不是地方林业和森林公安等部门能安排的。

一笔交易两三千只，收入30多万元，每周一笔起。这几乎是大量养殖场的标配。林业执法部门时常能抓到的不过是其中暴露出来的一两笔。关于左兴国这一笔，2018年3月16日，北京市东城区人民法院认为事实不清、证据不足，对此做出一审判决：撤销新疆林业厅的行政处罚决定和国家林业局的《行政复议决定书》。新疆林业厅还要承担50元的案件受理费。

这次轮到新疆林业厅和国家林业局不服了，他们也提出上诉。

一审的时候，法院认为，新疆林业厅只是提出了"巨量野生动物来历不明"。上诉至北京市第二中级人民法院时，法院采信了相关人员的询问笔录以及国家林业局森林公安司法鉴定中心、中国科学院新疆生态与地理研究所出具的证明，认定左兴国在新疆猎捕的野鸭，包括新疆森林公安局在乌鲁木齐兴国养殖场和岳阳兴国养殖场扣押的3340只雁鸭均属于野生雁鸭。

2018年11月9日，北京市第二中级人民法院做出终审判决：

（1）撤销北京市东城区人民法院的一审行政判决书；

（2）新疆林业厅的行政处罚决定有效。

左兴国仍然不服。凭着一股劲，他继续向北京市高级人民法院申请再审。2019年9月23日，再审申请被驳回。

熟悉运作各种关系的左兴国，真的是无知无畏的愣头青吗？其实不然，他深谙这行的执法盲点以及这次事件的利害冲突，也知道这是谁主导的游戏。这次罚款和没收钱款近280万元，交了，损失惨重，并且养殖场以后会被重点监管，无法产生后续收益；赢了，大不了转移阵地离开新疆，全国可以拿到合法证照的地方还很多。

毕竟，洞庭湖就很大，有着成千上万的水禽。

四、偷渡而来的穿山甲

杀穿山甲的时候，厨工一般会把穿山甲按在桌面上，然后用刀抹脖子。下边则会有一碗白米饭接着流下来的血，然后将血和白米饭拌在一起给人吃。这碗饭轻易是吃不到的。吃到的人，心里多少都会觉得自己是个天选之子。

如果碰到买的穿山甲是怀孕的，购买的人更被冠以"彩王"的名头了。这只穿山甲会被大棍敲击头部致死，以保证血液不流失。同时，厨工快速开膛破肚，马上将还温热的小穿山甲拿出来泡酒。温热很重要，在他们的解释里，那是温补的力量。

由于国内穿山甲濒危，难以猎得。吃穿山甲更成了很多人的念想。穿山甲没什么营养？他们关心的不是这些。为了完成这个念想，有人去缅甸那条专门为中国食客修建的猛兽野味街；有人网购，来自东南亚的快递几天就到家门口；当然，主要的网络还是有固定渠道的走私商贩。

海外走私回来的野生动物，一般都是单价比较高的品类，包括老虎、熊、云豹、黑天鹅、蟒蛇、鹿、巨蜥、小熊猫等。这行生意的目标客户都是具有相当资本的人群。广西南宁市一名徐姓富商曾前往广东雷州市等地购买东南亚走私进来的老虎，花费了44万元。老虎便宜点的都要1600元/千克，而一只老虎一般150～200千克重。

当然，也不是所有的走私野生动物都这么贵。比如熊，一个熊掌在缅甸野味街要1000元人民币，在国内走私商贩手上则是5000元左右。狗熊在缅甸卖3.5万元人民币，在国内则在10万元左右。由于穿山甲的需求量大，马来穿山甲与南非地穿山甲也跟着走私商贩翻山越岭，漂洋过海。

2019年10月29日，温州市瓯海郭溪街道一个托运部，老姚带着一伙人在等待一辆神秘货车的到来。货车上有10多吨货，市场价值2亿多元。这些货从非洲出发，由一个境外专业走私团伙安排运送。货物被混装在40多个集装箱里装上货船，先是运抵韩国釜山港。趁着夜色，他们再将这些货物集中起来，放置于一个集装箱中部偏后的位置，周边则用相同的麻袋装满了姜片。这样即使被抽检，也很难被检查到。一艘千吨货轮载着这个集装箱离开釜山港，前往上海一个非设关地小码头。

集装箱顺利入境了，再被货车转运到瓯海。和货车一同出现在老姚面前的，是温州海关缉私部门和警察。麻袋卸掉一半后，他们从货物里卸下了10多吨穿山甲鳞片。警察是从老姚上一次走私的12.56吨穿山甲鳞片入手获得线索的。加上这次，案件查明走私的穿山甲鳞片共计23.21吨。一只穿山甲身上有0.4～0.6千克鳞片。走私23.21吨鳞片，意味着杀了近5万只穿山甲。

这样的新闻年复一年，屡屡出现。

2019年4月，一起全球最大的穿山甲走私案被破获。

在新加坡的出口检查站，一个据称运载冷冻牛肉的集装箱即将运往越南，最终目的地是中国。检查人员打开一查，箱子里竟塞了230袋穿山甲鳞片，总共12.9吨，黑市价值约合2.5亿元人民币。鳞片背后，是约2.8万只穿山甲。

2018年9月，广州海关拦下一批花岗岩毛板，7.26吨鳞片藏在板子下面。

2017年7月，深圳海关截获一只装有11.9吨穿山甲鳞片的集装箱。

2007—2016年，中国查获的穿山甲走私案超过200起，相当于近9万只穿山甲被非法捕杀，卖到中国。

早在2013—2014年间，国际刑警组织就测算过，执法机构仅缴获实际走私总量的10%～20%。

实际上，每5分钟就有一只穿山甲在野外被捉住。未来10年，这种动物将濒临灭绝。

除了穿山甲的鳞片，肉也是中国诸多食客趋之若鹜的。

穿山甲的走私，一直以来有个潜规则。出售者会把管子插进穿山甲嘴里，一直戳到胃部，强行灌食玉米糊。只要体重升上去，就能卖到高价。在湖南的一起案件中，有人扒开穿山甲的嘴，用注射器注入大量淮山米粉。在海南的一起案件中，贩卖商用刷墙涂料调水，再用灌肠器给穿山甲灌肠。在云南，走私商贩给穿山甲注射大量麻醉镇静剂，又用高压水枪往其体内注水。

给穿山甲打镇静剂，是为了运输时稳定它们的情绪；打兴奋剂，是为了让它们在市场上显得更生猛；打石灰水，是为了给活体增重；打防腐剂，是为了给尸体保鲜。所以，这些被人上下灌注的穿山甲，看起来还活着，但内脏早已腐烂。

不过有人要吃，也只能吃到这样走私来的穿山甲了。因为国内的穿山甲，已经被吃得濒临灭绝。中国科学院动物研究所高级工程师曾岩的研究数据显示，20世纪60年代至2004年，中国境内的中国穿山甲数量减少了89%～94%。不过，国外好不到哪里去。现在全世界的8种穿山甲均被列入CITES附录Ⅰ，禁止一切国际贸易。

甚至，2019年6月8日，中国生物多样性保护与绿色发展基金会宣布：中华穿山甲在中国大陆地区已"功能性灭绝"（在中国的台湾地区还有分布）。近三年来，在中国大陆有效记录并查到的中华穿山甲仅有11只。长期以来，在中国大陆地区并没有发现有野生穿山甲种群的存在。这意味着中华穿山甲在中国大陆地区存量极少，面临功能性灭绝。

穿山甲被吃灭绝的原因，都是老生常谈，一是鳞片的药用，二是穿山甲肉身的食用。药用价值是个荒诞的笑话，现在大家都知道了。穿山甲能通乳，这一说法源自中医理论，认为穿山甲的鳞片有疏导淤塞、通血通气的作用。但其实，穿山甲鳞片的成分跟我们的指甲和头发一样，并无营养，甚至还容易重金属超标。

除了用来制药，大量的穿山甲被端上宴会吃掉。野味越稀缺，能吃到它就象征越高的身份地位。

五、穿山甲不吃掉，留着有什么用？

穿山甲的主要食物为白蚁。一只穿山甲的胃能装500克左右的白蚁，一只3千克左右的穿山甲，一次能够食用300～400克白蚁。一片面积为250～450亩的森林，只要有一只穿山甲，就可以免遭白蚁的破坏。

随着这个天敌种群的消失，白蚁危害呈现逐年加重的趋势。特别是长江、珠江中下游流域，白蚁危害十分严重，危害涉及房屋建筑、文物古迹、水利工程、园林植被、农林作物、通信电力、市政设施等多个领域。仅1年，造成的损失就达20多亿元。房屋建筑遭受白蚁危害的比例则较为触目惊心，广东和海南为80%～90%，福建为

40%～75%，广西南宁市为30%～64%，安徽为10%～60%，湖北为
20%～30%，山东为2%左右。

穿山甲和其他走私野生动物一样，进入中国的中转站，多是云
南德宏州、普洱市江城县和广西东兴市及香港等地区。由于活体走私
不好隐蔽、风险较大，野生动物的尸体以及相关制品也就跟着涌入中
国。这些动物尸体大多数通过快递物流方式从境外进入，直达购买者
手上。而狮头、虎皮、犀牛头角等野生动物制品便使用客运物流、私
家车等方式运送入境。

所以，盗猎的大军，有"游击队"，有"正规军"，还有海外的
"雇佣兵"，"攻城略地"，汹涌生长。然而由于法律和监管的不到
位，让真正应对整个盗猎链条的力量，只有动物保护志愿者和力量单
薄的森林警察。

六、反盗猎者

野生动物盗猎与贩卖链条的发现，往往有公众举报、交警查车、
动物保护志愿者举报几种。而动物保护志愿者的举报，在其中占据不
小的比例。

盗猎、贩卖涉及的环节较多，并多地辗转，需要耗费时间精力跟
踪盯梢，甚至是取证。有时候甚至还得跟踪车辆从一个城市到上千千
米以外的另一个城市。但大多数地方森林公安局，普遍存在基础设施
差、人员配备少、经费紧张等共性问题，能顾及的范围较为有限，只
能依靠民间公益力量的补充。

长期活动在天津、河北、辽宁等北方地区的鸟类保护志愿者刘懿
丹，就取证与举报过唐山、天津等地的催肥、盗猎的大案要案。当地
有盗猎者称，如果刘懿丹休息一年，自己就能多赚200万元。

这些志愿者，分布在全国不同的城市。与其他类型的公益行为
不一样，动物保护志愿者很少有机构化、职业化的。每个人的出发点
都不一样。比如，诸多志愿者信佛，认为生命平等，鸟兽亦然；有的
是从生态平衡、生态安全的角度出发；有的从事野生动物相关领域的

研究，由此认为能发挥自己的价值，做些贡献；还有的出于对动物的爱，觉得盗猎贩卖食用等行为残忍等。

天将明（化名）的志愿者团队，一开始以候鸟保护为主。2016年是候鸟盗猎猖獗的时候，他们曾亲眼看着大批候鸟被灭绝性捕杀。后来他们开始注重利用网络，关注保护所有野生动物。

互联网是一个可以创造神奇的工具，对盗猎分子也是一样。就像高压电捕兽机，不仅可以快捷地网购获取，还能通过网络获知技术更新升级出来的最新款；而不同贩卖环节的直接沟通与交流，以及野生动物的终端销售，也都开始涌向网络。除了常用的社交工具，在一些网络平台中关于捕获、杀害、售卖野生动物的内容都广泛存在。

同时，对于动物保护志愿者而言，互联网也是一个很好发挥作用的阵地。网络对动物保护资源的整合效率极高，包括社会资金的支持、一线动物保护志愿者之间的聚合与通联等。并且，还能很好地通过反盗猎等内容的传播，让公众加深对动物保护的认识。

几年里，天将明的团队在各种网络平台、论坛搜集野生动物伤害线索并举报给执法部门，还联合全国多地志愿者，进行一线反盗猎巡护，包括暗访举报非法鸟市和农贸市场售卖野生动物等。为人熟知的是他们推动网络购物平台下架猎捕工具。同时，他们推出了微博与微信公众号"反盗猎重案组"，长期关注野生动物贩卖相关链条。这种渗透式的监督与举报，导致非法盗猎、贩卖野生动物的人员在网络上也越来越谨慎。

刘懿丹带领的两三人的团队，则更多地集中在一线，主要和鸟类盗猎进行斗争。长年累月地处在跟盗猎人员冲突的状态里，圈子里将其称为"野保急先锋"。2007年，刘懿丹听说天津千里堤有很多小鸟被抓，并且会送往餐馆，便开始掏钱买鸟来放生。仅2013年就放生20余万只。不过，这种方式其实是变相地支持盗猎行为。

2014年，一个囤鸟的贩子告诉刘懿丹，她买的这些鸟，在天津市只是冰山一角，每日天津有5个鸟站大量收购野鸟，多时几十万只甚至更多，而她就算散尽家财，一天最多也只能救1万只。从此刘懿丹走上了鸟类保护的公益之路。鸟类保护的一线行动，不外乎通过网络或者巡查等各种方式，找到各种围猎鸟类的鸟网、催肥窝点、养殖场围鸟点等，进行拆除、取证、举报等。

这看似简单的事项，却要每天以战斗的状态应对。很多时候，一处鸟网有十几张，一张有成百上千平方米、几万平方米的捕鸟网，一拆就是一天。她和团队经常要到凌晨两三点才拆完。有时候今天拆完了，明天又冒出了新的。当然，捕鸟者可不会任人拆卸他们的网，在他们的眼里，这些网都是他们的私人财产。所以，对峙、冲突等情况时常会发生。而且，拆完这处，再往下一处，就是又一次的翻山越岭。

因为工作强度过高，团队里的同事时常和她争执。长期跟随刘懿丹巡护的司机也抱怨工作时间长、强度大。刘懿丹的团队有两三名全职志愿者，资金有时候是网友的支持，但也较为有限。由于团队人数少，平时的花费多是刘懿丹自己垫付，每天的车油钱就占到花费的一半以上。

不过，刘懿丹继续再拆10年，也拆不完那些阳光下若隐若现的捕鸟网。这是一张遍布全国的庞大网络，从地下到网上，从东南到西北，从城市到乡村，从森林到戈壁……

反盗猎的行动艰辛而危险，容易造成人员冲突，加上公众对野生动物保护认识和关联感都有限，野生动物保护的公益行动，在公益行业里也是非常小众的，经常看到的都是熟面孔。

"最大的困难就是缺钱少人。所有行动经费、人员工资等主要依靠社会募捐，比如腾讯99公益日。但总体来说，公众对野生动物保护的关注度和认同度还是不高的。另外，志愿者最倚仗的执法人员、野生动物主管人员，能力参差不齐。甚至不少主管人员都缺乏基本常识，缺乏野生动物保护意识。这些都是我们所面临的困境。"天将明说。

志愿者冲在前边，警察呢？

问过几个当森林警察的朋友，他们都跟我说，他们从不觉得自己是警察。2019年底之前，森林公安局由林业部门分管，财权和人事权是隶属同级的林业主管部门。作为一个存在感不强的业务模块，他们普遍存在人员配备少、人员业务素质参差不齐、经费有限等问题。

关键是，此前他们没有独立的行政执法权。依照当时的《中华人民共和国森林法》^①第20条规定，森林公安行政执法权只能是在林业主管部门授权下或以林业主管部门的名义进行。他们的执法和公信力一直都饱受质疑。比如林业部门监管的养殖场，往往因林业部门的行政干预，森林警察难以查处，很难追究责任人。

中国野生动物按照陆生和水生来划分，陆生的归林业部门管，水生的归农业部门管。按照法律规定，林业部门和农业部门是发放各种许可证的部门，同时也是对人工驯养繁殖场进行监管的部门。林业部门往往和野生动物养殖场、经营利用商户等关系甚密。从办证到例行检查，到证件年审等都要往来。集"运动员"和"裁判员"于一身，造成林业部门普遍执法查处不积极。

2019年12月30日之后，森林公安局从国家林草局转隶公安部，拥有了更多的执法空间。改革之后，一般来说林业部门分管行政案件，森林公安局管刑事案件。

也就是说，现在去市场查到的许多野生动物，只要不是国家重点保护物种，够不上刑事立案标准，还得交给林业部门处理。并且，在业务上，森林警察当前依然要接受林业部门的指导，这会不会影响野生动植物保护监管执法的力度？很难说。

对于涉及野生动物盗猎与贩卖的犯罪，森林警察经常只能告诫"下不为例"。天将明与动物保护群体经常举报一些盗猎行为，经常会遇到执法人员说，"野生动物违法犯罪行为社会危害性小"。在他们看来，这更多的是法律本身就把野生动物当成可利用资源看待，并未和国家生态安全和公共卫生安全联系起来。对野生动物犯罪行为，我国普遍轻判。

随着导致疫情的病毒可能来源于野生动物的说法流传开来，野生动物的贩卖问题受到越来越多的关注。

2020年2月26日，国家林草局便明确：停止以食用为目的的出售、运输野生动物等活动。同时，全面加强非食用性利用野生动物的审批和监管。一旦发现以食用为目的猎捕、交易、运输野生动物等行

① 《中华人民共和国森林法》于2019年12月28日由第十三届全国人民代表大会常务委员会第十五次会议修订。

为，严格按规定惩处。

不少媒体称，这对全国野生动物人工繁育、交易、流通和消费市场来说，将是有史以来最为剧烈的"地震"。不过，震还是不震，还得看这个规定的执行力度。

"一般查获此类案件，执法部门往往没收或进行行政处罚，情节特别严重的可判10年有期徒刑。但据不完全统计，此类案件80%判的是缓刑，不具备有效的威慑。"江西省森林公安局法制办黄小勤说。一般而言，盗猎者被适用的大多是"掩饰、隐瞒犯罪所得罪"。

当然，那些盗猎5万只鸟的，同样会以该罪判罚。一般而言，只要不是"情节特别严重"的，都只会判有期徒刑3年，缓刑3年。至于"情节特别严重"的，如在黑龙江扎龙湿地用呋喃丹毒杀2万只野鸭，价值900万元的案件主犯王国文，适用的也是"掩饰、隐瞒犯罪所得罪"。由于投毒等情节过于恶劣，他被判了6年。

非法盗猎与贩卖野生动物，尤其是非国家重点保护野生动物，可适用的罪名不多，主要有"非法狩猎罪"和"掩饰、隐瞒犯罪所得罪"。

但"非法狩猎罪"的客观要件必须是"在禁猎区、禁猎期或者使用禁用的工具、方法进行狩猎"。而"掩饰、隐瞒犯罪所得罪"，也就是，明知是非法狩猎来的野生动物还购买的，数量达到50只就可以该罪定罪处罚。

看似简单明了，但其实"掩饰、隐瞒犯罪所得罪"执行起来也是一件困难的事。包括需要查清每只野生动物是谁出售的；每只野生动物的狩猎地与狩猎时间、狩猎每只野生动物使用的是什么工具；每个狩猎人在禁猎区、禁猎期或者使用禁用的工具、方法狩猎野生动物的数量等。

种种原因，造就了行业里流传甚多的"三多三少"现象：即行政处罚多、刑事处罚少；处罚个人多、处罚单位少；判缓刑多、处实刑少。行政执法处罚过轻、刑事判决无关痛痒，甚至比行政处罚还轻。犯罪成本过低，根本无法形成震慑。

"现行的《野生动物保护法》就是一部'野生动物利用法'"。甚至有不愿具名专家直称，就像野生动物驯养繁殖产业监管不到位，直接导致了大量非法野生动物从这条渠道流向市场。

七、养殖场：盗猎"正规军"与病毒培养皿

在被勒令关闭之前，广州从化区太平镇的兴富农副产品综合批发市场（以下简称"兴富市场"）号称"亚洲最大的野生动物交易市场"，可谓名震天下。全国大量野生动物汇聚于此，再辐射到珠三角周边城市的酒楼餐厅。围绕这个市场，野生动物保护志愿者经历过频繁而长期的举报与斗争。不过，很长一段时间他们的举报都无功而返。

这个市场里的档口，一个个都是百宝箱。面上都是一些再正常不过的鸡、鸭、鹅、滑鼠蛇（也称水律蛇），不过如果你问有没有鹭鸟？他们就会告诉你夜鹭、苍鹭、草鹭应有尽有。都是外地抓来的野生鹭鸟，放在附近的养殖场里。当然，他们有的不只是候鸟，不同的档口有不同类别的野味。

野生动物保护志愿者通过录音录像取证，找到了附近秋风村养有大量鹭鸟的庞大养殖场。并向林业监管部门举报。他们得到的回复是：有鹭鸟，但养殖场有相关的证照和运输证明。

"几千只鹭鸟，你说人工养殖的，在逼仄阴暗的室内仓库，你要繁殖，这根本是不可能的。"华南濒危动物研究所鸟类研究员张老师分析。按其经验来看，雉鸡类养殖可以实现，鹭鸟类人工养殖非常困难，尤其是苍鹭和草鹭比白鹭数量更少，至今未听说过有较为成功的室内人工繁殖案例。鹭鸟人工繁殖需要在半自然半人工的环境进行，例如，岛屿、树林等，完全靠室内圈养繁殖无疑是"天方夜谭"。

迫于舆论压力等因素，2017年兴富市场关闭了。但原来市场里从事野生动物贩卖的200多商户，集体前往清远市的三鸟市场。所以，这两年被查出的野生动物贩卖案，其运输目的地都是广东清远市。

"近半年来，许多野生动物商贩都开始了'合法化'，拿到各种证件。"天将明发现，他们举报的野生动物贩卖，最后都会被"有合法证照"打了回来。而且这些合法化的证照，早已大量地发放了下去。

2003年8月，在SARS疫情被逐渐消灭后，林业部门将果子狸等54种陆生野生动物列入《商业性经营利用驯养繁殖技术成熟的陆生野生动物名单》（以下简称《54种动物名单》）。面对外界争议，主张驯养利用野生动物的人士表示，SARS病毒的天然宿主是蝙蝠，果子狸只是中间宿主，不是天然宿主。因此，果子狸已经"洗清了冤屈"，利用并无问题。

事实上，研究SARS病毒源头的多位专家曾公开表示，中间宿主和人类接触机会更多，在病毒从自然宿主到人的传播链中，往往扮演着关键角色。要停止消费果子狸等野生动物，将疾病暴发风险降至最低。

无论如何，经官方认可后，果子狸产业发展迅猛。以"中国果子狸养殖之乡"江西万安县为例，这里仅一家龙头企业就年产商品狸2.8万余只，年产值3500多万元。

但《54种动物名单》实行一段时间后，就被废止了。

在2012年后，人工干预饲养的朱鹮迁地保护，让朱鹮从当初六七只的微小种群繁殖到了上千只。同时，娃娃鱼的人工驯养繁殖再利用，让这个濒危物种再度繁荣。这些都推动了野生动物的繁殖和饲养。

为鼓励保护动物的繁殖，与野生动物养殖相关的许可证照等办理政策曾放宽。野生动物驯养繁殖许可证的审批权限开始下放。其中，国家一级重点保护野生动物的相关证照归国家林业主管部门审批，国家二级重点保护野生动物、省重点保护野生动物和三有动物的相关证照归省林业主管部门审批。至于野生动物经营许可证，市林业主管部门就可以审批核发。只要经过林业部门批准，野生动物均可以被驯养繁殖和利用，养殖和利用范围非常宽泛，甚至国家林草局下发指导意见："鼓励社会资本参与种源繁育、扩繁和规模化养殖，发展野生动物驯养观赏和皮毛肉蛋药加工"。

SARS结束之后，中国野生动物利用产业发展迅猛。同时，为增加农民收入，各级政府对野生动物驯养繁殖给予政策扶持，各地野生动物驯养繁殖和经营单位数量急剧增多。以江西为例，公开报道显示，截至2018年，全省野生动物驯养繁殖及经营利用企业1500余家，实现野生动物繁育产业年产值100亿元的发展目标。审批权限下放，加上缺乏有效监管，这些均在一定程度上助长了驯养繁殖证的滥发，造成一些持证的野生动物驯养繁殖机构超限经营的情况。

在野生动物驯养繁殖方面，要求能繁育子代的野生动物，在二代、三代之后才可直接利用。包括长臂猿等展示类的野生动物，子代可用于展示。理想很丰满，但现实是，中国缺乏系统科学的溯源体系或监管检查方式，很难区分人工驯养的野生动物是合法来源，还是非法来源。这就给野生动物贩卖链条的介入提供了空间。

由于野生动物的驯养繁殖技术要求高，而从野外直接获得野生动物却比较简单，大量盗猎人员开始打着生产养殖的幌子收购、贩卖野生动物。广西森林警察曾查处非法运输、贩卖、经营野生动物利益链条，仅约两月就清理有问题的野生动物驯养繁殖、加工经营场所622处。

江西森林警察透露，在一些野生动物交易频繁的县级地区，有长期非法收购野生动物的商贩，他们会将收购的动物卖给市级地区的老板进行洗白。由于通常办理了合法的野生动物驯养繁殖许可证，这些人以此为掩护将收购到的动物大量贩卖到消费市场。

这些动物的驯养繁殖场到底是怎样的？产业规模小、技术力量薄弱、环境脏乱差显然是主流。不少养殖户并不具备养殖和疫病防控的专业知识，甚至对野生动物的种类都分辨不清，在养殖中易出现人畜共患病感染等问题，一旦感染易导致疫情扩散。

前些年，"活熊取胆"一事曾闹得沸沸扬扬。暂且仅从动物健康来分析，有机构研究称，几乎每只熊均是病熊，这种情况下取用熊的胆汁实际上存在较大的安全隐患。在对165头被取胆的黑熊体检后发现，99%的患有胆囊炎，66%的患有胆囊息肉，34%的患腹部疝气，28%的患有内脏脓肿，22%的患有胆结石，其他隐患还包括营养不良、牙齿感染、骨关节炎等。这样的抵抗力，感染病毒是很容易的事。

有数据判断，全球78%的人类新发传染病都与野生动物有关。近些年来世界各地出现的新发传染病，如H7N9禽流感、埃博拉出血热、中东呼吸综合征等，都和动物有关。这些病毒本来存在于自然界，野生动物宿主并不一定致病致死，但由于人类食用野生动物，或者侵蚀野生动物栖息地，使得这些病毒与人类的接触面大幅增加，给病毒从野生动物向人类的传播创造了条件。

真正可以进行人工繁殖的野生动物，比较典型的是竹鼠。鼠类被林业部门批准进行驯养、繁殖、利用，荒诞的是，在2020年之前，农业部门无法对其进行检验检疫。

当时的《动物检疫管理办法》规定：动物检疫的范围、对象和规程由农业部制定、调整并公布。公开信息显示，当时农业部门只颁布了生猪、家禽、反刍动物、马属动物、犬、猫、兔、蜜蜂等约10种动物的产地检疫规程。这就意味着，绝大多数动物无法进行检疫。

为什么？要知道，野生动物种类繁多，其检验检疫的标准是一件很令人头痛的事。一方面，人类对野生动物所携带的病毒及其传播方式的了解十分有限，无法制定相关依据。野生动物种类太多了，一百多种国家重点保护野生动物，省重点也有一两百种，还有数量更多的三有动物、没有列入保护名录的动物。不同动物有不同的指标标准，甚至有很多动物，检验检疫部门根本不知道该检什么。另一方面，从公共卫生安全角度来看，不应该允许老鼠、旱獭等相当一部分动物进行经营利用，更别说为其制定检疫标准。因为这些动物本身就是海量病毒的载体。

不过，这些"正规军"输送野生动物的合法渠道，这次估计要被切断了。2020年2月的《决定》，要求彻底取缔全国范围内的食用野生动物市场和交易。凡是从事以食用为目的的野生动物人工繁育，许可证都要被撤销。

然而，一切并没那么乐观。如果能严格推进，并且在各省市县的执行层面有具体化指导，效果还是可以预期的。不过执行起来，整个链条可操作与解释的空间太大了。例如，在交易方面，如何界定是"食用"交易？如果声称是观赏、圈养呢，是不是就可以开张纳客？在养殖场方面，如何界定以"食用"为目的？对于养殖场的野生动物，经营者从没说是用于食用的，而是"利用"。

与此同时，官方管理部门也在从各方面进行推动与完善。如新的

《动物检疫管理办法》除了增加动物检疫的对象、标准与规程之外，还推动更多社会力量的加入。不同的动物，需要检疫的，群众可以自行通过网上申报。而"官方兽医"的角色也应运而生。

八、野生动物与人类社会的冲突

养殖场被取缔，并非野生动物保护就获得成功。那些在暗处流通的野生动物数目依然不菲。

新冠疫情暴发以来，各国和世界卫生组织仍在探索新冠病毒的源头。但可以确定的是，蝙蝠是病毒的一种宿主，而且还可能有其他野生动物是中间宿主。

那些未检验检疫过的野生动物，从捕猎到圈养、运输，再到宰杀、食用，每一个环节都可能与未知病毒相遇，野生动物身上的病毒库随着各环节的推进越来越大。

所以，国内目前的野生动物贩卖食用问题，最关键的是什么？有人说没有人吃了、没人养了，就不会有盗猎了；也有人说没人捕猎了，就没有消费了；更有人说，将中间的交易链条彻底砍断了，供需之间的关系就砍断了。可以说，这些环节每一个都是关键。现在供给和需求其实是在互相刺激。

最关键的就是打破野生动物商业化繁育和利用思维，真正转向保护。但以保护为导向，是无法加入寻求利润的资本来撬动产业化的，这就让地方政府失去了积极性。中山大学保护科学团队以生物多样性保护为导向，其团队主要负责人黄程博士认为，目前野生动物保护最大的难点是保护与经济发展的冲突。同时，政府、开发商、当地住民都可能卷入冲突之中。

九、如何在新疆保护40年后才重现的白头硬尾鸭？

腾讯公益平台上，由荒野新疆发起了名为"一起守护白鸟湖"的项目，这个项目也许是这种冲突与出路探索的缩影。

乌鲁木齐市中心向西14千米，天山泉水和融雪汇集成湖，一度在国内消失40年之久的白头硬尾鸭在这里重现，于是这个湖被命名为白鸟湖。2007年，珍稀的白头硬尾鸭重现白鸟湖后，每年4月初它们都会回到这里落脚，与这种濒危动物同时抵达的还有城市开发建设者、盗猎者。

由荒野新疆组成的白鸟湖巡护队多年来通过腾讯公益平台、99公益日公开募集资金，投入对白鸟湖生态和白头硬尾鸭的保护，但他们发现传统路径的保护并不是最优选择。

2016年6月，一群好事者到那里掏鸟蛋，一周去掏一次，他们有游野泳的，有附近的建筑工人。如果不是巡护队员报警求助，那次43颗鸟蛋包括8颗白头硬尾鸭蛋就进了那些人的肚皮。在白鸟湖巡护队队长岩蜥看来，"保住了鸟蛋，就可能保住了白头硬尾鸭的新生命"。

为了消除冲突，荒野新疆团队曾经用善款买来很多鸡蛋赠予来白鸟湖掏鸟蛋的人，也用来给当地居民提供生活帮助。但最后他们发现"这并没有什么用"，而且更大的危险正在到来。

城市发展的钢筋水泥逼近白鸟湖，直接影响这个种群的生存。

荒野新疆团队决定在充分考虑时代的变化的同时，重新审视动物生态保护的科学性。城市建设和人类活动是无法简单阻止的。于是他们转向基础研究，进行数据收集、长期监测，形成环境、动物保护报告，以此向政府主管部门建言，来引导合理的规划和开发。

时任腾讯集团高级公关经理黎明曾到白鸟湖走访，他简洁准确地描述荒野新疆面临的情况：白鸟湖旁的高档楼盘依水而建，吞噬了鸟类的栖息地，但人们已经无法阻止房地产业的发展。保护团队向政府和开发商建言，城市发展、房地产建设和动物保护是可以形成共识的："只有一起保护好白鸟湖，珍稀的白头硬尾鸭还在此出现，楼盘才能卖得起更高的价钱"。直白来说就是，无论对于政府还是楼盘，珍稀的白头硬尾鸭可以是一张名片。最后，多方达成一致。楼盘围绕白头硬尾鸭的栖息环境进行生态改造；政府从法律普及与科学教育两个方面影响周边群众，尤其是防止掏鸟蛋事件继续发生；同时，为了让项目可以持续下去，并且让人们更直观地了解白头硬尾鸭，荒野新疆团队的白鸟湖保护项目在腾讯公益平台上线，以获得持续的资金与公众的支持。

像荒野新疆团队这种另辟蹊径的动物保护团队，尝试用一种更加"互联网"的实用主义，去承接传统动物保护的单一理想主义。

除此之外，鼓励全社会参与野生动物保护，是志愿者们最希望做到的事。让媒体和公众真正有效监督起来，并且做到深度的宣传与普及，这将给野生动物保护工作带来巨大的力量。作为一个资深的野生动物保护志愿者，在岩蜥看来，社会与公众长期对野生动物的盗猎贩卖无感。"舆论传播不到位，公众会觉得我们从事动物保护'很偏执，很矫情'。"

养蛇黑幕

吴 鹏

在全面禁止非法野生动物交易的《决定》出台之后，仍有一些人坚持认为人工繁育蛇类是兴林富民好产业，应当作为特殊情况予以解禁。果真如此吗？我此前作为（湖北省）森林警察曾参与办理了一系列有关蛇类的案件。为让大家真实了解人工繁育蛇类情况，在此介绍一下我所了解的一些信息，虽然不能代表全国的情况，但这些案件应该还是很有代表性的。

绝大部分省级地方性法规中都规定，对驯养繁殖蛇类实行行政许可制度。这就意味着养蛇以一般禁止为原则，以许可解禁为例外。在《野生动物保护法》意义上的此项行政许可，目的是保护野生动物资源，防止对自然界的野生动物资源过度利用。但是，所谓的蛇类驯养繁殖与此目的背道而驰，而且影响社会稳定，损害林业改革发展成果。

一、破坏野生动物资源

蛇类驯养繁殖技术在世界范围内都是难题，至今未能过关。所谓驯养繁殖蛇类，实际上都是从野外捕捉种蛇养大出售，或者下蛋后孵化小蛇（驯养繁殖的子一代蛇），养大后再出售。通俗地说，这类驯养繁殖，就是把野外蛇的生存繁殖圈进了人工环境。

以目前技术，人工驯养条件下极易发生蛇类病、伤，蛇类资源损失较大；而且极少能孵化和养殖子二代蛇，即使有，也是成活率极低，难以养大，且成本很高，毫无利润可言。这有大量养蛇者的供述、证人证言（有关违法犯罪嫌疑人询问与讯问笔录附后）、专业论文以及权威资料可以证明。

蛇类驯养繁殖者要获取利润，就必须反复不断地从野外捕捉种蛇来维持所谓的驯养繁殖过程。这类驯养繁殖的速度越快、周期越短，单位时间内对野生种蛇的消耗就越多，破坏的程度就越大。即使某个养殖场办得特别成功，每天可以产出成吨的蛇，那也是绝大多数上了餐桌，不可能增加其野外种群与数量。

将蛇类野外自然生存与人工驯养繁殖相比较，驯养繁殖不但不能促进野外种群恢复与增长，反而会严重破坏蛇类资源。如果没有这些所谓的驯养繁殖，即使存在非法狩猎现象，狩猎者也只会捕捉大蛇，而不会危害幼蛇与蛇蛋。而所谓的驯养繁殖者，不但收购大蛇出售，而且连幼蛇和蛇蛋也不放过，这对野生蛇类资源来说，实际上是涸泽而渔，其破坏是毁灭性的。在有蛇类驯养繁殖场所的地方，野生蛇类资源不是增长了，而是消失殆尽。

二、影响社会和谐稳定

一些蛇类驯养繁殖者为了获取高额利润，往往注册一个企业，或者出面组织成立专业合作社，然后利用电视宣传、广告等方式，大肆虚假宣传蛇类养殖的经济效益，诱骗不知内情的人员加盟、入社或定购，再高价出售种蛇、蛇蛋牟利，而且所出售的蛇蛋或种蛇质量较差

（品质好的自己留用）。或是收取高额技术培训费、加盟费、保证金等，致使一些农户、加盟商和购买者血本无归，有的亏损达数十万元。

在森林警察暗访中，有养蛇户说，他的养蛇专业合作社已有会员30余家，合作社一年产值五六百万元，新闻中都有报道。当警察问起加盟会员的经济效益时，他说有个别会员的养殖技术还不很过关，目前效益还不是很好，但是像他这样技术过关的，一年赚个几十万元没问题。如果加盟他的合作社，可以签订合同，他包供蛇蛋和蛇苗，也包回收和技术指导，尽管放心大胆地干。

据另一养蛇户所述，刚开始养蛇时，他曾经一次高价从外省购买种蛇（驯养繁殖的一代蛇）200余千克，价值近5万元，结果不久全部死光。像这类情况，不少初学的养蛇者都经历过。此时，那些供蛋、供苗企业或者专业合作社往往以下游养殖者技术不过关为由，把责任推给农户、加盟商和定购者，制造出很多社会纠纷和矛盾，引起社会动荡。湖北森林警察在侦办此类案件中，一些农户、加盟商和定购者时有反映和投诉。而且，有的企业和驯养繁殖者还存在诈骗、贿赂等违法行为，严重扰乱了社会管理秩序。

三、扰乱林业管理秩序

2003年，林业部门发布的《54种动物名单》中明确蛇类未列其中。

2004年，《国家林业局关于促进野生动植物可持续发展的指导意见》明确规定，"禁止以食用为目的猎捕野生动物""对野外资源达到一定数量的野生动植物，其利用须按照'资源消耗量小于资源增长量'的原则，严格实行管理，并仅限用于医药、保健、传统文化等领域""继续推行'商业性经营利用驯养繁殖技术成熟的陆生野生动物名单'措施，并逐批调整公布""对名单以外的野生动物，其驯养繁殖将主要限定于种源繁育、科学研究、观赏展示，以及用于保障中医药、保健品和高科技、高附加值产品等方面的利用。"

但是，一些蛇类经营者使用不明手段，违规办理了蛇类的驯养繁殖许可证、经营许可证、野生动物运输证，然后以此为掩护，大肆从事非法经营野生动物活动，并肆无忌惮地在市场上出售。群众对此反映强烈，经常举报或报警。新闻媒体、网络也曾多次曝光此类事件，甚至成为热点。

2012年10月23日，国家林业局公告（2012年第9号）发布了《国家林业局规范性文件清理结果》，宣告此前的《54种动物名单》失效，但新的名单尚未公布，蛇类能否商业性经营利用处于待定状态，其驯养繁殖和经营许可目前还没有法定依据。

此外，一些蛇类经营者采用欺骗手段和虚假资料，非法套取林业项目资金，并参与"明星企业""龙头企业"等荣誉称号申报评选，以便为其非法经营野生动物活动作掩护，而实际上这些所谓明星企业年交税只有两三万元，名不副实……

作为森林警察处理案件时，我对有关违法犯罪嫌疑人做了询问笔录。以下为笔录节选，从中可以看出真实的猎捕、售卖野生动物的轨迹。

案件1：

问：你从事药材和野生动物生意多长时间了？

答：有六七年了。

问：你主要经营的野生动物有哪些？

答：有蛇、野猪、石蛙、麂子、白面狸等。

问：你是否办理有野生动物经营许可证？

答：办理过，我还办理了野生动物驯养繁殖许可证。

问：你办理的两证规定驯养、经营的范围有哪些？

答：驯养繁殖许可证有野猪、蛇等，经营的有野猪、野鸡。

问：是什么时候办理的野生动物经营许可证？

答：办证已有四五年了，具体我要看了才知道。

问：你所经营的野生动物来源？

答：一般都是附近村民在山上猎捕到野生动物后，送到我家卖给我，有时候村民猎捕到野猪之类大一点的野生动物，他们就给我打电话，我开自己的小型货车去山上拖。

问：一般都有哪些人卖给你野生动物？

答：都是附近村民，我只记得好像一个叫×××的给我送过野生动物，其他的我都记不清楚了。

问：你驯养繁殖有哪些野生动物？

答：主要就是王锦蛇、乌梢蛇。

问：你是怎么样驯养繁殖的？

答：我家三楼专门做了蛇的繁殖场所，我收购附近村民捕捉到的野生蛇后，将蛇先喂养几个月后，再将蛇出售。另外还挑选一小部分健康的蛇作为种蛇，有一部分种蛇如果价格好就出售给别人，自己留一部分繁殖产蛇蛋，然后孵化成小蛇，小蛇喂养到2斤以上后再出售。

问：你有没有繁殖出蛇的子二代？

答：没有，最多只繁殖出子一代，我还专门挑选出10条健康的蛇作为实验繁殖，孵化出（子）一代蛇后，成活率有70%，但是成本太高，100%亏本，社会上说繁殖蛇很赚钱都是骗人的，他们都是以繁殖蛇为项目来争取国家资金，再一点要么就是收购的野生蛇喂养大后销售赚钱，要么就是以孵化出来的（子）一代蛇作为种蛇出售给其他人来赚钱。

问：你怎么知道都是骗人的？

答：我做这一行已经有五六年了，自己也实验过，包括现在××养蛇规模很大的×××、××都是我的徒弟……

案件2：

问：你是什么时候开始养殖蛇的？

答：是从20××年3月份左右。

问：你办理了野生动物驯养繁殖许可证和野生动物经营许可证没有？

答：没有办理，我在20××年找县林业局野保站的王××和李××办理上述证件，他们说现在证件不好办，一个地方只能办一家，让我与我们县专门养蛇的熊××联营。我与熊××签订了协议，我以熊××办理的证件来驯养繁殖、经营蛇，每年我向熊××交2000元的费用。

问：你是否办有工商执照？

答： 没有办理。

问：你驯养繁殖蛇的来源？

答：都是附近村民在山上捕捉到野生蛇后送到我家卖给我。

问：你是从什么时候开始收蛇的？

答：是从20××年开始的，开始就是从附近村民手中收购一些，后来又自己试着养殖一部分，去年专门做了一个养蛇的屋养蛇。

问：经常卖蛇给你的有哪些人？

答：有×××乡×××村的向××（50多岁，现在务农），还有××村的宋××（男，50岁左右，在家务农，手机号码15××××××××××），还有××乡的杜××（50岁左右，务农）等等。

问：你收购蛇后是怎么处理的？

答：放到我专门养蛇的屋里，慢慢喂大后，出售一部分大蛇，留一部分产蛇蛋，再将蛇蛋孵化出小蛇慢慢养大再出售。

问：你除了经营蛇外，还有没有经营其他野生动物？

答：还经营了野猪、鹿子，但数量不多，共卖2000元左右。

问：你从20××年以来共收购多少蛇？

答：在20××年至20××年这三年时候每年平均收购蛇300斤左右，2斤以上大蛇每斤50元左右，2斤以下1斤以上的蛇每斤20元左右，1斤以下的10多元一斤。这三年共收购约3万元的蛇。在20××年我也收购300斤左右，但20××年我是以熊××办理的证件收购的。收购的价格和以前差不多，大约收购1万元的蛇。

问：你是怎么样驯养繁殖蛇的？

答：我收购蛇后放在家里养，养到下半年留一部分繁殖产蛋孵化小蛇，另一部分价格好了再出售，一般都卖1.5斤以上的蛇，出售的价格一般2.5斤以上的100元/斤，2.5斤以下的1.5斤以上的80～90元/斤。

问：你驯养繁殖的蛇有子二代吗？

答：没有。我养的种蛇是从附近村民收购的，它们下的蛇蛋孵出的小蛇叫子一代，子一代比较短、粗，可以下蛋，但孵不出来子二代。

问：你从20××年来共销售了多少蛇？

答：20××年至20××年三年卖了三四万元的蛇，20××年我卖了800斤蛇，价格平均90元左右，共卖7万元的蛇。

问：你销售的蛇是几代的？

答：一代、二代都有，既有从山上捉下来的野蛇，也有孵出来的子一代。

问：你的蛇要销售到哪里？

答：卖到××县的一家叫"××什么的蛇类养殖场"……

案件3：

问：你谈谈××县××生态农业开发有限公司的情况？

答：公司于20××年成立，共有三个人合伙，我投资了30万元，是法人代表，主要负责技术、项目（争取国家支持），田××（住在×××镇），他投资了30万元，主要负责资金调配，还有黄×（××人，家住×××镇），他投资20万元，主要负责公司财务及日常工作。我们公司主要经营七彩山鸡（野鸡的一种）、王锦蛇。公司由于经营不善，所驯养的蛇全都死了，所以在20××年8月份就停止运作，20××年至今公司的工商营业执照都没年审了。

问：你经营野生动物与你们公司有没有关系？

答：没有关系，我一边经营野生动物，一边在公司负责技术、项目，但是公司规定我个人不能经营蛇和七彩山鸡。

问：你和你们公司所经营的野生动物来源？

答：主要是附近村民捕捉后送到我们公司卖给我们的，还有我们到××和×××买的蛇蛋回来孵化。

问：你在20××年和20××年共收购了多少野生动物？

答：我不是很清楚。

问：主要有哪些人经常卖给你野生动物？

答：我想一下（3分钟），有秦××（×××镇×××村人，没联系方式），他主要卖给我母王蛇，具体的数量我记不清。还有其他人我也记不清楚了。

问：除了附近村民卖给你野生动物外，你有没有到其他地方去买？

答：没有，只是到××和××××去买蛇蛋。

问：你谈谈买蛇蛋的情况？

答：20××年8月份，我到××的潘××（专门养蛇）处购买了一次蛇蛋，数量记不清楚了。20××年10月份时我到×××去买了3000多枚蛇蛋，老板的名字和联系方式我记不清楚了，在我电话本上有记录。

案件4：

问：你是从什么时候开始经营野生动物的？

答：是从19××年开始的。

问：主要经营野生动物有哪些品种？

答：蛇、猪獾、果子狸、野猪、野兔等。

问：你办理过野生动物经营许可证没有？

答：办理过，而且还办理了野生动物驯养繁殖许可证。

问：你办理的野生动物驯养繁殖许可证和野生动物经营许可证上驯养繁殖、经营的范围有哪些？

答：驯养繁殖许可证上规定的范围有蛇、果子狸、野猪子二代，经营许可证上规定的范围有蛇、猪獾、果子狸、野猪、野兔子二代。

问：那你经营的野生动物是不是子二代？

答：不是子二代，我收购的蛇是野生的，我将收购的蛇驯养繁殖，蛇生蛋后孵出小蛇，但是小蛇的成活率不高，到冬天冻死很多，所以我卖出去的蛇主要是收购的蛇。

问：你经营的蛇、猪獾、果子狸、野猪、野兔主要是从哪里来的？

答：主要是附近农民送到我的养殖场卖给我的。

问：你从19××年至今收购有多少野生动物？

答：具体我记不清楚了，大约每年收蛇5万元，除蛇之外，猪獾、果子狸、野猪、野兔大约每年只有1万元。

问：你将收购的野生动物主要卖到什么地方？

答：大部分卖给××的××，另一部分发往×××区野生动物市场一姓陈的老板。听他说他是××××人，在他（的）老家也办了一个养殖乌龟、蛇的（养殖场），小部分卖给××市的一些野味餐馆。

问：你平时收购野生动物的价格是多少？

答：不等，大一点的蛇（2斤以上）30～50元一斤，小一点的蛇10多元一斤；水鸡3～5元一只；猪獾30～50元一斤；果子狸20～30元一斤；野猪（毛猪）4～5元一斤；野兔子8～10元一只。

问：你销售的野生动物价格是多少？

答：大一点的蛇（2斤以上）40～60元一斤，小一点的蛇10多元一斤；水鸡4～6元一只；猪獾40～60元一斤；果子狸30至40元一斤；野猪（毛猪）5～6元一斤；野兔10～15元一只。

问：你对公安机关今天采取的措施有什么看法？

答：我没有意见，你们做的是对的，我知道自己经营野生动物是违法的，我一定会积极配合你们。

问：你怎么知道你经营野生动物是违法的？

答：自从我19××年办理野生动物驯养繁殖许可证和野生动物经营许可证后，我也经常学习《野生动物保护法》，我办理的驯养繁殖许可证和经营许可证上规定的范围是野生动物的子二代，但是我经营的是野生动物，不是子二代。我也在努力，经常学习相关驯养繁殖知识，想将蛇驯养繁殖到子二代，但一直都没成功，繁殖的子一代蛇成活率太低，更谈不上子二代。

问：你还有什么需要补充说明的吗？

答：有，就是我认识到自己的错误，一定积极配合你们。再就是我一直在努力，想驯养繁殖野生动物到子二代，让自己合法经营，但由于我的技术不过关，没有驯养繁殖成功……

案件5：

问：你何时开始经营野生动物的？

答：20××年开始的。

问：你是否办理相关证件？

答：办理了野生动物驯养繁殖许可证和野生动物经营许可证。

问：野生动物驯养繁殖许可证允许驯养哪些野生动物？

答：允许驯养乌梢蛇、王锦蛇。

问：野生动物经营许可证允许经营哪些野生动物？

答：允许经营乌梢蛇、王锦蛇。

问：你买×××、×××夫妇什么样的蛇？

答：一般情况下我都是在5、6月份需要蛇的时候给×××、×××夫妇打电话，×××、×××夫妇就会收附近农户从山上抓来的蛇。有时×××、×××夫妇在有蛇的情况下也会打电话给我卖蛇。我要的都是×××、×××夫妇的好蛇，这些蛇都是抓回来时间不长、来自海拔较高的地方的小蛇，这些蛇大多是六两到一斤二两，买来后再自己养，养到几斤后再发到××去卖。

问：你还与当地其他人有野生动物交易吗？

答：我也针对当地附近的老百姓收购、出售一些野生动物，这些都是零星的一小部分。收购的主要是附近百姓从野外抓的蛇，也卖了一些蛇类、獾类。这些老百姓的名字就不记得了。

问：你收购的野生动物是怎么处理的？

答：我收的小蛇养大后绝大部分卖到××，收购的其他野生动物也绝大部分卖到××，有小部分卖给附近的人……

案件6：

问：你是怎么经营野生动物的？

答：我的确是无证经营，从非典①以前就干这一行，非典后停了几年，从20××年又开始经营，蛇是我自己繁殖的一部分，也收购一部分。

———————————

① "非典"即严重急性呼吸综合征的旧称。

问：你收购来的野生动物是活的还是死的？

答：有活的，绝大部分是××的×××送来的；也有死的，大部分是附近农户送来的。

问：你收来的野生动物销往哪里？

答：蛇主要发到××的××（外号胖子）、×××、××（本名×××，男，40多岁），20××年大概发了1000斤（多是质量不好的蛇）。种蛇收购的是野生蛇，收购进来后下蛋繁殖，蛇蛋20××年价格12.5元一个，大蛇一般一年下十一二个，子一代蛇就没有好的繁殖能力了，一般都要卖掉，不能再养了。

问：你收购以上野生动物的价格是多少？

答：大王蛇收购价是九十元一斤，中王蛇收购价是六十元一斤，小王蛇五十元一斤。

问：你对现在的行为是怎么看的？

答：《野生动物保护法》我经常看，我知道我违法了，我要生存，只有偷着搞。今天，你们对我教育蛮深，我愿意接受任何处罚，保证以后不再犯……

第二章

野味管理的挑战

野生动物繁育与利用：我们在为谁买单？

史湘莹　李沛芸

新冠疫情的暴发，已经对中国社会乃至全球造成了很大的经济影响。疫情元凶新型冠状病毒的准确来源虽然尚未完全查清，但研究显示，中华菊头蝠可能是病毒宿主，而野生动物的非法交易可能是其传播渠道。2003年同样由食用野生动物引发的SARS，其影响据亚洲开发银行（ADB）统计，使全球经济总损失达到590亿美元，其中中国经济总损失为179亿美元（不含港澳台地区的数据），超过中国当年GDP的1%。新冠疫情的影响，除了直接投入救灾的资金成本外，还包括消费和服务需求的减少、生产投资与出口的中断、失业人口的增加、金融环境的恶化等，评级机构普尔于2020年疫情暴发之初"初步评估"新冠病毒感染可能令中国GDP减少1.2个百分点。如果按照2019年中国GDP总量99万亿元来计算，那将导致高达到1.19万亿元人民币的损失。

一方面，缺乏严格监管的野生动物贸易及相关活动，不仅会危害野生动物，也给人类社会带来重大安全隐患；为了不使悲剧重演，我们提出倡议，杜绝野生动物非法食用和交易，从源头控制重大公共健康危机。另一方面，很多野生动物物种的经营利用活动，是在现行法律和管理框架许可的范围内进行的，在一些地区的生计中占据了一定的比例。从国家林草局主办的《中国林业统计年鉴》可以了解到，2017年所有陆生野生动物繁育与利用业林产总值为560.4亿元（图2.1）。同年我国进出口野生动物贸易额达到42.32亿元。

从分省统计的陆生野生动物繁育与利用产值来看，野生动物经营利用大省分别是山东、辽宁和吉林（图2.2）。山东是养殖大省，狐狸、貉等毛皮动物养殖存栏量大，2009年毛皮动物的存养数量和出栏数量占全国的50%。而东北三省和内蒙古是鹿的养殖重点地区，其中吉林省存栏量65.4万头（2018年），是全国养鹿第一大省。例如，长春市双阳区是全国闻名的梅花鹿之乡，养鹿业为该区鹿乡镇带来的人均收入达2400多元，占全镇人均收入的48%。可以说，在这些地区，野生动物经营利用在经济发展中占据了一定的比例。

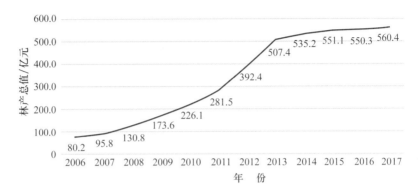

图2.1　2006—2017年我国陆生野生动物繁育与利用业林产总值
（数据来源：《中国林业统计年鉴》）

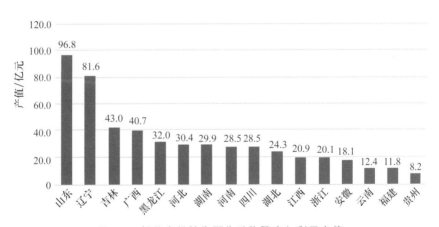

图2.2　部分省份陆生野生动物繁育与利用产值
（数据来源：《中国林业统计年鉴》）

对于野生动物的经营利用，我们希望能够针对相关产业进行细致的了解，推动从行政许可、监督到执法方面更加严格的管理，而对于风险较高的使用类型，使其逐步退出或将其取缔。

一、野捕

在野生动物利用中，又分为野捕直接利用和通过人工繁育养殖进一步利用两种类型。野捕对野外种群的影响伤害不必详述，很多本来广泛分布的物种被捕捉食用到极危。有时候，消费者因为炫耀或猎奇心理，认为野生的动物比养殖的好吃，或者更有营养，从而造成对野外种群的威胁。在这种情况中，消费者的心理和文化是重要因素。因此，类似有"野生"字样的宣传、广告以及促进消费行为，需要被进一步管理或者禁止。

二、养殖：鱼龙混杂

对于野生动物养殖，由于其在经济中所占的比重，目前争议和讨论较多。

一方面，我们不能简单无视从业者的利益，进行一刀切的管理；另一方面，某些驯养技术并不成熟，无法得到卫生检疫的野生动物养殖依然存在很高的公共卫生安全风险，而一旦暴发疫情，所产生的社会经济成本将由全社会来承担。

我们觉得如何规范管理与养殖类型有密切关系。从养殖过程和目的的角度，学者将野生动物的繁育养殖分为保护型养殖、生产型养殖和驯化型养殖。

保护型养殖：主要以迁地保护为主要目的的野生动物养殖，目标是使从野外救护的动物能够顺利繁殖，扩大种群，同时为野外再引入提供储备。野生动物园、野生动物驯养繁育中心主要属于这一类。

生产型养殖：这类养殖相对安全。一般指已经驯化完全而且在性状上有别于野外种群的动物的养殖，比如，获取毛皮的动物（例如，狐狸、貂、貉），以及一些经常被食用的动物（例如，鹌鹑、肉鸽、牛蛙等）的养殖。其实在这一类产业中，捕获的野生动物已经比人工养殖的性状差，而且获取成本高，所以产业发展一般不会对野生种群造成威胁。大家喜闻乐见的火锅里的鹌鹑蛋、口水蛙里的牛蛙以及东北人最爱穿的貂皮大衣就是这类养殖的成果。这类养殖风险相对低，检疫机制、监管也相对容易建立。最重要的是，养殖户没有捕捉野生动物的动力，所以不会把野生动物混到家养动物当中去进行买卖交易。某些生产型养殖也会从野外捕捉个体来改善种群性状，其携带的病菌有可能感染养殖种群，造成巨大损失，所以也需要特别管控乃至禁止。

驯化型养殖：一般需要把原来生活在野外的野生动物驯化，使其能在人工环境生长发育繁殖并提供产品。这类养殖具有试验性，需要依赖野外种群，或者野外种群捕捉的成本更低等。其突出代表是林蛙养殖。林蛙人工养殖难度大，多半依靠野生环境，养殖条件不好控制。为了维持产业运营容易产生大规模占用林地河流和以杀代捕的行为，严重破坏该物种野生种群和其栖息地。这类养殖在生产中不可避免地会亲密接触野生动物，加工和交易中也有很多潜在风险。因此，建议主管部门全面暂停发放这类养殖的各种新的许可证，对已有许可证的养殖场要进行全面筛查和严格管理，乃至逐步取缔。

在野生动物养殖中还涉及一种情况，就是本可以完全人工养殖，但是由于养殖成本很高，所以养殖户会明面上打着养殖的旗号，实际上将野外盗猎的个体洗白。这种情况需要非常注意，因为养殖者具备相关的各种许可、标识，很多时候可以躲过相关部门的监管。因此，对于经济价值特别高的一些野生动物的利用，如果能做到DNA个体识别，实现可溯源是很有必要的，这对于执法时的判别至关重要。

野生动物养殖涉及诸多争议。野生动物长期生活在野外，体内存在许多病毒和细菌，可能带来人畜共患病，已有的几次因野生动物导致的疫情给经济社会带来了沉重的负担。

所以，建议野生动物保护人员和畜牧养殖业的从业者合作，与监管部门共同探讨：哪些物种的养殖可以上白名单，进行进一步规范、监管；哪些物种的养殖在现有技术下尚不成熟或者风险很大，波及产业价值和从业人员有限，应予以取缔。

人类驯养野生动物的历史几乎和人类文明的历史一样久远，而在全球生物多样性资源亟待保护的今天，以什么样的距离和方式与野生动物相处，是我们需要不断探索的新的议题。祖先已经为我们驯化好了最适合食用的动物，我们何不让那些野生动物在自然中自由地生活呢？

野生动物非法贸易管理为何如此乱象百出？[1]

肖凌云

2020年初，我们（北京大学和山水自然保护中心团队）和志愿者们一起收集了微博和微信上2019年民间举报的野生动物非法猎捕、养殖与贸易的信息，共提取到举报信息1217条，主要集中于民间非法猎捕和以集市、餐馆、花鸟市场为主的线下贸易。同时收集到网络平台提供的举报数据2357条，主要集中于动物制品和宠物交易的线上贸易。以下我们对野生动物非法贸易管理的混乱局面进行一些分析和梳理。

一、举报的案例都在哪里？在干什么？

我们先来看看以野味和鸟市为主的案例的地理分布。

从图2.3中可以看到，举报的非法捕猎主要发生在黑龙江、河北、云南等兽类和迁徙鸟类比较丰富的地方；举报的非法贸易（集市、花鸟市场、餐馆等）主要发生在湖南、河北、黑龙江等地；非法养殖的举报黑龙江也排在第一。

在已有数据中，鸟类是被举报的案例大头（图2.4）。或许是因为兽类不容易发现，数量也没有鸟类多，而且猎捕的兽类主要是用来吃的，而被抓的鸟类，不光可以吃，活鸟还可以送往花鸟市场，或者用来放生，消费方式更多样。在图2.4中可以看到黑龙江、河北、辽宁是鸟类举报的重点省份，它们地处国际候鸟迁飞路线上，同时护鸟志愿者和举报人相对较多；而云南、广西、广东是兽类举报的重点省区；广东、湖南是两栖爬行类举报的重点省份。

---

[1] 这篇文章来自北京大学、山水自然保护中心团队中多名成员的整理和工作，还要特别感谢让候鸟飞公益基金团队提供的原始举报信息、乌鲁木齐市沙区荒野公学自然保护科普中心的云守护志愿者和所有牺牲了2020年春节假期帮我们录入大量举报数据的热心志愿者。

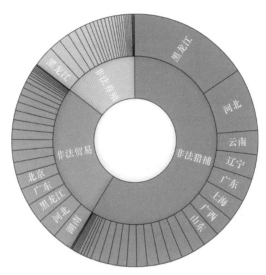

图2.3　2019年民间举报的以野味和鸟市为主的案例的地理分布

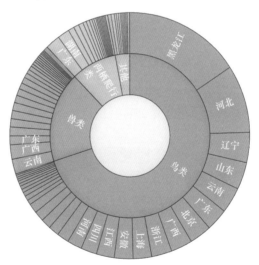

图2.4　2019年民间举报案例中涉及的动物类型

注：图中所示仅为我们收集整理到的数据，不代表未点名的省份不存在问题。

　　下面我们再来看看以动物制品和宠物为主的线上贸易（图2.5）举报的地理分布：

　　很有意思的是，和线下贸易的分布完全不同，野生动物线上贸易发达的地区主要集中在福建、广东、江苏、浙江等南方经济、物流都相对发达的地区。

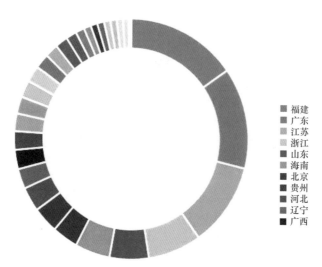

福建
广东
江苏
浙江
山东
海南
北京
贵州
河北
辽宁
广西

图2.5　2019年网络平台接到的线上贸易举报的地理分布（示主要地区）

二、野生动物的合法交易途径

为何会有这么多非法交易乱象？是国人的野味、鸟市和中医产业中需求太大，而合法的途径太少吗？我们来看一下《野生动物保护法》对陆生野生脊椎动物所规定的合法贸易路径（图2.6）：

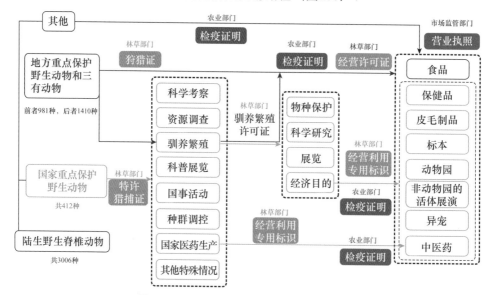

图2.6　陆生野生脊椎动物的合法贸易途径
注：这里我们没有把归农业部门管理的水生兽类和两栖爬行类单独挑拣出来。

　　现有《野生动物保护法》只规定了三类陆生野生脊椎动物：国家重点保护野生动物、地方重点保护野生动物和有重要生态、科学、社会价值的陆生野生动物——即三有动物（地方重点保护野生动物和三有动物合称为"非国家级重点保护野生动物"），剩下的"三无"动物，即没在任何保护名录里的物种，是不受该法限制的。所有上述各类型野生动物都可以通过松紧不一的途径合法进入市场。

　　（1）国家重点保护动物：野外猎捕的，需要特许猎捕证，可以通过国家医药生产任务直接进入医药市场。人工繁育的，可以进入其他各种市场，但是不能食用，只有9个物种（国内本土物种有马鹿、梅花鹿和虎纹蛙3种）列入《人工繁育国家重点保护陆生野生动物名录（第一批）》，意味着这些物种的驯养繁殖技术成熟，它们的驯养繁殖种群可以食用。

　　（2）非国家重点保护动物：野外猎捕的和人工繁育的，都可以进入各种市场，包括食用。

　　（3）不在任何名录里的动物：野外猎捕的和人工繁育的，都可以进入各种市场。

　　（4）所有进入市场的野生动物都要求有合格的检疫证明。

三、执法难题

　　为何有这么多合法途径，却依然有那么多被举报的非法交易呢？从图2.6可以看出来，整个过程涉及三类部门：林草部门（负责向企业和个人发放猎捕、驯养和经营许可或专用标识）、农业部门（负责检疫）和市场监管部门（负责发放营业执照）。我们来设想一下实际发生的场景：市场监管部门去各处抽查、检查贩卖野味的集市和花鸟市场的时候，只会看有没有林草部门发的经营利用许可证和工商部门发的营业执照，理论上还有农业部门发的检疫证，但农业部门制定的检疫标准都是针对家养动物的，绝大部分野生动物因为缺乏对疾病和病原的研究也只能按照最接近的家养动物来检疫，很多野生动物类群（比如竹鼠）没有检疫标准可参考。这几个证齐了就合法了吗？显然不是。但这一般不是市场监管部门管辖的了。再往前查，则是森林警察的职责。森林警察什么时候会来查呢？一般是有人举报的时候才会来。最理想的情况是获得举报信息后森林警察百分之百都来查了，他们怎么查呢？

他们不光要查被举报者是否有经营利用许可证，还要查相关驯养繁殖许可证或者特许猎捕证（狩猎证）是否和卖的东西对得上。听起来简单，实际上没那么容易。森林警察知道卖的所有东西是什么物种吗？哪些属于保护动物？哪些属于国家重点保护动物？截至2020年，我国有陆生野生脊椎动物3006种，其中国家重点保护动物412种，地方重点保护动物981种，三有动物1410种，针对这三种不同保护级别的动物，要查的证、要遵守的规定都不一样，更何况这三种级别之间还有大量重叠物种！而不在任何保护名录中的动物，我们经过核对各种版本的名录，发现还有1013种之多！这问题别说森林警察了，可能连动物学博士都答不上来。那1013种不在任何保护名录上的物种又有多少人能背下来呢？有很多不受保护的物种是保护名录发布之后新发现的，或者新分类出来的，这些物种是该保护还是不该保护呢？

另外，还有大家都心照不宣的洗白问题。现有的法律体系对野捕的重点保护动物管理更加严格，这些动物不能进入医药以外的市场，同时几乎禁止了除猎枪外的所有捕猎方式。然而这些管理上的各种规定都可以被规避掉——通过繁育来洗白。市场上销售的一块肉，谁能看出来到底是来自繁育的动物还是来自野捕的动物呢？这些问题加起来，就成了森林警察面临的不可能完成的任务。何况现在森林警察归公安部门领导，还有很多重要的刑事案件需要他们去侦破。

除了前面提到的难题，还有如今存在的大量的网络交易问题，网络平台即使有心好好监督，接到举报也想认真处理，可是同样会碰到这些问题：卖某些物种就一定违法吗？证件齐全就一定合法吗？这就好比给交警一条通告：为了保证市区环境质量，自次年1月1日起，300多种型号的机动车划为甲组，禁止进入市区三环以内。此外有1700种型号的机动车划为乙组，需载客量达到条件才能放行，各区县可在此基础上设立额外的禁行车辆类型。交警们站在繁忙的十字路口，内心一定是崩溃的。

四、如何管理？

那应该怎么管理呢？我们试图从执法者的角度来思考一下。

为了解除执法者四处查对物种名录的麻烦，首先，我们建议取消三有动物的说法，把所有不在国家和地方重点保护名录内的物种都作为一般保护物种。更新老旧的国家和地方重点保护名录，让其不要互相重叠，同时与最新的动物分类和命名体系保持一致。

其次，从公共卫生风险控制的角度出发，应该明确野捕的所有野生动物一律不许进入市场，因为病原体才不管宿主是不是被重点保护的物种。现有法律关于猎捕的条款里，有特别好的一点，那就是几乎把除了猎枪以外的所有打猎方式都给禁止了，也就是说，出现在市场里的活的野生动物，或者夹断腿的野生动物，只要是野捕的，统统违法。这一下子就把野味市场和鸟市的野捕个体的问题都给解决了。但是仍然有个大漏洞：他们依然可以通过驯养繁殖来洗白。

于是这场讨论的重点自然而然地汇集到了繁育的管理上。相比其他国家，我国有一个庞大的野生动物驯养繁殖行业。一方面，这与市场和消费者吃野味和补药的需求有关；另一方面，林草部门和农业部门这些年大力提倡野生动物养殖行业，也使得这个行业在不断增长。当然，其中也有不少合法的经营者，但是如果执法不严，违法成本低，就难免出现前面所述的乱象，而这些乱象同时也会给那些合法的经营者带来损失。

那么，驯养繁殖有什么规定呢？目前虽然在《人工繁育国家重点保护陆生野生动物名录（第一批）》中列出了人工繁育技术成熟的物种，但并没有规定不在名录里的物种就不能进行繁育。《国家重点保护野生动物驯养繁殖许可证管理办法》里甚至明文指出：所谓驯养繁殖，是指在人为控制条件下，为保护、研究、科学实验、展览及其他经济目的而进行的野生动物驯养繁殖活动。因此，最好的做法就是和很多国家一样，建立一个白名单（图2.7），把允许养殖的野生动物，无论是否重点保护，都列清楚，条件成熟一个列一个，两年更新一次。没有列入白名单的野生动物，就明确不允许养殖。哪种动物能够进入，需要从野生动物保护、疾病风险和管理可行性等几方面考虑。首先，野外种群足够大；其次，人工繁育技术成熟，圈养种群可持续繁育子二代以上，不需要再从野外捕获；最后，很重要的一点是评估这个动物可能携带的病原体及其人类共染的风险，以及能否建立相应的检疫标准。在管理上也需要对合乎标准的企业和个人进行评估认证，目前实行的标识制度可以借鉴。为了在市场中能将驯养繁殖的动物与真正的野生动物区分，防止洗白（这也是保护白名单上合法养殖户的利益），最好把白名单中驯养繁殖的动物划出野生动物的范畴，也就是划出林草部门的管辖范围，直接作为家禽家畜，可以叫作"特种养殖动物"，直接归农业部门管理。由农业部门一管到底，和所有家畜家禽一样，把好检疫关，这样公共卫生安全的问题也就解决了。

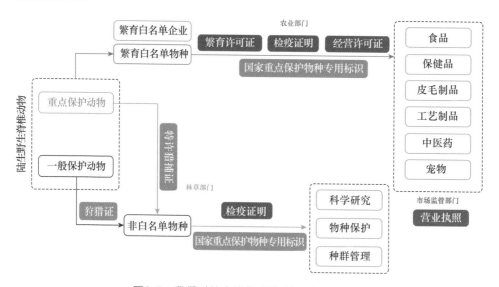

图2.7　我们对陆生脊椎动物利用途径的建议

白名单以外的其他所有野生动物，规定不可以商业化繁育，只能有出于科研、保护等目的的小规模繁育，且不能用于商业目的，以防洗白。

白名单的制定，需要非常谨慎。每个列入白名单的物种，都要向社会公示，通过公开的专家听证会来讨论决定。除了物种白名单，还可以增加一个企业和养殖户白名单，只有证明具有利用繁育盈利的能力和技术，才可以从事养殖。这些进入白名单的企业与养殖户，应全部公布以接受公众的监督，一旦发现违法行为，必须剔除白名单且永远不得再进入。农业部门也只给纳入白名单的动物产品进行检疫。也就是说，以后市场监管部门只要看到动物产品上的农业部门的检疫标识，就知道该动物是合法繁育的。对于可以合法繁育的国家重点保护动物，继续采用经营利用标识制度，以保证谱系明确可追溯。

一旦以上措施做到了，通过繁育洗白的乱象也就自然消失了，执法人员也轻松了，只需要记下为数不多的允许进行特种养殖动物贸易的白名单物种，而其他野生动物一旦出现在市场上，就是违法的。除了食品之外，目前交易市场上的野生动物制品，例如，毛皮类，大部分都来自繁育技术成熟的物种，估计都可以进入白名单，不会受到影响；其他如玳瑁、红珊瑚、羚羊角、象牙、虎豹骨头、犀牛制品、穿山甲制品、鲸制品、熊制品、海马制品……基本都是国家重点保护动物或者列入CITES附录 I 和附录 II 的动物的制品。那就简单了，禁止不是问题。

还有一种特殊情况，在一些偏远地区或少数民族地区，出于传统文化或生计的需要，对野生动物有一定的需求，可以考虑对一些种群数量相对大的野生动物适当允许当地人限额猎捕，并通过特许经营制度在当地小范围售卖。这种情况欢迎大家讨论。

此外，动物园、海洋馆、各种私人经营的动物活体展演场所，也需要进一步规范化管理，暂不在此讨论。

《野生动物保护法》顾名思义应该是以保护而非利用野生动物资源为主要目的，对野生动物资源的有限利用，应该以不破坏野外种群资源为首要前提。新冠疫情的发生给我们敲响了警钟，我们倡议应将公共卫生安全纳入《野生动物保护法》的考虑范围，制定繁育白名单制度，把繁育技术成熟的物种纳入农业部门管理范畴并解决检疫问题，从制度源头禁止违法经营利用野生动物的乱象。毕竟，面对突如其来的疫情，我们才明白保护野生动物就是保护人类自己的道理，然而对很多物种来说，我们的保护已经太迟了。

我们距离理想的野生动物监管有多远？

程   琛

2020年2月关于禁止非法野生动物交易的《决定》从维护生物安全和生态安全，以及人民群众生命健康安全等角度出发，全面禁止食用野生动物，严厉打击非法野生动物交易。

从SARS到新冠病毒感染，我们付出的代价不可谓不深刻。大家逐渐认识到滥食野生动物是一种陋习，野生动物的非法交易需要全面禁止。随着《决定》的出台和《野生动物保护法》修订的逐步推进，我们发现，未来野生动物保护的重点之一，是根据相关法律和政策，让有关野生动物的管理、执法和监督有效落地。过去一段时间，我们针对目前野生动物的监管做了一些整理，希望能够给大家一些参考。

一、野生动物交易：合法与非法之间

在理想情况下，进入市场的野生动物及其制品，应当有明确的依据来判断它是否合法。这就好像机动车要上路，需要办理牌照（以及行驶证等证件），交警通过检查车牌照，就知道这辆车是不是合法上路，而不用去分辨和纠结这辆车是哪个牌子、什么型号的。

现行《野生动物保护法》以及《动物防疫法》等相关法律都做了明确的规定，比如《野生动物保护法》第二十七条规定：禁止出售、购买、利用国家重点保护野生动物及其制品。

因科学研究、人工繁育、公众展示展演、文物保护或者其他特殊情况，需要出售、购买、利用国家重点保护野生动物及其制品的，应当经省、自治区、直辖市人民政府野生动物保护主管部门批准，并按照规定取得和使用专用标识，保证可追溯，但国务院对批准机关另有规定的除外。

实行国家重点保护野生动物及其制品专用标识的范围和管理办

法，由国务院野生动物保护主管部门规定。

出售、利用非国家重点保护野生动物的，应当提供狩猎、进出口等合法来源证明。

出售本条第二款、第四款规定的野生动物的，还应当依法附有检疫证明。

也就是说，市场上交易的野生动物及其制品，应该和马路上行驶的机动车一样，每件都有一套与之匹配的证件。国家重点保护野生动物：省级或者国家级的批准文件、使用专用标识、检疫合格证明；非国家重点保护野生动物：合法来源证明（猎捕、驯养繁殖、进出口）、检疫合格证明。无论是执法者还是消费者，看到这套证件，就知道眼前的野生动物或其制品是合法的。

令人遗憾的是，现实中这套证件系统并没有建立起来。对国家重点保护野生动物，只有少数物种的产品被纳入野生动物经营利用管理专用标识系统，并且专用标识针对的是商家和产品，并不能识别、记录、追溯到源头的野生动物个体是不是合法；对CITES附录中的野生动物个体或其制品从国外进口时也备有对应文件，可以认为它们是有证件的。除此之外的大部分野生动物，仍然是针对商家的经营利用许可证来管理的。

经营非国家重点保护动物要求提供合法来源证明，即狩猎证或者野生动物驯养繁殖许可证。然而狩猎证上并不写明批准猎捕的物种和数量，野生动物驯养繁殖许可证也只有部分写明批准驯养的物种，看起来更像猎户或养殖场的资质证明。如果这些猎获物卖给了经销商或餐馆，消费者或者执法者很难追溯。

所以现实中，执法人员或者消费者所能查验的依据，除了营业执照，只有商户的野生动物经营利用许可证。如果能细致管理，严格规定许可的物种和数量，商家每收购、出售、利用一批野生动物都能做好记录和审核，倒也还好；但在实际操作中，这些许可证更多地成了商家的资质证明。取得一次许可证就随意增加经营的物种、数量和用途。形成一种"一证在手，天下我有"的情形。这就好像大部分机动车都没有上牌照，而拿到了驾驶证的人，可以跟交警说，我有驾驶证，所以我开的车就是可以上路的。

微博上曾曝光了一个江阴的"野味大亨"，长期从事非法野生动物交易，因为拿到了合法的经营许可，公然在网络上宣传：除了行政许可上写的，还"有其他几十种货私聊"，违法出售三有动物、国家重点保护动物和来自境外的动物。

二、许可证审批：不能任性地想发就发

由于对野生动物个体的标识和证件系统没能完全建立，许可证的审批是当前野生动物管理的一个重要关卡；通过审批，就意味着这项野生动物经营利用（或猎捕、繁殖）获得了合法的身份。

然而，如此重要的许可证审批，审批流程依然缺乏管理。以驯养繁殖许可证为例，反盗猎志愿者在行动中发现，很多获得许可证的单位根本没有繁育对应物种的场地条件和技术能力，所谓养殖的个体都是来自野捕催肥。对于非国家重点保护动物，很多时候猎捕、驯养繁殖的行政许可以及行政执法都在当地部门，管理和监督一体，很难做到自己管自己。即使管理已经如此粗放，近年来许可证的审批管理还有进一步放松的趋势。

《陆生野生动物保护实施条例》中规定：经营利用非国家重点保护野生动物或者其产品的，应当向工商行政管理部门申请登记注册。然而，事实上工商部门并不具备足够的专业背景和信息来评估商家是否具有资质或动物来源是否合法。近年来野生动物经营利用的审批管理还出现进一步放松的趋势。例如，2016年《陆生野生动物保护实施条例》修订后，取消了第二十六条第二款：经核准登记经营利用非国家重点保护野生动物或者其产品的单位和个人，必须在省、自治区、直辖市人民政府林业行政主管部门或者其授权单位核定的年度经营利用限额指标内，从事经营利用活动。

与此同时，对国家重点保护野生动物的驯养繁殖、经营利用的审批责任也在逐步下移给省级以下的部门——虽然不能简单地认为县、市级部门的审批管理一定会比省级、国家林草局的要松懈，但这一变

化总使人感到对监管的重视程度在降低。"放管服"改革固然有利于提高政府效率，也是发展的趋势，但是下放业务的同时必须明确监督和管理职责，并配套保障其有效运行的机制体制。野生动物监管是一项复杂而系统的工作，涉及的方面非常之多，我们的整理还很初步，就此给出一些简单的建议：

首先，对野生动物的经营交易，能够从目前的针对经营者的管理，完善到对经营对象的管理。即从目前对商家证件审批，延伸到对交易物种个体的追溯。避免一个商家持有一种许可，就可以不受限制地交易野生动物的情况出现。尽量保证每个野生动物个体或者至少每批次野生动物交易都能被验证，被检查。

其次，不管未来的管理权限如何逐步下放以及根据《国家重点保护野生动物名录》对不同的野生动物进行区别对待，对于每个层级依然能够明确管理、执法和监督的职责。行政许可、行政执法以及执法监督能够有效地分开，避免"既当裁判员，又当运动员"的现象，并且增加信息公开，实现公众的监督与参与。

三、野生动物合法利用：需要更多信息公开

让我们设想一下：如果到一个集贸市场，看到一家商贩正在贩卖野生动物或者制品。怎样知道他是不是合法的呢？

首先，可以要求查看他的工商营业执照，看经营利用范围是否包括野生动物。然而这样显然还不够。其次，应溯源而上，一个合法售卖野生动物及其制品的商家还必须取得由林业部门批准的各种许可证。这时，可以要求商家出示它们，如果商家无法出示许可证，或者许可证的真伪有待确定，那么有一个重要的途径，就是通过公开的信息去查验。在我国，信息公开包括主动公开和依申请公开。

根据《中华人民共和国政府信息公开条例》，行政机关应当将行政许可，包括在履行行政管理职能过程中制作或者获取、记录、保存的信息（除涉及国家秘密、商业秘密或个人隐私的信息），在形成或者变更之日起20个工作日内及时主动公开。2015年国务院办公厅进一步要求行政许可、行政处罚要做到更标准、更及时（7个工作日内）地

公开[1]。也就是说，我们应该可以在政务网站等信息平台上查到野生动物行政许可的信息，包括：申请人，报请审批的物种、数量、保护等级，许可事项（猎捕、驯养繁殖、出售、购买、利用），用途，审批结果，以及许可有效期起始时间。如果政府没有做到信息主动公开，公众也可以通过信函、邮件、网站等方式向相关部门递交申请获取相关政府信息，即"依申请公开"。

四、行政许可包括哪些？

首先，按照目前《野生动物保护法》的规定，出售和经营野生动物的商家必须有野生动物及其产品经营利用许可证，写明经营的种类、数量、期限、用途，或者产品上贴有"中国野生动物经营利用管理专用标识"（图2.8）。

图2.8   中国野生动物经营利用管理专用标识

其次，野生动物还必须有合法的来源证明。如果是野外捕捉的，就得有特许猎捕证（针对国家重点保护动物）或狩猎证（针对非国家重点保护动物），这些证明上要有明确的种类、数量、地点、期限、工具、方法。如果说是养殖的，就必须有野生动物驯养繁殖许可证。无论什么来源，还应该有农业农村部门出具的动物检疫证明。

我们曾对国家林草局和31个省、自治区、直辖市[2]级林业部门以及24个抽样的市县级林业部门在2016—2019年的网上信息公示情况做了调查（图2.9，表2.1），初步整理了以下的问题：

---

[1]   《国务院办公厅关于运用大数据加强对市场主体服务和监管的若干意见》（国办发〔2015〕51号），http://www.gov.cn/zhengce/content/2015-07/01/content_9994.htm，检索日期：2022-09-30。

[2]   书中提及的31个省、自治区、直辖市均不含港澳台地区，以下简称"31个省区市"。

● 3 公开许可证和全部内容
● 2 公开许可证和部分内容
● 1 公开许可证但没内容
● 0 无任何公开

部门归属	2016	2017	2018	2019
安徽	3	3	3	3
上海	3	3	3	3
甘肃	1	2	3	3
青海	0	3	3	3
山西	0	3	3	3
广西	3	1	1	1
河北	1	1	2	2
江苏	0	1	1	1
国家林草局	1	1	1	1
黑龙江	1	1	1	1
云南	1	1	1	1
浙江	1	1	1	1
广东	0	2	0	1
湖北	0	0	1	1
湖南	0	0	0	3
吉林	0	0	0	3
山东	0	0	0	3
新疆	3	0	0	0
辽宁	0	0	1	1
北京	0	0	0	1
贵州	0	0	0	1
天津	0	0	0	1
重庆	0	0	0	1
福建	0	0	0	0
海南	0	0	0	0
河南	0	0	0	0
江西	0	0	0	0
内蒙古	0	0	0	0
临夏	0	0	0	0
陕西	0	0	0	0
四川	0	0	0	0
西藏	0	0	0	0

图2.9　2016—2019年部分政府主管部门与野生动物合法利用相关的网上信息公示情况（制图/肖凌云）

1. 公示平台不统一，查阅和检索有难度

国家林草局和全国31个省区市林草部门中，有21个通过官网公示了林业行政许可结果，但河南和西藏的行政许可中没有野生动物相关内容；有8个通过政务服务网或者信用中国等网站公示，但其中4个没有野生动物相关内容；而福建、海南、宁夏3个省区暂时没有找到任何林业信息公开内容。总体来看，有9个地区没有与野生动物相关的行政许可公开。

表2.1　国家林草局及31个省区市林草部门相关行政许可公开

林业许可公示平台	有野生动物相关内容		无野生动物相关内容		总计
	部门归属	合计	部门归属	合计	
林草部门官网	国家林草局、安徽、北京、甘肃、广西、贵州、河北、湖北、吉林、江苏、青海、山东、山西、上海、天津、新疆、云南、浙江、黑龙江	19	河南、西藏	2	21
其他网站（政务服务网、信用中国等）	广东、湖南、辽宁、重庆	4	江西、内蒙古、陕西、四川	4	8
无网上公示		0	福建、海南、宁夏	3	3
总计		23		9	32

其中，通过林草部门官网公示的21个省区市，公示的位置没有固定规律，也出现不少搜索功能不佳的现象。通过政务服务网或者信用中国等网站公示的，林业许可与其他部门的许可一块公示，不易查找。

省级及以上林业部门对许可证的主动信息公开，由于公示平台非常不统一，给查询和检索造成很大的困难，公众很难及时获取有效信息。

2. 国家林草局公示，缺少关键信息

国家林草局负责审批部分国家一级保护动物的特许猎捕证、驯养繁殖许可证和专用经营利用许可证或管理专用标识。国家林草局的行政许可以标题的方式公示，缺乏很多关键信息，我们只能看出某个商家在何时获批了一个许可证，但是看不出这个许可证批准了哪些物种、相应的数量、最终的用途，以及许可证的有效期。这样的公开给予公众的信息非常有限。

3. 省区市各级林业部门，公示内容程度不一

省区市各级林业部门负责审批绝大多数国家一级和二级保护动物的特许猎捕证、驯养繁殖许可证和专用经营利用许可证或管理专用标识。31个省区市主管部门的行政许可结果公示，信息的完整度差别很大。

首先，有22个省区市通过不同的渠道公示了相关的野生动物行政许可信息（表2.2），9个省区则完全没有公示信息。在公示时间上，2016—2019年，只有上海和安徽完整公示了4年的行政许可，山西、青海、甘肃较完整地公示了后3年的行政许可，其他省份都有公示年份不足的现象。

其次，在公示信息上，山东、安徽、青海、上海和甘肃5个省市的信息完整程度比较高，他们大多采用的是全文公示，信息全面，能够清楚查到商家在何时被批准猎捕、养殖、出售、购买或利用何种动物，以及涉及的数量、具体的用途。其他17个省区市的公开程度则差强人意，采用类似国家林业局的标题式公示，甚至还有更加"简约"的表格式公示。诸如批准动物数量、动物用途、截止时间和批准结果这些关键信息的普遍缺失，会让整个信息公开流于形式。

表2.2　2016—2019年部分林业部门野生动物行政许可信息公示内容

林业部门名称	公示形式	许可内容								行政许可相对单位（人）名称	许可决定日期	有效期至（许可截止日期）	办理结果
		许可证文号	项目名称	物种	科学名	数量	保护等级	许可事项（猎捕、驯养繁殖、人工繁殖、出售、购买、利用）	用途				
山东省自然资源厅（山东省林业局）	全文	有	有	有	有	有	有	有	有	有	有	有	有
甘肃省林业和草原局	全文	有	有	有	有	有	有	有	有	有	有	有	无
安徽省林业局	全文	有	有	有	有	有	有	有	有	有	有	部分	无
上海市绿化和市容管理局、上海市林业局	标题	有	有	有	有	有	有	有	有	有	有	无	有
青海省林业和草原局	全文	有	有	有	有	有	有	有	有	有	有	部分	有
河北省林业和草原局	全文	有	有	有	有	有	有	有	有	有	有	有	无
新疆维吾尔自治区林业和草原局	全文	有	有	有	无	有	无	有	有	有	有	无	无
山西省林业局	全文	有	有	部分	无	部分	部分	有	部分	有	有	部分	无
江苏省林业局	标题	有	有	有	有	有	有	有	无	有	有	部分	无
湖南省林业局	全文	有	有	部分	无	无	有	有	无	有	无	有	无
北京市园林绿化局	标题	有	有	部分	无	无	有	有	无	有	无	无	无
广东省林业局	表格	无	有	部分	无	无	有	有	无	有	有	无	有
广西壮族自治区林业局	表格	无	有	部分	无	部分	有	有	无	有	有	无	无
湖北省林业局	表格	有	有	无	无	无	有	有	无	有	有	无	有
重庆市林业局	表格	无	有	部分	无	无	有	有	无	有	部分	有	有
吉林省林业和草原局	全文	有	有	无	无	无	无	有	无	有	有	无	无
辽宁省林业和草原局	表格	无	有	部分	无	无	有	有	无	有	有	无	有
天津市规划和自然资源局	表格	有	有	无	无	无	无	有	无	有	部分	无	无
黑龙江省林业和草原局	表格	无	有	部分	无	无	有	有	无	有	有	无	有
国家林业和草原局	标题	有	有	无	无	无	无	有	无	有	无	无	有
云南省林业和草原局	表格	无	有	无	无	无	有	有	无	有	有	无	无
贵州省林业局	表格	无	有	无	无	无	无	有	无	有	有	无	有
浙江省林业局	表格	无	有	无	无	无	无	有	无	有	有	无	有

4. 市县区级信息公开非常少，非国家重点保护动物利用隐患很大

市县区级林业部门负责审批监管所有非国家重点保护动物的猎捕、养殖和经营利用，而在野生动物相关审批责任普遍下放委托的背景下，甚至一些国家二级保护动物的各种许可也由市县区级林业部门来审批。

我们抽样查看了广东、湖北、河南、山东、四川、安徽、河北、甘肃8省共24个市县的许可信息公开，其中仅有9个有公示，12个未找到公示，3个仅有3条以下公示信息。以广东茂名市为例，2016—2018年审批的许可公示内容很简略，仅有物种和有效期；2019年开始，许可公示内容变详细了，但描述标准不统一，仅部分包含动物数量、用途信息，而许可有效期自2019年开始反而不再公示，信息公开缺乏稳定性。

从这些整理可以看到，目前应该还有大量野生动物许可没有被公示出来，信息不透明的现象比能够看到的更加严重。

从国家林草局到市县区林业部门，野生动物行政许可信息公开都存在较大的提升空间，基于目前的信息公开方式和程度，我们很难通过信息公开来核验、监督商家是否合法。尤其是对果子狸、旱獭、竹鼠等非国家重点保护野生动物，它们被出售最多，同时又常是SARS、禽流感、鼠疫等人畜共患病的中间宿主。这部分动物的贸易量大且监管难度高，而信息公开却做得最不好，这些动物是否有合法来源，是否合法出售，有没有经过检疫，都无从得知，增加了公共卫生安全的风险。

据此，我们建议：

（1）修订《野生动物保护法》第三十九条，以及各省、自治区、直辖市发布的"实施《中华人民共和国野生动物保护法》办法"或《野生动物保护管理条例》，要求野生动物相关的许可证书、专用标识、批准文件按照信息公开条例和"双公示"的规定进行及时完整地公开。

（2）统一目前林业行政许可公开的平台和标准，建立全国统一的

野生动物行政许可信息公开平台，将涉及野生动物的行政许可按照统一的格式进行公示，通过更科学、透明和公开的监管流程，推进治理体系和治理能力的现代化。

（3）鼓励公众积极参与信息监督，创造公众参与野生动物保护和打击非法交易的可能。

野生动物保护和社会公共卫生安全，需要每一个人的努力，按照《野生动物保护法》的规定，我们任何一个人都有保护野生动物及其栖息地的义务，野生动物保护是一项社会公共事务。这需要我们从自己做起，对食用野生动物说"不"，同时也要积极监督周边的野生动物经营利用情况，参与到"打击野生动物非法交易"之中。

我们在此发起一个倡议，希望大家可以通过查询信息公开内容，增加对我们周边野生动物经营利用的了解。

第一步：搜索和确定所需要公开的政府信息的负责行政机关。这一般就是负责审批的部门，比如林业行政许可主要由当地林草部门负责，不能确定部门的情况下可以向可能的几级相关部门同时申请。

第二步：找到这个行政机关的官网，市县一级林业局的信息常常整合在市人民政府网站中。

第三步：点击"信息公开"→点击"政府信息公开指南"→找到"依申请公开"→按照指南中的提示填写信息公开申请表（姓名、联系方式、申请内容），并按指定申请形式（当面/信函/在线表格/邮件）提交。

例如，国家林业和草原局政府信息公开指南（http://www.forestry.gov.cn/sites/main/main/govpublic/index.jsp#detail. 查询日期：2022-11-11）。

第四步：等待回复。按规定行政机关需要自收到申请之日起15个工作日内做出答复，属于公开范围的应当告知获取信息的方式和途径，属于不予公开（涉及国家秘密、商业秘密、个人隐私）范围的，应当告知申请人并说明理由。

第五步：行政机关不回复或回复不符合信息公开条例的，可以通过举报、行政复议或行政诉讼等方式来监督和要求改进。

公共健康危机下重审野生动物管理

李彬彬

2020年2月2日，是武汉市这个千万人口的大城市封城的第十一天。本应该车水马龙的长江大桥上，没有一辆车。本应该熙熙攘攘的江汉路步行街上，空无一人。本应该写着"欢欢喜喜迎新年"的横幅，却写着"今天你串门，病毒找上门"。到底是什么，让这样一座本来充满烟火气的城市，变成了这样？到底是什么，让全中国的人民惶恐不安，担心安危的时候也在忧虑经济的重创？

一、请不要忘记，疫情在海鲜批发市场大量传播

2003年的SARS病毒来源于野生动物，而新冠疫情最开始大量传播也在海鲜市场。就现在频繁暴发的流行病来说，如果不把它当作公共安全隐患去管理，只会频繁地让少部分人的需求变成全民大敌，导致死伤无数，这期间需要更多的资金投入，限制人口流动，进而影响地区间和国际贸易。2003年中国用于防控SARS的资金超过100亿元，而造成的经济损失约占当年GDP的1.3%，全世界带来的经济损失约590亿美元。而2020年，根据截至1月31日的统计，各级政府已经投入超过273亿元，社会投入资金51亿元。这还不包括因为疫情停工、停产、限制出行和贸易等造成的经济损失。

野生动物贸易和公共健康，孰轻孰重，不能再好了伤疤忘了疼，不能再手软。对于野生动物的管理，已不光是动物保护的问题，更是公共健康和社会稳定的问题。除了严格的相应法规和有效执法，还应加强公众的教育，摒弃一些陋习，比如吃野味，比如对来源于野生动物的制品的趋之若鹜。

纵观近代的大规模流行病，大部分都与野生动物相关。埃博拉出血热、中东呼吸综合征、禽流感、尼帕病毒病、艾滋病，还有2003年

的SARS，其病原体都来自野生动物。为什么这些疾病会频繁袭击人类社会？主要原因有三点：① 破坏野生动物栖息地，改变土地利用方式，迫使本该与人类活动不重叠的野生动物进入人类聚集区。② 人类活动侵入野生动物栖息地，例如，放牧等，增加人畜共患病概率。③ 随人口增加、消费能力增强以及原有的偏颇观念加大对野生动物的利用，例如，盗猎野生动物，以野生动物为食品、药品和皮毛制品来源等，增加了在捕获、养殖、运输、屠宰、贩卖、购买使用过程中的感染概率。请注意，感染不只发生在销售和食用这两个环节，只要有密切接触，就会增加风险。

二、生物多样性是保障我们发展的关键，应当看作安全屏障去保护，而不是以资源利用为出发点

当我们大肆捕杀获取野生动物以及破坏它们的栖息地，造成生态失衡，使原有的物种间制约关系消失时，才会造成更多新发疾病的暴发。正是因为现在生物多样性的消失，环境的不健康才导致了人类社会频繁地出现健康问题，这也是包括杜克大学在内的全球健康领域推动同一健康（One Health）（图2.10）的意义所在，人类、动物和环境的健康息息相关，紧密联结。地球处于不同的干扰当中，有自然干扰（极端天气、地质灾害等）和人类干扰。生物多样性可以保证生态系统的稳定性，降低干扰对这个系统的影响，并且能在稳定性被破坏时有强大的修复能力。比如，当一个物种数量过多时，密度制约机制就开始起作用，其中之一就是通过疫病。密度高的时候，疫病更容易传播，使种群数量减少，当密度降低后，疫病的传播也受到了限制，不再是种群增长的最主要的限制因素。此外，通过个体间竞争、捕食关系等都可以有效保证物种间数量的稳定。而这样稳定的系统带给人类的好处就是，降低某类物种及风险暴发扩散的可能性。但是，当我们不论什么原因要捕杀或利用在野外正常生活的野生动物或植物时（包括为了控制疫情而盲目捕杀野外种群），我们在干扰自然系统对我们的保护能力。生物多样

性，从根本上，应该当作保护我们的屏障、共生的机制来对待，而不是当作利用的资源。

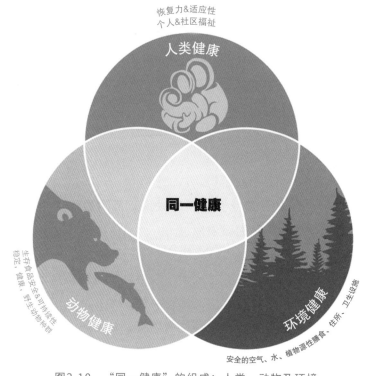

图2.10 "同一健康"的组成：人类、动物及环境
（图片来源：https://www.uaf.edu/onehealth/.[2020-06-30]）

真正该思考的是我们哪里做错了，为什么放任危险，让野生动物成为我们的盘中餐，在餐馆、走亲访友和私人聚会里频繁食用野生动物。

三、监管不严的野生动物贸易——架在大众脖子上的刀

食用野味暴露的是我们国家对野生动物监管的漏洞。

在与野生动物相关的疫情中，最初被感染的人都是与野生动物密切接触的从业者。而野味只是野生动物走入市场的一个途径，真正要管理的是整个野生动物贸易。

图2.11总结了野生动物如何从野外一步步进入我们生活中，同时

哪些部门和机制在管理这个过程。根据我们不完全统计，这涉及《野生动物保护法》《动物防疫法》《食品安全法》《畜牧法》及相关管理办法、实施条例和地方性规定等。涉及的主要部门包括各级林草部门、农业部门和市场监管部门，同时还包括公安部门以及当出现重大动物疫情时的卫生健康部门。

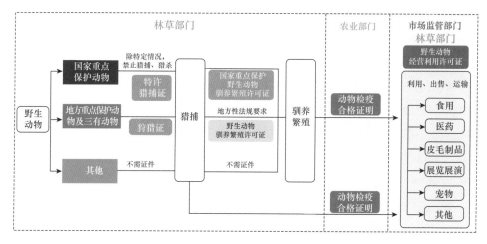

图2.11　中国野生动物利用及主要监管部门
（来源/昆山杜克大学，北京大学，山水自然保护中心）

其中林草部门对狩猎证、野生动物驯养繁殖许可证和野生动物经营利用许可证的管理制度以及农业部门的动物检疫制度是保障生物多样性安全和公共卫生安全的最主要的两方面制度。然而，从频繁出现的公共危机来看，这两方面的制度并不奏效。

很多野生动物（不在重点保护动物和三有动物名单里）并不在《野生动物保护法》的管理范围内，不受林草部门管理。唯一横在这些野生动物和我们之间的是动物检疫。然而，对于很多野生动物，没有相关动物检疫标准，出具不了检疫合格证明。此外，负责检疫的是地方的由政府认证的兽医，由于人力和资源限制，他们连家畜家禽的检疫都忙不过来，更不要提野生动物的检疫了。那么，合格检疫的野生动物是否可以利用呢？我们对野生动物可能携带的病毒、细菌及寄生虫到底有多少了解？从现在情况来说，了解远赶不上未知，尤其对于直接从野外捕获的个体。对于某些疫病，很多自然宿主和中间宿主并没有相应症状或者我们对疫病的潜伏期还不了解，即使以现有的手段确定野生动物检疫合格，也不能排除潜在的疫病风险。

而对于受《野生动物保护法》管理的物种，经营者拥有野生动物驯养繁殖许可证和野生动物经营利用许可证，是否就像获得了"免死金牌"，可以合理经营下去呢？

在现有的法律、监管和执法情况下，我认为，完全不行。

第一，野生动物来源不明。很多野生动物的驯养繁殖技术并不成熟，要依靠捕获野外个体扩充圈养个体，无法控制源头安全。

第二，养殖场所和销售场所缺乏频繁的检查和有效的监管，卫生和防疫问题隐患大。

第三，很多饲养和出售的野生动物种类远超出申请的许可证上规定的范围，挂羊头卖狗肉。甚至有的养殖场所和销售场所成为非法来源野生动物洗白的通道。

第四，运输和销售环节混乱，造成正常来源和非法来源的野生动物无意或故意混杂在一起，增加疫病风险。

同时，除个别情况，对于野生动物还没有相应的溯源体系或者监管检查方式，无法区分合法来源和非法来源的野生动物个体或制品。因此，在市场监管失灵、执法不严、检验手段有限的情况下，开放许可证制度，只会带来更大的风险和潜在的管理成本。

许可证可不可以有？当然可以。但首要问题是，它所需要的监管和执法条件都满足了吗？等到法制体系完善、鉴别手段成熟，个体来源、养殖、生产、运输、定点销售的认证监管、检疫及动物福利都可以保证的条件下，野生动物制品可溯源，对非法贸易可以持续严厉打击时，再开放也不迟。

四、对野生动物的保护和管理不仅是林草部门的事情，从生态和公共安全角度还需要多部门联合治理，修法保障

由国家市场监督管理总局、农业农村部和国家林草局联合发文要求疫情结束前暂停野生动物交易，这正是一次在修订《野生动物保护

法》前清理整顿市场的大好时机。

第一，取缔所有直接来源于野外的野生动物的贸易，用于科研、教育的需要特许审批。

第二，清查现在持有有效许可证的企业和个人，包括持证者数量，对野生动物的养殖及利用是否超出许可证范围，合法登记的野生动物的现有种类及数量。应该将《野生动物保护法》中对国家重点保护野生动物养殖的要求扩展到其他野生动物上，要求"建立物种系谱、繁育档案和个体数据"，并给予技术指导和支持。凡是在规定期限之前无法达到要求的，一律取缔。同时，应当减少野生动物驯养繁殖和经营利用许可证的有效年限，增强审查和监管力度。

第三，对于驯养繁殖野生动物，理论上应全部禁止，但同时满足以下几点要求的可以考虑列为合法人工繁殖物种：

（1）经过独立专家委员会评估，可以列为养殖名录内的野生动物。独立专家委员会应定期举行评估、公示及意见征集，且专家委员会成员应避免来自同一系统。

（2）农业部门需对此类野生动物有明确动物检疫标准及技术人员资格要求。

（3）具有完善有效的追溯体系，可以确定动物个体来源，并且有专门实验室进行审核。

（4）公安与市场监督部门应当对从事野生动物养殖及利用的企业、个人进行定期检查或抽查，并公示辖区内的合法商户信息，利于大众监督和及时反馈信息。

（5）修订后的《野生动物保护法》能提高惩处力度。对于混有野外来源的野生动物的情况，应当按照以危险方法危害公共安全罪来追究刑事责任。

这次由国家市场监督管理总局、农业农村部和国家林草局发起的联合治理也为未来制度的建立提供了依据。首先，修订《野生动物保护法》。应重新定义《野生动物保护法》的保护范围，对于所有野生动物都应当有基本阐述。例如，新西兰的《野生动物法案1953》，先阐明所有野生动物都在保护范围内，然后在后面条款里再逐条列出可以被猎捕、部分保护、不受保护的野生动物。其次，要及时更新《国家重点保护野生动物名录》，并确定定期更新的年限，保证科学评估可以及时有效地反馈到野生动物管理当中。再次，将三有动物调整合并到《国家重点保护野生动物名录》和地方保护野生动物名录中。最后，要注意各法律条文的衔接，确保野生动物定义和管理的一致。多部门联动加强野生动物保护及贸易管理。

新冠疫情的暴发，是否让我们能清楚意识到野生动物与公共卫生安全间的关系，并把这种关系固定到制度里去管理？有人说，不应该在公众还恐慌的时候来谈这个事情。但是对于这种不频繁发生、一旦发生就对生命安全和经济发展造成重大影响的突发事件，如果不在大家还在意的时候去考虑，如果不在大家还在意、正切身体会公共健康危机带来的影响时去考虑，渐渐地，大家对于野生动物和生物多样性的作用，都会随着日常生活回归、繁忙工作挤压而遗忘。就如SARS过后，我们有什么改变吗？

五、不想再被疫情烦恼，我们该做什么？

我相信最终我们会控制住每一次疫情，但是要花多久，花费多少金钱，牺牲多少条人命，限制多少自由，这都没有定数。又或者，我们在每一次惨痛经历后，又会忘记了伤痛。

至少现在，我们能做些什么。

（1）不吃野味，减少需求。请在家庭聚餐、商务宴请上对野味说不。不猎奇，不害己害人。不把野生动物当礼物送，除非想默默送疾病。

（2）对于出售野生动物及其制品的商家，要求其公开出示相关证件。对没有出示的或是存疑的，公众可以向市场监督管理部门、卫生健康部门、公安机关、林业草原部门举报。

（3）督促政府部门公开并及时更新具有养殖和经营野生动物许可证的商户信息，包括野生动物检验检疫情况及时间，并接受公众监督和举报。

（4）最根本的是，推动法律制度的完善，禁止食用野生动物以及开展相关贸易。

政策和法律的建立与推动，需要公众的参与，需要公众积极发出自己的声音。我不知道当你因疫情被困在家中时，是否足够重视自己的健康和安全，公众是否能透过疫情看清野生动物管理混乱带来的巨大社会经济成本。这如同消防隐患、酒后驾车、毒品交易一样，影响的是公共安全与稳定。

希望公众可以把因疫情带来的不满、困惑、惶恐变成推动政策法律完善和摒弃陋习的行动，在5年、10年后，依旧可以记着因这个2020年惶恐不安的春节而发起的保护野生动物，维护人类健康安全的行动。

请让野生动物自由地生活在野外，发挥它们的作用以维持生态平衡和环境健康，最终，受益的将是我们。对大自然，请保持敬畏。

中国陆生野生动物执法的七点发现

陈怀庆　　肖凌云

自2020年初新冠疫情暴发以来，全社会对野生动物的非法利用高度关注，政府部门对野生动物违法犯罪行为开展了严厉的打击。为了解我国陆生野生动物执法的整体情况，我们整理了《中国林业年鉴》（以下简称《年鉴》）中2000—2017年林业行政执法和森林公安执法的年度案件统计数据、中国裁判文书网中2014—2019年间12 708件野生动物刑事案件的罪由和审理的省份、国家林草局（林业局）网站中2016—2019年间153条报道等三个公开信息源的资料。最终，我们获得七点发现：

（1）2000—2017年间，森林警察承担的林业案件（包括森林案件和野生动物案件）中行政案件增加约31%，刑事案件增加约237%。不过森林警察人数仅增长约15%。

（2）野生动物的行政案件较为稳定（除了暴发SARS疫情的2003年异常增加），而刑事案件明显增加，从总数占比约7%上升至约

33.5%。

（3）2010年后涉案野生动物的总数和案均数都明显下降，但不一定意味着野生动物受威胁情况好转。

（4）相比于全国平均水平，西北、西南和华南地区猎捕国家重点保护野生动物的比例偏高，华中、华东、华北、东北地区猎捕非重点保护野生动物的比例偏高。这与野生动物资源的地理分布格局吻合。

（5）相比于全国平均水平，东北、西北、西南和华中地区猎捕环节的比例偏高，华北、华东和华南地区收购、运输、销售环节的比例偏高。呈现出犯罪环节由资源丰富地区流向经济发达地区的趋势。

（6）执法行动中主要排查野外栖息地、养殖场、加工经营场所和餐饮场所四类场所，查获鸟类的频率最高。

（7）每一起案件平均对应100人次的排查，背后是森林警察大量的执法努力。

由于难以核查数据与真实情况的相符程度，对于数据的解读也存在其他合理的角度，我们并不把这7点作为确定的结论。但我们相信这些发现有助于了解我国陆生野生动物保护的执法情况，同时也是今后深入研究的一个起点。

欢迎大家往下阅读详细内容后做出独立判断，提出讨论和质疑。

进入数据之前，我们先复习一下受保护的野生动物、执法机构和违法犯罪行为的概念。

在中国，受保护的本国野生动物分别归入国家重点保护野生动物、三有动物和地方重点保护野生动物的名录中。受保护的外国野生动物由CITES附录规定，CITES附录Ⅰ和附录Ⅱ等同于国家重点保护野生动物的一、二级。

这四类名录作为各种野生动物违法犯罪行为认定和裁量的依据。

《野生动物保护法》规定，国内野生动物执法由"县级以上人民政府野生动物保护主管部门、海洋执法部门或者有关保护区域管理机构"负责；跨境野生动物执法由"海关、公安机关、海洋执法部门"负责。

实际情况可简要概括为：林业部门和森林公安机关负责国内的陆生野生动物，农业部门负责国内的水生野生动物，海关和边防检查站负责跨境的野生动物。同时公安机关打击任何形式的野生动物违法犯罪行为、市场监督管理局打击任何形式的野生动物违规交易行为。不同的执法部门也经常联合执法。

其中林业部门和公安机关对陆生野生动物的执法最为主要（图2.12），也是本文展开讨论的内容。

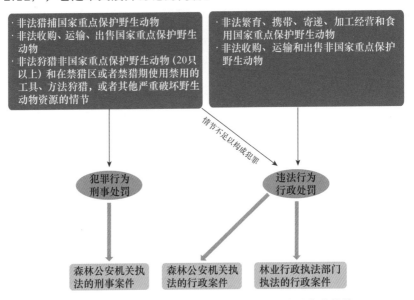

图2.12　林业部门和森林公安机关对陆生野生动物的执法

《刑法》和《陆生野生动物保护实施条例》中规定了涉及国内陆生野生动物的三项犯罪行为（也就是刑事案件）：危害珍贵、濒危野生动物罪；非法猎捕、收购、运输、出售陆生野生动物罪；非法狩猎罪。其中第一项针对国家重点保护野生动物，第二、第三项针对非国家重点保护野生动物（20只以上）和在禁猎区或禁猎期使用禁用的工具、方法狩猎，或者其他严重破坏野生动物资源的情节。

森林公安机关为刑事案件的执法部门，而行政执法由多个林业部门（资源林政管理部门、林业站、木材检查站、野生动物植物管理站等）和森林公安机关同时负责。也就是说野生动物案件的执法由三部分构成：森林公安机关执法的刑事案件和行政案件、林业行政执法部门执法的行政案件。

过去很长一段时间，森林公安机关都由林业部门实际领导和管理，而林业部门是陆生野生动物利用的管理和指导部门，这就使得森林警察的执法失去了一部分独立性。随着中央机构改革的进行，2019年12月30日森林公安局正式转隶公安部实行统一领导管理，森林警察拥有了更为独立的执法身份和能力。

接下来，正式进入数据。

针对案件数量和涉案野生动物规模，我们查阅并统计分析了2000—2017年《年鉴》中林业行政执法和森林公安执法部分中的年度案件统计数据（部分年份统计数据存在缺失，但不影响分析的可靠性），发现以下三点：

（1）2000—2017年间，森林公安局承担的林业案件（包括森林案件和野生动物案件）中行政案件增加约31%，刑事案件增加约237%。不过森林警察人数仅增长约15%。

2000—2017年的18年间，林业行政执法部门执法的案件数由约47万件下降至17.3万件（减少约63%），森林公安机关执法的行政案件数量由大约13万件上升至17万件（增加约31%）（图2.13）。2014年之前存在林业行政执法部门执法的行政案件与森林公安机关

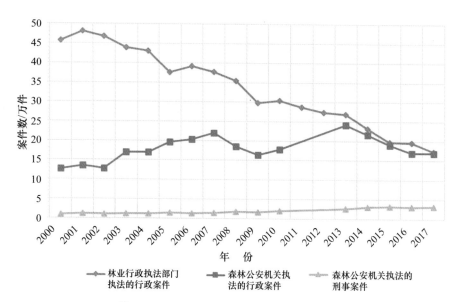

图2.13 2000—2017年林业案件数量变化

执法的行政案件叠加的情况，因此实际减幅应该稍小，但也至少是
50%。刑事案件在总案件数中占比非常小，但增速明显，由每年不足
0.95万件上升至3.2万件（增加约237%）。

　　林业行政执法权力原本同时为森林公安机关、资源林政管理部
门、林业站、木材检查站、野生动物植物管理站等多个机构拥有，而
且遵循"谁发现、谁办理"的原则，导致执法机构设置不合理、职能
分散、执法规范化程度低等诸多负面问题。国家林业局于 2003 年启
动林业综合行政执法改革试点工作，许多地方逐渐将林业行政执法的
主体转为了森林公安局。

　　可以说，林业行政案件的逐渐减少反映了一个执法机构规范化的
良性过程。但由于编制有限，2000—2017年森林警察的人数不过从
5.4万人增长到了6.2万人（增加约15%），远赶不上工作量的增加。

　　（2）野生动物的行政案件较为稳定（除了暴发SARS疫情的2003
年异常增加），而刑事案件明显增加，总数占比从约7%上升至约
33.5%（图2.14）。

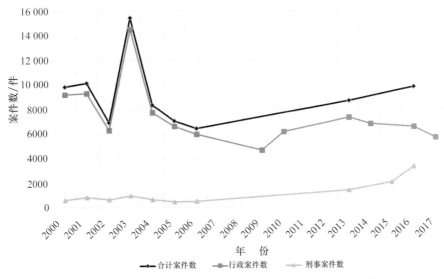

图2.14　2000—2017年森林公安执法的野生动物案件数

　　由于《年鉴》中林业行政执法部分没有给出森林案件和野生动物
案件的数据，而森林公安执法部分给出了这两方面的数据，所以（2）

和（3）分析中采用的数据仅来自森林公安执法。

森林公安执法的案件中绝大部分是森林案件，野生动物案件仅占3%～10%。

这18年间森林公安执法的野生动物案件总数比较稳定（图2.14）。每年的野生动物案件总数基本在6000～10 000件之间波动。其中行政案件数量基本在5000～8000件之间。刑事案件数量在2006年之前未超过1000件，占案件总数的比例仅为6%～8%，而2013年之后明显增加，2016年超过3000件，占比上升至33.5%。

值得注意的是，SARS疫情暴发的2003年，案件总数显著高于其余年份，而且增加的这部分案件来自行政案件，刑事案件无明显增加，体现出了行政执法中常见的运动式执法的风格。类推到新冠疫情暴发的2020年，案件情况应与2003年类似。

（3）2010年后涉案野生动物的总数和案均数都明显下降，但不一定意味着野生动物受威胁状况好转。

2001—2007年间，每年涉案野生动物的数量基本维持在150万～200万只之间（SARS疫情暴发的2003年除外），案均数大致在150～300只/件之间，呈现增加的趋势；而2010年之后，每年涉案野生动物的总数和案均数都呈现下降趋势，尤其是自2014年起，野生动物总数下降为45万～65万只/年、案均数下降至100只/件以下，显著低于10年前的情况。虽然能获取的数据有限，但仍能看出刑事案件所涉案均野生动物数明显高于行政案件。

有趣的是，虽然2010年后案件总数没有太大变化，部分年份甚至有所增加，但平均涉案野生动物的规模却明显下降。直观感觉这似乎是一个好事，但请教了几名森林警察后，我们推测出以下可能性：

① 森林警察的查案力度加大，压缩了犯罪分子作案的规模。

② 执法过程更加注重以审判为中心，对证据的要求更高，而大宗案件司法鉴定成本太高，以致不可能完成取证而无法起诉的案件正在增加。

③ 一些原本数量众多的物种越来越少（最典型的如黄胸鹀），因而非法捕获的数量下降。

④ 犯罪分子作案手段越来越隐蔽或者流通速度加快，导致单案查获量下降。

这四个推测中只有第一个是发生好转的情况，剩下三个推测中野生动物面临的威胁反而是增加的，或者违法更难被发现。究竟哪个推测符合实际，有待于更加深入的研究。

针对案件发生的地理格局，我们在中国裁判文书网中（http://wenshu.court.gov.cn/，检索日期：2020-12-30）检索了案由为"非法猎捕、杀害珍贵、濒危野生动物罪""非法收购、运输、出售珍贵、濒危野生动物及珍贵、濒危野生动物制品罪"和"非法狩猎罪"三类案件的裁判文书。并通过筛选审判程序为"刑事一审"，获取各省级行政单位在2014—2019年间不重复的野生动物刑事案件数。

2014—2019年的6年间，全国31个省区市共检索到12 708件野生动物刑事案件。

由于野生动物刑事案件数和进行网上公示的裁判文书越来越多，历年的案件总数和三类案件数均呈逐渐增加的趋势（图2.15）。

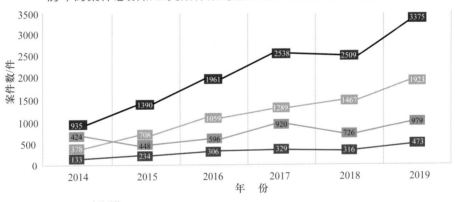

图2.15　2014—2019年野生动物刑事案件数量变化

按照案件总数可将31个省区市分为4个梯队（图2.16）：江苏、河南和云南3个省的案件数最多，超过1000件；浙江、湖北、湖南、江西等10个省区的案件数偏多，在400～800件之间；吉林、广西、辽宁、天津和黑龙江5个省区市的案件数偏少，在250～350件之间；山西、河北、甘肃、西藏等13个省区市的案件数最少，少于250件。

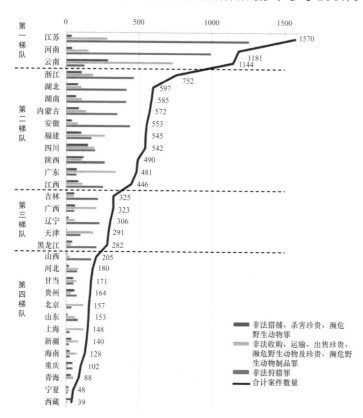

图2.16　2014—2019年各省区市野生动物刑事案件的数量和组成

森林警察刑事破案和法院宣判之间存在一定的时间间隔（通常2个月至半年），且并不是所有裁判文书都被网上公示，因而这部分数据不对应案件总数，不宜直接对案件数量进行解读，但仍可以作为反映整体格局的抽样结果，通过对不同案由的组成比例进行分析，我们发现了各省发生野生动物犯罪的两点特征，也是我们的第四、第五点发现：

（4）相比于全国平均水平，西北、西南和华南地区猎捕国家重点保护野生动物的比例偏高，华中、华东、华北、东北地区猎捕非重点保护野生动物的比例偏高。这与野生动物资源的地理分布格局吻合（图2.17）。

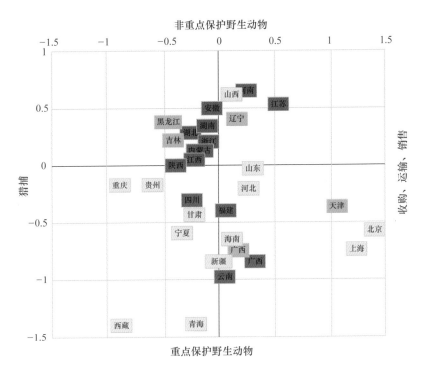

图2.17　野生动物案件的地理分布格局
颜色越深表示案件总数越多

我们以各省区市"非法狩猎罪和非法猎捕、杀害珍贵、濒危野生动物罪"案件数除以全国同类案件平均数后的对数值，来反映各省区市猎捕非重点保护野生动物和重点保护野生动物的犯罪偏好。

由此可以看到，相比于全国平均水平，大部分华中、华东、华北、东北地区猎捕非重点保护野生动物的比例偏高，尤其明显的是江苏、河南、安徽、山西、北京、天津和辽宁；而西北、西南和华南地区猎捕重点保护野生动物的比例偏高，尤其明显的是西藏、青海、云南、新疆、宁夏。

这种格局与西北、西南和华南地区野生动物资源较为丰富的地理分布格局相吻合。

（5）相比于全国平均水平，东北、西北、西南和华中地区猎捕环节的比例偏高，华北、华东和华南地区收购、运输、销售环节的比例偏高，呈现出犯罪环节由资源丰富地区流向经济发达地区的趋势（图

2.17）。

我们以各省区市"非法收购、运输、出售珍贵、濒危野生动物及珍贵、濒危野生动物制品罪和非法猎捕、杀害珍贵、濒危野生动物罪"案件数除以全国同类案件平均数后的对数值，来反映各省区市重点保护野生动物犯罪中对捕猎环节和收购、运输、出售环节的偏好。

可以看到相比于全国平均水平，华北、华东和华南地区收购、运输、销售环节的比例偏高，尤其明显的是北京、天津、上海、江苏、山东和广东；而东北、西北、西南和华中地区捕猎环节的比例偏高，尤其明显的是西藏、重庆、贵州。

这一格局与不同地区的经济发展程度高度相关，暗示背后存在着由经济因素驱动的跨区域野生动物犯罪网络。

最后，针对执法行动的具体过程和努力—产出关系，我们通过在国家林草局官方网站中（国家林业和草原局政府网>信息发布>信息快报>地方动态：http://www.forestry.gov.cn/dfdt/dfdtindex.html，查询日期：2020-12-30）中使用关键词"查获/动物/案"，筛选出有关野生动物违法案件的新闻报道，这些报道中包含了省级或县级森林警察某段时期工作成果的汇总数据。通过志愿者录入标准表格、排除重复报道、提取有效信息的方式，我们对2016—2019年间的153条报道进行了信息采集和数据分析，发现以下两点，也是我们的第六、第七点发现：

（6）执法行动中主要排查野外栖息地、养殖场、加工经营场所和餐饮场所四类场所（图2.18），查获鸟类的频率最高。

执法行动通常是由县级森林警察机关为单元进行的，每次行动的时间跨度从数天到数月不等。

执法行动中主要排查四类场所：野外栖息地（含连接栖息地的道路）、养殖场、加工经营场所（花鸟市场、集市、文玩店）和餐饮场所。四类场所在我们统计的报道中出现频率依次为61.3%、35.5%、80.6%和51.6%。

因为每类场所的总体数量不同，平均到每执法人次的排查数量分别为：0.29处野外栖息地、0.01处养殖场、0.92处加工经营场所和

0.56处餐饮场所。

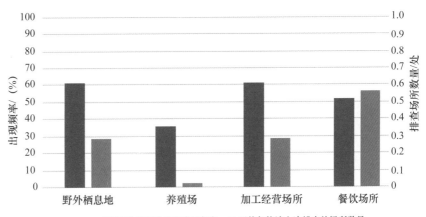

图2.18　森林公安执法排查的主要场所

在执法行动查获的野生动物中，兽类出现的频率为18.3%，鸟类为57.5%，两栖爬行类动物为24.2%，其他动物（鱼类和无脊椎动物等）为3%，另有18.3%的野生动物在报道中描述不详，统称为"不详"（图2.19）。46.4%的报道中提及了收缴捕捉工具。可见，查获鸟类的频率明显高于其他动物类群。

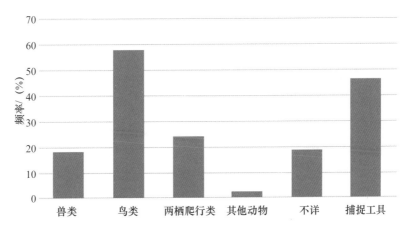

图2.19　各类野生动物及捕捉工具收缴
在有关野生动物违法案件的新闻报道中被提及的频率

（7）每一件案件平均对应100人次的排查，背后是森林警察大量的执法努力（图2.20）。

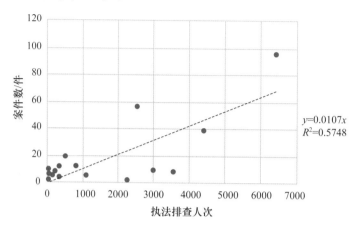

图2.20　森林警察执法排查努力与案件数的关系

通过对执法排查人次和查获案件数的线性拟合，我们估算出每一起案件对应了30～300人次的排查，平均约为100人次。

我们做了一个推算：一年中野生动物案件约为8000件，那背后的执法努力就是80万人次。全国森林警察总人数大约为6万人，每年每人需要针对野生动物案件出警13次。但野生动物案件仅占森林警察机关全年案件的5%～10%，假设针对野生动物的执法努力占森林警察的全年努力也是5%～10%，相当于一年每人要出动130～270次。

这是计入全体6万森林警察的推算结果，如果考虑只有部分森林警察实际执行排查工作，那一年中每人出动的次数将会更多。不得不说森林警察是在满负荷工作。

最后，我们梳理了野生动物违法犯罪行为链条和打击环节（图2.21），发现缺失了线上环节的数据。在所分析的报道中绝大部分执法手段都是传统的实地排查，只有少数报道明确写了通过举报和网络审查。

网络交易+冷库储藏+物流发货，这些高科技手段越来越多地被使用，让犯罪行为越来越隐蔽。面对这些新的挑战，森林警察仅依靠传统的实地排查手段无法有效形成全面打击。很可能森林警察已经开发出了针对性的打法，比如网络监管以及利用大数据和人工智能等，只是这样的新颖手段还未大量见诸报端。希望我们以后能发现新的信息源，一窥高科技时代的正邪较量。

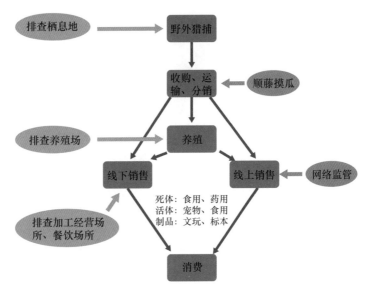

图2.21　野生动物违法犯罪行为链条和打击环节

第三章

那些该保护而没保护的

野生动物保护名录，一把刻度模糊的卡尺

韩雪松

先看一组国家立法保护野生动物的时间线（图3.1）：

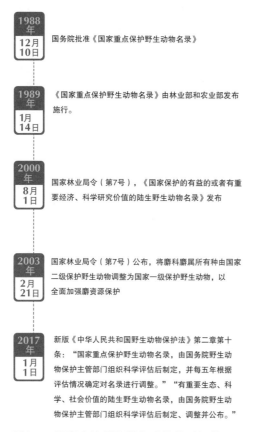

1988年12月10日　国务院批准《国家重点保护野生动物名录》

1989年1月14日　《国家重点保护野生动物名录》由林业部和农业部发布施行。

2000年8月1日　国家林业局令（第7号），《国家保护的有益的或者有重要经济、科学研究价值的陆生野生动物名录》发布

2003年2月21日　国家林业局令（第7号）公布，将麝科麝属所有种由国家二级保护野生动物调整为国家一级保护野生动物，以全面加强麝资源保护

2017年1月1日　新版《中华人民共和国野生动物保护法》第二章第十条："国家重点保护野生动物名录，由国务院野生动物保护主管部门组织科学评估后制定，并每五年根据评估情况确定对名录进行调整。""有重要生态、科学、社会价值的陆生野生动物名录，由国务院野生动物保护主管部门组织科学评估后制定、调整并公布。"

图3.1　国家立法保护野生动物的时间线

看完这个时间线后，我们再了解一下这些意味着什么：

《国家重点保护野生动物名录》（以下简称《保护名录》）和《国家保护的有益的或者有重要经济、科学研究价值的陆生野生动物名录》（以下简称《三有名录》）是我国发布的两份在国家层面上对"珍贵、濒危的物种，或数量稀少、分布区狭窄的、中国特有的、中

国生态系统旗舰种，在中国分布区极小、种群极小的以及濒危的物种"和"国家保护的有益的或者有重要经济、科学研究价值的陆生野生动物"进行保护的规定。两份名录同各地方重点保护野生动物名录一起，构成了我国开展野生动物保护的主要依据。

两份名录自发布之日至今的几十年中，仅《保护名录》于2003年进行过一次微调，《三有名录》从未见更新。那么，在当前的保护形势下，这两份名录对中国的野生动物究竟能够起到怎样的作用呢？

我们将这些名录过了一遍，同时按照一定规则进行了整理、统计。由于分类系统繁复，名录发布时所依据的分类体系已有诸多变化，因而在此有必要先对本文中涉及的数据统计和计算进行简要说明。

理论上，《保护名录》及《三有名录》、中国脊椎动物名录、《IUCN红色名录》应属递次包含关系（图3.2左上），但我们发现，实际上目前可以找到的唯一认可度较高且持续更新的中国脊椎动物名录为物种2000（Species 2000）中国节点网站（http://www.sp2000.org.cn，访问时间：2022-10-30）上公布的名录，但其分类系统同《保护名录》《三有名录》以及《IUCN红色名录》仍存在出入。

因此，为将对结果的统计划入统一的框架，我们采用如下方式对名录进行统计：

（1）使用物种2000中国节点网站建立的中国生物物种名录作为中国哺乳类、鸟类、两栖类和爬行类的物种名录（以下简称"物种2000名录"），对《保护名录》及《三有名录》进行筛查，对在物种2000名录中可查实的物种进行统计（含异名），对在录物种中不存在的作"无效"处理，不予认定。

（2）将可查实的在录物种在《IUCN红色名录》中检索，统计受威胁状况。

由于工作量浩瀚，本文仅对中国的哺乳纲、鸟纲、两栖纲以及爬行纲四个类群的野生动物进行讨论，其他如鱼类等脊椎动物和昆虫等无脊椎动物暂未进行统计及梳理。

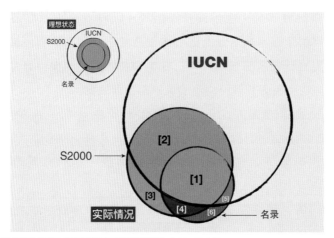

	名录	S2000	IUCN	保护情况统计	受胁统计
[1]	√	√	√	计入总数；计入受保护种	计算
[2]	×	√	√	计入总数；不计入受保护种	计算
[3]	×	√	×	计入总数；不计入受保护种	不计算；记无效
[4]	√	√	×	计入总数；计入受保护种	不计算；记无效
[5]	√	×	√	不计入总数；不计入受保护种	不计算；记无效
[6]	√	×	×	不计入总数；不计入受保护种(作"无效种"处理)	不计算；记无效

名录：《保护名录》和《三有名录》；S2000：物种2000名录；IUCN：《IUCN红色名录》

图3.2　《保护名录》《三有名录》、物种2000名录及《IUCN红色名录》的关系

一、关于名录的整理数据

整体来看，《保护名录》和《三有名录》累计对中国的1822种脊椎动物进行了保护，其中共包括哺乳动物225种、鸟类945种、两栖类264种、爬行类388种——被保护物种累计占中国总记录哺乳类、鸟类以及两栖类和爬行类动物物种的60.61%（总计3006种），仍有1013种未受到两种名录的保护。其中，哺乳动物被保护的比例为32.51%（总692种），鸟类被保护的比例为65.40%（总1445种），两栖类和爬行类分别为64.71%（总408种）和84.16%（461种）。四类野生动物受名录保护状况如图3.3所示。

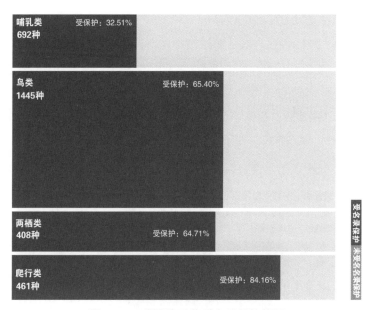

图3.3　四类野生动物受名录保护状况

在《保护名录》当中，总计列入国家重点保护野生动物条目255条，其中以种为单位进行保护的222条，以属为单位的19条，以科为单位的6条，以目为单位的3条，累计得到受保护物种402种（占中国哺乳类、鸟类以及两栖类和爬行类总物种数的13.92%）。

其中：

1.《保护名录》（一级）（图3.4）

在合计106种在录脊椎动物中，包括哺乳类59种、鸟类41种、两栖类0种以及爬行类6种。其中，1种被列为野外灭绝，11种被列为极危，26种被列为濒危，37种被列为易危，13种被列为近危，17种被列为无危，1种被列为数据缺乏。

2.《保护名录》（二级）（图3.5）

在合计296种在录脊椎动物当中，包括哺乳类76种、鸟类202种、两栖类7种和爬行类11种。其中，10种被列为极危，16种被列为濒危，30种被列为易危，37种被列为近危，197种被列为无危，6种被列为数据缺乏。

3.《三有名录》（图3.6）

在合计1480种在录陆生脊椎动物当中，包括哺乳类88种（其中无效8种）、鸟类706种（其中无效5种）、两栖类291种（其中无效30种）、爬行类395种（其中无效28种）。在可查实物种当中，1种被列为灭绝，17种被列为极危，65种被列为濒危，84种被列为易危，86种被列为近危，998种被列为无危，50种被列为数据缺乏，108种被列为未评估。

国家一级重点保护野生动物

■EX灭绝　□EW野外灭绝　■CR极危　■EN濒危　■VU易危　■NT近危　■LC无危
■DD数据缺乏　　NE未评估

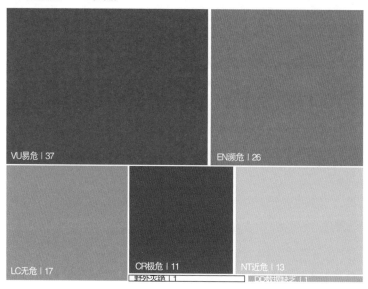

《国家重点保护野生动物名录》（一级）

	EX	EW	CR	EN	VU	NT	LC	DD	NE	无效	合计
兽类	0	1	7	18	19	5	8	1	0	0	59
鸟类	0	0	3	6	16	8	8	0	0	0	41
两栖类	0	0	0	0	0	0	0	0	0	0	0
爬行类	0	0	1	2	2	0	1	0	0	0	6
合计	0	1	11	26	37	13	17	1	0	0	106

图3.4　四类国家一级重点保护野生动物中受威胁状况

国家二级重点保护野生动物

■ EX灭绝　□ EW野外灭绝　■ CR极危　■ EN濒危　■ VU易危　■ NT近危　■ LC无危
■ DD数据缺乏　　NE未评估

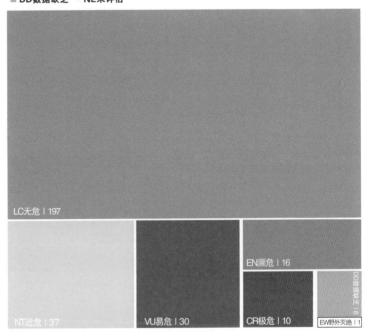

《国家重点保护野生动物名录》（二级）

	EX	EW	CR	EN	VU	NT	LC	DD	NE	无效	合计
兽类	0	0	2	6	13	12	37	6	0	0	76
鸟类	0	0	3	7	12	23	157	0	0	0	202
两栖类	0	0	2	0	1	2	2	0	0	0	7
爬行类	0	0	3	3	4	0	1	0	0	0	11
合计	0	0	10	16	30	37	197	6	0	0	296

图3.5　四类国家二级重点保护野生动物受威胁状况

当前，随着由科学研究发展和社会经济活动带来的保护问题的不断变化，社会各界对野生动物保护和公共卫生安全的反应日趋敏感和强烈，但在《保护名录》《三有名录》以及各地方重点保护名录中存在的诸多不足和问题却极大地限制了中国生物多样性保护以及公共卫生安全管理的成效。

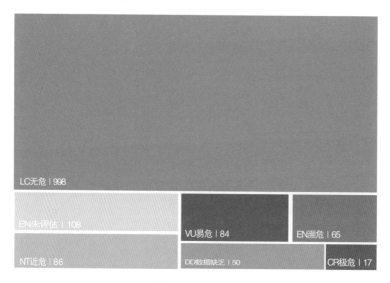

《三有名录》保护动物

■EX灭绝 □EW野外灭绝 ■CR极危 ■EN濒危 ■VU易危 ■NT近危 ■LC无危
■DD数据缺乏   NE未评估

《三有名录》

	EX	EW	CR	EN	VU	NT	LC	DD	NE	无效	合计
兽类	0	0	0	3	3	5	67	2	0	8	86
鸟类	0	0	3	11	35	48	596	2	6	5	706
两栖类	1	0	5	36	35	26	126	28	4	30	291
爬行类	0	0	9	15	11	7	209	18	98	28	395
合计	1	0	17	65	84	86	998	50	108	71	1480

图3.6   《三有名录》中四类野生动物受威胁状况

二、名录存在的问题

1. 名录未能与分类调整匹配，导致在录物种检索困难

（1）在录物种因分类调整导致学名及中文名变化，无法同名录对
应。

例如，《三有名录》中的黑眉锦蛇（*Elaphe taeniura*）变为黑
眉晨蛇（*Orthriophis taeniurus*），南峰锦蛇（*Elaphe hodgsonii*）
变为南峰晨蛇（*Orthriophis hodgsonii*），红点锦蛇（*Elaphe*

rufodorsata）变为红纹滞卵蛇（*Oocatochus rufodorsatus*），墨脱竹叶青蛇（*Trimeresurus medoensis*）变为墨脱绿蝮（*Viridovipera medoensis*）等，这样的情况在两栖纲无尾目中更为普遍，许多调整都是以属为单位进行的。

类似以上物种的中文名与学名同时变化给基层工作人员在执法过程中带来很大的困难与不便。

（2）在录物种在分类上被调整为两个甚至更多物种，其中一个新种仍沿用名录中的中文名和学名，但新增物种却被冠以全新的中文名和学名，若保护者遵循名录中的物种名开展保护，本该受保护的这几个亚种就会因新名而在无形中脱离了名录保护。

例如，《三有名录》中的大山雀（*Parus major*），由于分类的变化调整为分布在欧洲、中亚及中国西北部的大山雀（*Parus major*）、分布在中国东部的远东山雀（*Paurs minor*）（图3.7）和分布在中国南部的苍背山雀（*Parus cinereus*），名录中原先所指保护对象的范围在无形中被缩减了——保护人员只关注大山雀，作为大山雀亚种存在的远东山雀和苍背山雀因分类的变化而脱离保护者的视线，跳出了受保护的范围。

图3.7　脱离名录保护的远东山雀（摄影/韩雪松）

这样的情况还有很多，如《三有名录》中喜鹊（*Pica pica*）的亚种提升为种——青藏喜鹊（*Pica bottanensis*）（图3.8），灰伯劳（*Lanius excubitor*）的亚种提升为种——西方灰伯劳（*Lanius excubitor*），由棕头雀鹛（*Alcippe ruficapilla*）拆分出的印支雀鹛（*Alcippe danisi*）等。

（3）在录物种由于名录拟定时采取的分类系统差异或物种分类发生变化而在分类系统中消失，无法查证。

例如，在《三有名录》中的东北黑兔（*Lepus melinus*）、库车沙蜥（*Phrynocephalus indovici*）以及东疆沙蟒（*Eryx orentalis－xinjiangensis*）等。

（4）以属或目等更高级分类单元进行整体保护时，在录物种因分类调整脱离名录保护范围。

名录中以属或科等更高级别的分类阶元对某一特定类群的野生动物进行保护确实在一定程度上可以缓解因分类调整所导致的一些问题（如上所述），但同时也有可能导致新的状况出现——即原本属于某一受保护类群的物种，由于分类的调整而被划出该类群，从而不再受到名录的保护，显而易见，越低级的分类阶元越易受到该问题的影响。

图3.8　分类调整后的青藏喜鹊无意间跳出了受保护物种的范围（摄影/韩雪松）

　　例如，原《保护名录》中长臂猿所有种（*Hylobates* spp. ）现已被调整为三个属，即白眉长臂猿属（*Bunopithecus*）（图3.9）、长臂猿属（*Hylobates*）和黑长臂猿属（*Nomascus*）；原名录中"鳍足目（所有种）PINNIPEDIA"中的北海狗、北海狮、髯海豹等五种现已调入食肉目而脱离名录保护[①]。

图3.9　高黎贡白眉长臂猿（摄影/韦　晔）

　　2. 在录物种保护级别未能得到及时有效提升

　　许多原被列为三有动物或者国家二级保护野生动物等级别较低的野生动物，近年来由于非法猎捕、栖息地丧失等原因导致种群日趋缩减。以2020年2月为时间节点，我们在《IUCN红色名录》中对《保护名录》以及《三有名录》中的物种受威胁情况进行了梳理，结果发现：

　　在所有受保护的1811种哺乳类、鸟类、两栖类以及爬行类动物当中，各有1种（0.06%）被列为灭绝或野外灭绝，38种（2.10%）被列为极危，107种（5.91%）被列为濒危，151种（8.34%）被列为

①　在2021年颁布的《国家重点保护野生动物名录》中已将北海豹、北海狮、髯海豹纳入保护范围。

易危，136种（7.51%）被列为近危，1212种（66.92%）被列为无危，57种（3.15%）被列为数据缺乏，108种（5.96%）被列为未评估（图3.10）。其中，在被列为极危的38种当中，《保护名录》（二级）和《三有名录》总计27种。

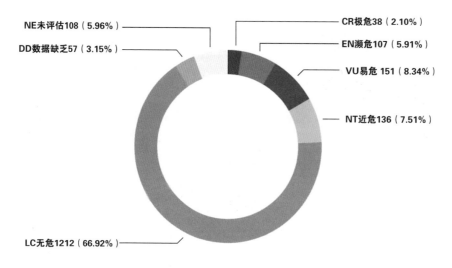

NE未评估108（5.96%）
DD数据缺乏57（3.15%）
CR极危38（2.10%）
EN濒危107（5.91%）
VU易危 151（8.34%）
NT近危136（7.51%）
LC无危1212（66.92%）

图3.10   四类受保护野生动物的IUCN评级状况

其中，在《三有名录》当中，有17个物种被列为极危，其中包括青头潜鸭（*Aythya baeri*）、勺嘴鹬（*Calidris pygmaea*）、黄胸鹀（*Emberiza aureola*）（图3.11）、安吉小鲵（*Hynobius amjiensis*）、花齿突蟾（*Scutiger maculatus*）、峰斑蛙（*Rana chevronta*）、小山蛙（*Glandirana minima*）、雾川臭蛙（*Odorrana wuchuanensis*）、金头闭壳龟（*Cuora aurocapitata*）、百色闭壳龟（*Cuora mccordi*）、潘氏闭壳龟（*Cuora pani*）、琼崖闭壳龟（*Cuora serrata*）、周氏闭壳龟（*Cuora zhoui*）、缅甸陆龟（*Indotestudo elongata*）、斑鳖（*Refetus swinhoei*）、桓仁滑蜥（*Scincella huanrenensis*）、井冈山脊蛇（*Achalinus jinggangensis*）；在《保护名录》（二级）中，有江豚（*Neophocaena phocaenoides*）、穿山甲（*Manis pentadactyla*）、长嘴兀鹫（*Gyps indicus*）、黑兀鹫（*Sarcogyps calvus*）、黑嘴端凤头燕鸥（*Thalasseus bernsteini*）、三线闭壳龟（*Cuora trifasciata*）、云南闭壳龟（*Cuora yunnanensis*）、玳瑁（*Eretmochelys imbricata*）、大鲵（*Andrias davidianus*）、镇海棘螈（*Echinotriton chinhaiensis*）等10种被列为极危，应当给予更多的保护关注。

图3.11　从极大种群被吃到极危的黄胸鹀（摄影/邓郁）

由于IUCN种群状况评估是基于物种的全球种群得出的，其中国种群状况可能并不似全球状况那般乐观——如在实际的保护工作当中，欧亚水獭（*Lutra lutra*，VU，《保护名录》（二级））（图3.12）、栗斑腹鹀（*Emberiza jankowskii*，EN，《三有名录》）也能够受到保护级别偏低所带来的负面影响。

3. 名录未能依照物种实际情况进行增补

（1）对新近发现、报道的类群没有及时进行增补。

这一问题具体表现在两个方面：一方面，名录没有对前面提到的因分类调整而出现的物种进行及时囊括，如前面提到的远东山雀、苍背山雀、青藏喜鹊等；另一方面，在近年的科学研究、野外调查和公民科学的持续推动下，许多栖息地较为隐秘且局限、特征并不明显的物种被频繁发现，尤以小型哺乳动物及两栖类、爬行类居多。

图3.12　欧亚水獭（来源/山水自然保护中心）

　　例如，仅2019年在国内即有以下11个新脊椎动物物种被报道：
1月在浙江省发现的橙脊瘰螈（*Paramesotriton aurantius*），2月在
云南发现的腾冲齿突蟾（*Scutiger tengchongensis*），4月在云南发
现的盈江竹叶青蛇（*Trimeresurus yingjiangensis*），4月在广西发现
的上思掌突蟾（*Leptobrachella shangsiensis*），7月在贵州发现的
毕节掌突蟾（*Leptobrachella bijie*）和紫腹掌突蟾（*Leptobrachella
purpuraventra*），7月在云南发现的高黎贡比氏鼯鼠（*Biswamoyopterus
gaoligongensis*）（图3.13），9月在西藏发现的隆子棘蛙（*Nanorana
zhaoermii*），9月在云南发现的王氏林猬（*Mesechinus wangi*），12月在
海南发现的中华睑虎（*Goniurosaurus sinensis*），以及12月在四川发现
的山地龙蜥（*Diploderma swild*）等。

　　（2）某些对社会影响较大的关键类群并未得到全覆盖。

　　例如，在《保护名录》《三有名录》所保护的1811种野生动物当
中，我国130余种蝙蝠和5种旱獭（图3.14）未见有任一种上榜，而
这两个类群正是2003年SARS和2019年的鼠疫及冠状病毒的主要携带
者。因此，出于对公共安全等因素的考量，或许应当将这些在野外易

于捕捉且常被捕捉、携有或可能携有对人、家畜、家禽等可能致病甚至致命的病原体的动物划入保护名录，从而减少其对人的危害。

图3.13　高黎贡比氏鼯鼠（来源/嘉道理农场暨植物园）

图3.14　喜马拉雅旱獭（摄影/韩雪松）

（3）对尚处于《保护名录》之外，但种群状况不容乐观的野生动物没有及时增补。

在各种名录发布之后，许多物种因为各种原因已被《IUCN红色名录》列为极危，但由于《保护名录》《三有名录》没有进行及时增补，导致其仍处于不受保护的状况。例如，鸟类中的白腹鹭（*Ardea insignis*）和近年来重新发现的贺兰山鼠兔（*Ochotona argentata*）、伊犁鼠兔（*Ochotona iliensis*）（图3.15）等[①]。

图3.15　伊犁鼠兔（摄影/李维东）

4. 国家级名录同省级名录覆盖有所重叠，管理混乱

《野生动物保护法》第二章第十条规定：地方重点保护野生动物，是指国家重点保护野生动物以外，由省、自治区、直辖市重点保护的野生动物。地方重点保护野生动物名录，由省、自治区、直辖市人民政府组织科学评估后制定、调整并公布。

在对《保护名录》《三有名录》进行整理时，我们也对国内省级重点保护野生动物名录进行了梳理，结果发现：在国内31个省区市中，有30个相继发布了本省的重点保护野生动物名录，其中保护对象最少者为27种（新疆），最多者为362种（天津），西藏未见有区级重点保护野生动物名录发布（图3.16）。

---

① 在2021年颁布的《国家重点保护野生动物名录》已将这三种动物纳入保护范围。

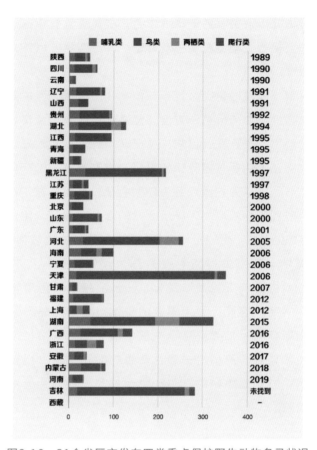

图3.16 31个省区市发布四类重点保护野生动物名录状况

前面提到的见于《保护名录》和《三有名录》中的问题同样也出现在各省级保护名录当中。此外，按《野生动物保护法》的规定，地方重点保护野生动物应为"国家重点保护野生动物以外，由省、自治区、直辖市重点保护的野生动物"，但就实际情况来看，显然二者有着较大程度的重叠——在省级保护名录总计1478个条目的保护对象当中，有近九成同《保护名录》《三有名录》重叠。

对于一个物种是否列入《保护名录》，涉及范围颇广，涵盖政策制定、科研开展、保护工作的实施、执法司法以及公众的科普教育等方方面面。因此，以上提到的由分类调整导致的在录物种识别困难、对在录物种没有依受威胁情况进行级别提升、没有及时按照实际情况对名录进行增补以及国家名录同地方名录覆盖面重叠等在很大程度上限制了中国当前野生动物的保护及管理，并给实地的执法过程带来诸多不便与困难。

因此，建议应及时调整、更新与增补《国家重点保护野生动物名录》。除此之外，为降低执法难度，提高保护成效，建议以《国家保护一般野生动物名录》取代目前的《三有动物》以及地方重点保护名录，把之前不在上述名录内的诸如蝙蝠、旱獭等"三无"物种也纳入其中，使之与《国家保护重点野生动物名录》互相补充，打破目前三类保护名录对我国野生动物保护所造成的混乱和限制，将保护的范围扩大到所有野生动物，形成全面清晰的野生动物保护管理体系。

因分类学的不断发展所导致的分类频繁调整以及不同时期下各物种实际受威胁情况的不断变化，一份名录很难随时与具体的保护需求无缝对接。因此，更为重要的是跳出名录之外，设立及时有效的名录更新程序，加强野生动物保护的立法、执法以及普法的力度，加强执法监督、严厉打击野生动物的非法交易，扭转社会中吃野味的陋习，方能给中国的野生动物保护和人民公共卫生安全以最可信赖的保障。

《国家重点保护野生动物名录》所列物种命名变化及其对野生生物保护的影响[①]

平晓鸽   曾   岩

《保护名录》由《野生动物保护法》规定设立，由国务院野生动物保护主管部门组织科学评估后制定，报国务院批准公布，是我国野生动物保护工作的重要依据。《保护名录》1989年1月14日发布，仅在2003年2月21日进行过一次调整，将"麝（所有种）"由国家二级保护野生动物提升为国家一级保护野生动物。

---

① 　本文原载于《中国科学：生命科学》2020年第1期，稍作修改，注释已省略。

《保护名录》在列入物种时，经过专家认真讨论和评审，根据物种的受威胁程度、稀有珍贵程度和经济生态价值等多个因素，将其确定为国家一级或二级重点保护野生动物。是否列入《保护名录》，直接影响物种的研究投入、保护政策、管理实践、执法司法和公众教育，包括物种保护项目的设置与投入、自然保护区建立或升级、国家公园规划、重要栖息地划定、打击盗猎和非法贸易、相关案件的认定和判罚，以及公众环境意识和科学普及宣传等。截至2016年10月，全国已经建立各类自然保护区2740个，89%的国家重点保护野生动植物得到了就地保护。部分被列为国家一级保护野生动物的物种，如大熊猫（*Ailuropoda melanoleuca*）、藏羚（*Pantholops hodgsonii*）、普氏原羚（*Procapra przewalskii*）和朱鹮（*Nipponia nippon*）等，随着保护项目的开展和保护经费的投入，其保护生物学研究持续深入，种群和栖息地逐渐恢复，受威胁状况显著降低；但一些动物的保护态势依然紧迫，部分被列为国家二级保护野生动物的物种，如穿山甲（*Manis pentadactyla*）和窄脊江豚（*Neophocaena asiaeorientalis*）等，以及部分未被列入《保护名录》的物种，如青头潜鸭（*Aythya baeri*）和勺嘴鹬（*Calidris pygmeus*）等，种群数量持续下降，已极度濒危。

《保护名录》由三列、四项组成：第一列是中文名、第二列为学名、第三列细分为一级和二级两项，规定了所列物种的保护级别。《保护名录》根据物种系统发育关系将所列名称以"纲"归总，以"目""科""属"和"种"的形式分层呈现。被确定为国家重点保护野生动物的条目共255条，其中列为一级的共101条、二级的155条，原二级中的"麝（所有种）"于2003年升级为一级；这些条目中，222条是以种的形式列入、19条以整属形式列入、6条以整科形式列入、3条以整目形式列入、5条的学名显示为亚种。

物种是保护名录的基本单元，是生物多样性组成、研究和评估的基础，是保护和管理的主要目标。物种编目是保护目标确立的基石，也是了解保护单元变化的重要依据。《保护名录》发布时，未提及其采用的编目系统及分类命名的参考依据，28条以整属、整科和整目列入的，无法明确其包含哪些物种。此外，也没有解释将如何应对动物分类命名和物种名称的变化。30年来，生物学领域对《保护名录》所收录的物种及其分类的广泛共识发生了较大变化，物种分类和名称的变化也带来了一系列保护实践的问题。

本文梳理了1989年《保护名录》发布前后，科学文献中所记载的相关动物类群的物种信息和编目系统，及当下主流的物种编目系统，汇总了《保护名录》所列物种命名和分类变化，分析了《保护名录》的编目形式对动物保护实践的影响，列举了《保护名录》使用中遇到的一系列问题，并针对这些影响和问题提出了建议，以期为未来的物种保护实践提供科学参考。

一、编目系统的梳理

几十年来，生物学研究的方法和技术发生了很大变化，特别是分子生物学技术的发展，为生物多样性、分类学和系统进化研究提供了全新的手段。此外，随着卫星遥感、野外摄影、红外相机、录音和声谱分析等技术的进步，不断有新的物种或新记录被发现。同时，对过去的一些结论和认识也在不断修订，物种编目系统也在不断更新。

《保护名录》1989年发布时没有说明参考的分类和命名文献。但在学术界，对一些特定类群，一些动物编目系统是被广泛采纳的。本团队查阅了大量资料和说明，选择和汇总了1989年前后的特定编目文献，形成"编目文献系统（旧版）"作为物种名单的命名参考。《保护名录》收录的鸟类名称参照《中国鸟类分布名录》《中国鸟类区系纲要》（*A Synopsis of the Avifauna of China*）和谭耀匡在《野生动物》上对鸟类名录的梳理；兽类名称方面，在核对了郑昌琳的《中国兽类之种数》、夏武平等的《中国动物图谱：兽类（第二版）》、谭邦杰的《哺乳动物分类名录》和其他相关文献后，决定选取王玉玺和张淑云整理的《中国兽类分布名录》（1~4）作为编目的参考，在《保护名录》发布前后，这四篇系列文章的编目与《保护名录》一致性较高。红珊瑚属（*Corallium*）参照邹仁林《红珊瑚》。彩臂金龟属（*Cheirotonus*）相关研究很少，目前学界认为，我国分布有7个种，其中两个种是1989年之后新发现和命名的。本文认为，《保护名录》发布时，彩臂金龟属应包括5个种，其他以单种形式列入的，本文以《保护名录》发布时的中文名和学名为准。

各编目系统一直存在一定分歧，随着近年各类群研究发展，其变化更快。比如，2011年出版的《中国鸟类分类与分布名录（第二版）》与2017年出版的《中国鸟类分类与分布名录（第三版）》在分类系统上存在一定差异，本文选取第三版作为当下的鸟类编目参考。与之类似的，中国兽类编目参照《中国哺乳动物多样性（第2版）》；两栖爬行动物和淡水鱼参照《中国脊椎动物红色名录》；海洋动物参照《中国海洋生物名录》，其他未收录的鱼类参照《拉汉世界鱼类系统名典》；红珊瑚参照《台湾常见经济性水产动植物图鉴》；鳞翅目凤蝶科参照《中国动物志》，昆虫其他类群参照《中国珍稀昆虫图鉴》。佛耳丽蚌（*Lamprotula mansuyi*）所属亚科有多个争论，但在科级水平无争议，其学名参照《保护名录》发布时的学名。彩臂金龟属所有种的名称参照易传辉等人的梳理。前述文献汇总后成为"编目文献系统（新版）"作为物种名单的命名参考。

本文无意探讨或评估各编目文献处理特定类群分类学分歧的合理性，而是参照已发表、具有一定共识性的科学依据，以突显分类编目间的差异和影响。

二、分类阶元的变化

30年来，随着生物技术的发展，形态学依据与分子依据相结合，动物的分类系统较过去更为科学和合理。根据本文所采纳的编目文献系统，《保护名录》收录物种的系统发育，包括"纲""目""科"和"属"与过去都有所差异。其中"纲"和"科"级水平相对较为稳定，只有鱼纲（PISCES）、文昌鱼纲（APPENDICULARIA）和瓣鳃纲（LAMELLIBRANCHIA）存在差异，瓣鳃纲成为双壳纲（BIVALVIA）的同物异名。"科"级水平的变化，部分是属提升为科，如长臂猿科（Hylobatidae）和鹗科（Pandionidae）；或科拆分为新的科，如地龟科（Geoemydidae）和殖翼柱头虫科（Ptychoderidae）；部分科被合并，如松鸡科（Tetraonidae）并入雉科（Phasianidae）；还有9个科的中文名称存在差异，如鳁鲸科（Balaenopteridae）改为须鲸科等。

　　不同编目文献对《保护名录》部分收录物种的"目"和"属"级归类存在一定分歧。如鳍足目（PINNIPEDIA）和食肉目（CARNIVORA）曾被认为是亲缘关系较近的两个目，后来研究表明，鳍足目应归入食肉目。鲸目（CETACEA）和偶蹄目（ARTIODACTYLA）曾被全部并入鲸偶蹄目（CETARTIODACTYLA），但这一分类系统在学术界仍存在争议，目前普遍接受的分类系统中，鲸偶蹄类被列为总目级。在鸟类中，新编目文献系统新增了鲣鸟目（SULIFORMES）等7个目，删除了鸥形目（LARIFORMES）等3个目。爬行动物当中，蜥蜴目（LACERTIFOMES）和蛇目（SERPENTIFORMES）合并至有鳞目（SQUAMATA）。本文所采纳的编目文献系统（新版）不认可柳珊瑚目（GORGONACEA）、异柱目（ANISOMYARIA）、真瓣鳃目（EULAMELLIBRANCHIA）和四鳃目（TETRABRANCHIA）。动物分类阶元中"属"级变化多是由于分子生物学技术的发展和认知的扩展，过去的属被拆分为新属，这也是各编目系统物种学名差异的最主要原因，如红珊瑚属拆分为红珊瑚属、半红珊瑚属（*Hemicorallium*）和侧红珊瑚属（*Pleurocorallium*），《保护名录》中原本所列的红珊瑚属所有种，在新的编目文献系统中被分列在红珊瑚属、半红珊瑚属和侧红珊瑚属。另外，部分亚种在新的编目文献系统中被认为是有效种，如滇池金线鲃（*Sinocyclocheilus grahami*）、秦岭细鳞鲑（*Brachymystax tsinlingensis*）和海南兔（*Lepus hainanus*）。

　　《保护名录》中蝾螈科（Salamandridae）物种的编目差异具有一定代表性。《保护名录》将5个疣螈属（*Tylototriton*）物种列为国家二级保护动物，本文所参考的新版编目文献系统，将这5个物种归入棘螈属（*Echinotriton*）、凉螈属（*Liangshantriton*）、疣螈属和瑶螈属（*Yaotriton*）。值得一提的是，CITES将镇海棘螈（*E. chinhaiensis*）、高山棘螈（*E. maxiquadratus*）及疣螈属所有种列入附录Ⅱ。该公约参照美国自然历史博物馆所维护的世界两栖动物物种（Amphibian species of the world）并以其分类作为法定标准命名文献解释两栖动物的物种列入，该编目系统将瑶螈属和凉螈属作为疣螈属的同物异名。根据《野生动物保护法》第35条，CITES公约附录所列动物经国务院动物保护主管部门核准，可按照国家重点保护的野生动物管理，这也引出了各法定名录采纳特定编目系统之间的协调问题。

三、物种数量的变化

　　由于生物技术的发展和调查研究手段的拓展，在《保护名录》基本固定的状况下，30年来，其收录的物种数量有较大变化。《保护名录》收录的物种数，由1989年前后的423种增加到492种。其中，哺乳类和鸟类分别由128种和225种增加到158种和247种，两栖类由7种增加到17种，红珊瑚由3种增加到7种，彩臂金龟属由5种增加到7种，文昌鱼（*Branchiotoma belcheri*）由1种增加到2种。国家一级保护野生动物由116种增加到134种，国家二级保护野生动物由307种增加到358种。

　　《保护名录》中以类群列入的条目，其所包含的物种数量在不同编目系统中存在差异（表3.1）。

表3.1　《保护名录》中以类群列入的物种数变化

类群	物种数	
	编目文献系统（旧）	编目文献系统（新）
哺乳纲 MAMMALIA		
蜂猴（所有种）*Nycticebus* spp.	2	2
叶猴（所有种）*Presbytis* spp.	4	7
金丝猴（所有种）*Rhinopithecus* spp.	3	4
长臂猿（所有种）*Hylobates* spp.	4	8
水獭（所有种）*Lutra* spp.	3	3
鳍足目（所有种）PINNIPEDIA*	5	0
其他鲸类（Cetacea）	29	36
麝（所有种）*Moschus* spp.	5	6
鸟纲 AVES		
鹈鹕（所有种）*Pelecanus* spp.	2	3
鲣鸟（所有种）*Sula* spp.	2	3
天鹅（所有种）*Cygnus* spp.	3	3
其他鹰类 Accipitridae	40	48
隼科（所有种）Falconidae	12	12
雪鸡（所有种）*Tetraogallus* spp.	2	3
虹雉（所有种）*Lophophorus* spp.	3	3
锦鸡（所有种）*Chrysolophus* spp.	2	2
鸨（所有种）*Otis* spp.	3	3
绿鸠（所有种）*Treron* spp.	8	8
皇鸠（所有种）*Ducula* spp.	2	2
鹃鸠（所有种）*Macropygia* spp.	3	3
鹦鹉科（所有种）Psittacidae	7	9
鸦鹃（所有种）*Centropus* spp.	2	2
鸮形目（所有种）STRIGIFORMES	27	32
犀鸟科（所有种）Bucerotidae	4	5
阔嘴鸟科（所有种）Eurylaimidae	2	2
八色鸫科（所有种）Pittidae	8	8
珊瑚纲 ANTHOZOA		
红珊瑚*Corallium* spp.	3	7
昆虫纲 INSECTA		
彩臂金龟（所有种）*Cheirotonus* spp.	5	7

注：*新编目系统将其归入食肉目海狮科和海豹科，物种数无变化。

　　物种数量增加有三个原因：首先，新旧编目系统基于不同的物种概念界定物种，而生物技术的发展提供了更多的数量化性状，支持将亚种提升为种或隐存种，如4种长臂猿拆分成3属8个种，盘羊（*Ovis ammon*）拆成了7个种，5种疣猴拆成4属15种；其次，随着调查研究的深入和红外相机等辅助手段的发展，不断有新物种被发现，如缅甸金丝猴（*Rhinopithecus strykeri*）等8种；最后，许多边缘分布或迁徙动物，如鸟类和鲸类等物种的新记录不断被发现，包括小虎鲸（*Feresa attenuata*）等18种。

另有部分物种被新编目系统认为是无效种或者在中国无分布。阿尔泰隼（*Falco altaicus*）被认为是猎隼（*F. cherrug*）的亚种；长尾鹦鹉（*Psittacula longicauda*）郑作新1987年收录时即存疑，由于中国无分布，之后的《保护名录》将其删去。海洋鲸豚类的分类系统长期悬而未决，在不同编目文献中存在较大争议。本文参考的编目系统认为，热带真海豚（*Delphinus tropicalis*）是无效种；拆分合并后的铅海豚（*Sousa plumbea*）在中国无分布，原海豚属（*Stenella*）内物种认定也参考相关文献做了调整。安徽麝（*Moschus anhuiensis*）的分类地位仍存在争议，不同的编目系统收录情况不同，本文参照《中国哺乳动物多样性（第2版）》，将其收录在内。

四、物种名称的变化

根据《国际动物命名法规》的要求，物种的科学名称应有唯一性。但不同的研究人员和分类系统，对有效名和异名的指定不同。很多时候，很难确保物种具有唯一正确、相对稳定且广泛使用的科学名称。此外《保护名录》作为管理和执法的法律依据，其所列动物的中文名，在解释优先级上与学名相当，在实践中的使用频率远高于学名。

与30年前相比，《保护名录》中87个物种的中文名和84个物种的学名在新的编目文献系统有所变化。属级拆分和种拆分影响了物种的中文名和学名，如波斑鸨的学名由*Otis undulata*改为*Chlamydotis macqueenii*，豚尾猴（*Macaca nemestrina*）改为北豚尾猴（*M. leonina*），黑长臂猿（*Hylobates concolor*）拆分为西黑冠长臂猿（*Nomascus concolor*）和东黑冠长臂猿（*N. nasutus*），几种叶猴（*Presbytis*）和长臂猿（*Hylobates*）的学名采用不同属名。马鹿复合群在不同分类文献中拆分方式不同。新编目系统认为，欧亚马鹿（*Cervus elaphus*）在中国没有分布，而塔里木马鹿从亚种升为种后成为中文名马鹿的指名种，因此将马鹿的学名改为 *C. yarkandensis*。同时《保护名录》中的白臀鹿（*C. e. macneilli*）目前被归入西藏马鹿（*C. wallichii*）的3个亚种之一，应为 *C. w. macneilli*。物种拆分后，中国分布的花田鸡应为 *Coturnicops exquisitus*，*C. noveboracensis* 与其亲缘关系较近，也曾被认为是其同种，但后者只分布在美洲。

部分物种的学名拼写则根据拉丁语和物种命名规则做出修正或修订拼写错误，如编目文献系统（新版）将岩雷鸟的学名由 *Lagopus mutus* 改为 *L. muta*；藏羚更正为 *Pantholops hodgsonii*；小苇鳽更正为 *Ixobrychus minutus*；四爪陆龟更正为 *Testudo horsfieldii*；儒艮更正为 *Dugong dugon*；文昌鱼更正为 *Branchiostoma belcheri*；宽纹北箭蜓更正为 *Ophiogomphus spinicornis*；硕步甲更正为 *Carabus (Apotomopterus) davidi*。《保护名录》发布时，库氏砗磲用的学名 *Tridacna cookiana* 并非正确名，其名称应在 *T. gigas* 或 *Dinodacna cookiana* 中选取，目前编目系统采用 *T. gigas*。部分中文名差异源于不同作者的拟名偏好，如哺乳动物中的小蜂猴（*Nycticebus pygmaeus*）在新编目系统中被称为倭蜂猴，法氏叶猴（*Presbytis phayrei*）在新编目系统中被称为菲氏叶猴（*Trachypithecus phayrei*）等。

五、物种分类命名差异对保护目标的影响

《保护名录》在实践中需要落实到真实的动物类群，但是如何用物种名称来描述生物群体的客观存在，其概念基础在不断演化。不同分类学家对不同类群如何划分种有不同的认识，导致出现了多达26个，甚至68个物种概念。物种概念的变化影响物种分类命名，而分类命名的变化对于保护目标的确立具有直接影响。正确定义和划分物种，划定科学合理的保护单元，才能避免保护目标的偏离。生物分类学变化对物种保护的影响曾引起国际社会的广泛争论。编目系统、分类系统和物种名称的变化都会影响保护和管理目标的确定，造成保护目标的

偏离，甚至有害于相关物种的存活。

1. 名称一致性对物种保护地位的影响

《保护名录》颁布时，未指明参照依据是中文名还是学名，或是两者相结合，学术界一般参照学名，但其他使用者包括管理者和执法者更习惯使用中文名。《保护名录》颁布至今，423个物种当中，有147个物种的中文名或者学名发生了变化，24个物种的中文名和学名都发生了变化。因为缺乏明确的说明或解释，这些名称发生变化的物种，是否按照保护物种来管理和执法一直存在疑问。不同学者在不同的编目系统中可能使用不同的中文名，使得这一问题更加复杂。如果参照中文名，《保护名录》中列入的是中华虎凤蝶，但学名*Luehdorfia chinensis huashanensis*显示只有中华虎凤蝶华山亚种被列入。三尾褐凤蝶（*Bhutanitis thaidina dongchuanensis*）也类似，中文名和学名对应不一致使得管理部门，尤其是其他亚种所在地方的管理部门对该物种是否受保护存在理解差异。

《保护名录》发布时，未指明物种名称发生变化时该如何处理。如亚洲巨型淡水鳖曾被认为是单种，即《保护名录》所列的鼋（*Pelochelys bibroni*）。1994年，《中国动物志》建议中国鼋拆分为鼋（*P. cantorii*）和斑鼋（*P. maculatus*）两个种，其中斑鼋的形态描述与1988年Meylan和Webb确认的有效种斯氏鳖（*Rafetus swinhoei*）一致，但《中国动物志》认为，斯氏鳖是未找到活体标本的另一独立物种。1998年，《中国濒危动物红皮书：两栖类和爬行类》认为，斑鼋和斑鳖（即斯氏鳖）是两个独立的种，并建议将斑鳖及时列入《保护名录》。2009年，中国学者普遍承认斑鼋为斑鳖的同物异名。理论上，《保护名录》发布时，被当作"鼋"列为国家一级保护野生动物的斑鳖应受到保护。但随着该动物类群中文名和学名的确认，其反而丧失了国家一级保护野生动物的地位，错失了国家保护的投入。直至2019年春天，最后一只已知的雌性斑鳖在人工繁育操作实验中不慎死亡，该物种面临灭绝的风险。另外，豚尾猴和细嘴松鸡（*Tetrao parvirostirs*）等11个以单种列入的物种的中文名和学名都发生了变化，这些物种是否仍列入《保护名录》，不同的管理者可能会有不同的理解，从而造成执行上的混乱。

2. 新增物种的保护地位

有学者认为，《保护名录》中不包括新发现的或者亚种提升为种的物种，并依此提出了应被包含在《保护名录》中的物种名单。但既然以整目、整科或整属列入类群，新增物种，无论是拆分种、新发现种还是新记录种，都应自动获得保护地位，包括鹦形目、鸮形目、鹰形目、叶猴属、金丝猴属、红珊瑚属和彩臂金龟属等，如拆分的红脚隼（*Falco amurensis*）和西红脚隼（*F. vespertinus*）等。那么，以单种列入的物种，其亚种提升为种之后，同样理应自动获得应有的保护地位。但没有明确的法律规定，因此造成了执行上的混乱。

广泛认可的、分布广泛的物种可能不会受到太大影响，但新被承认的物种通常来说分布狭窄，受到的威胁更大。被保护单元在拆种后的错误认定可能危害濒危物种的保护。如东方白鹳（*Ciconia boyciana*）是从白鹳东方亚种（*C. ciconia boyciana*）提升为种，1975年即被列入CITES附录 I，有许多研究人员认为，其应与白鹳同列为国家一级保护野生动物。2000年，《三有名录》收录了东方白鹳，一些相关违法案件的判罚也存在争议。

《保护名录》颁布时，将疣螈属所有已知的物种以单种的形式列入，但随着调查手段的改进和认知的扩展，疣螈属先是拆分为疣螈属和棘螈属，改名后的镇海棘螈依然得到保护项目和执法的投入，但在疣螈属随后的拆分中，很多种就不被认为应受保护。类似地，《保护名录》颁布时中国已知的灵长类全部被收录，包括以单种形式列入的猕猴（*Macaca mulatta*）等和以整属形式列入的金丝猴属、叶猴属和长臂猿属等。叶猴属以整属的形式列入，但随着生物学发展，叶猴属被拆分为*Semnopithecus*、*Trachypithecus*和*Presbtis*三个属，拆分后的*Presbtis*在中国无分布，而有分布的*Semnopithecus*和*Trachypithecus*在中国是否有明确的保护地位仍存疑，这给相关案件的执法带来了一定困难。新发现的物种或中国的新记录，如白颊猕猴（*Macaca leucogenys*）和达旺猴（*Macaca munzala*），则没有明确的法律地位，也造成了保护目标的缺失。

3. 亚种区分困难和部分类群重复列入

执法或者管理单元的确定，要考虑物种鉴定的困难和可操作性。《保护名录》颁布时，将部分亚种列入，包括海南兔（*L. peguensis hainanus*）、秦岭细鳞鲑（*B. lenok tsinlingensis*）、金线鲃（*S. g. grahami*）、三尾褐凤蝶和中华虎凤蝶等。这些物种存在中文名和学名对应不一致的情况，同时，分布在特定地区的亚种很难与其他亚种相区分。典型的是分布较广的中华虎凤蝶，《保护名录》列出其华山亚种，但很多该亚种分布地之外的地区都认定其中华虎凤蝶种群也受保护。而涉及野生动物相关案件审理时，因无法确定盗猎走私标本的来源地，单纯根据标本很难鉴定到亚种，给野生动物执法带来极大困难。

此外，彩臂金龟属所有种1989年已经全部列为国家二级重点保护野生动物，但在2000年公布的《三有名录》中又被重复列入。未来相关名录出台时，应尽可能避免将物种列入两个不同的名录进行管理。

六、建议

一些学者讨论了中国重点保护物种名录的列入原则和标准，及《保护名录》分类命名变化所带来的影响。类似的问题在其他国家或者国际公约中也常出现，但都有相应的解决办法。如2001年苏门答腊猩猩（*Pongo abelii*）从猩猩（*P. pygmaeus*）中拆分为独立物种，美国鱼类及野生动植物管理局（United States Fish and Wildlife Service，USFWS）2018年以公告的形式，将苏门答腊猩猩纳入保护和管理名单。CITES将约36000种动植物列入公约附录，每2～3年会在公约缔约方大会修订物种附录，审议和更新所采纳的标准命名文献，解释附录所列物种具体的保护和管理目标，并采取通知的方式，将受到分类命名变化影响的、亟须得到保护的新物种纳入附录。

随着我国野生动物研究的深入、生物多样性调查和国家项目的实施，目前《保护名录》收录的动物分类命名相对明确，国内广泛接受的编目系统大都和国际上广为接受的编目系统相一致，在传统分类系统的基础上，结合分子进化研究的结果，更加科学和客观。

在过去的生物编目专著的基础上，越来越多的物种编目数据库开始被广泛使用。

但是各分类系统和编目文献之间依然存在分歧。考虑到《保护名录》在野生动物保护和管理上的重要性，以及未来可能会更多地和国际生物多样性保护接轨，需要采用共识度高、与全球其他保护名录或公约附录可相互衔接且能及时反映全球和中国动物科学研究的变动和主流趋势的物种编目系统。

鉴于《保护名录》因编目系统分类命名差异而导致的诸多问题，本文对未来《保护名录》的设定、发布和使用有如下建议。

针对各研究和编目文献的分歧，《保护名录》在发布时，应明确所参考的分类命名文献，并就不同编目文献系统，在分类阶元归并和命名上的差异予以澄清，以确认《保护名录》的实际保护目标。

在选择和确认分类命名文献、编目文献系统或《保护名录》列出物种名单时，应考虑分类命名与国际生物多样性调查和保护趋势相一致，应反映全球和中国动物科学研究的主流，尽量确保《保护名录》与国际公约附录相协调。

本着"最有利于动物保护"的预防性原则，如果整属或整科物种鉴定困难，且都面临种群数量小、亟须保护等问题，则尽可能以整属或整科的形式列入，避免未来物种分类或命名发生变化，有新种出现时，新种无法及时有效地获得法律地位。

对于一些昆虫和鱼类，一般执法人员和非本类群专家鉴定到属级已经不易，鉴定到种难度更高，除我国特有亚种外，应尽可能避免列入种下分类单元。如果根据实际情况，必须将种以下分类单元分别列在不同保护等级或有不列入名录的情况时，应给出明确的科学文献、分类命名依据和鉴定指南，以作为未来管理和执法的依据。

在应对动物科学研究变动方面，《保护名录》发布时，应就物种的拆分、亚种提升、新种发现或中国新记录等情况，给出如何处理的建议，以便未来的使用者有明确的依据可循。此外应指明以中文名、学名还是两者结合为准，如果中文名或学名出现分歧和变化应该如何对待。考虑到科学研究的不断推进及学名的变化，应尽可能保证中文名的稳定，方便物种的保护和管理。

为评估编目文献系统的共识度、与全球其他保护名录或公约附录相衔接，及时反映全球和中国动物科学研究的变动和主流趋势，需建立专门专业的科学研究团队，对《保护名录》中所包含物种在各编目文献中的分类命名进行跟踪和梳理。

另外，可参考CITES对附录所列动植物种建立的标准命名机制，根据科学进展，梳理并采纳法定标准命名文献，建立和更新专门的编目系统，发布和维护法定的物种数据库，如物种在线名单（CITES Checklists），枚举相关物种的科学研究文献、同物异名、分布地信息和鉴定要点等，供保护者和管理者查询使用。同时，加强对《保护名录》物种的调查监测、科学研究和科学评估，根据《野生动物保护法》的要求，及时修订《保护名录》及其命名文献。

三有动物：从未存在过的伪命题

王　放

2020年春节期间，十九位院士和学者联名呼吁，发出"从源头把控野生动物贸易"的倡议。紧跟着的2月10日，全国人大法工委明确表示将修订《野生动物保护法》增加至当年的立法工作计划。这里希望讨论的，是一个具体但又重要的问题——《野生动物保护法》第二条，法律的适用范围。

对于一部法律，最重要的内容之一是适用范围的规定。而关于原《野生动物保护法》的适用范围，是这样定义的：本法规定保护的野生动物，是指珍贵、濒危的陆生、水生野生动物和有重要生态、科学、社会价值的陆生野生动物。

对《野生动物保护法》第二条有关适用对象的简单解读是，前半部分指的是国家重点保护动物和省级重点保护动物，而后半部分"有重要生态、科学、社会价值的陆生野生动物"，则把法律的适用对象，扩大到人们习惯提到的"三有动物"。

本文主要基于一个依据——《野生动物保护法》的核心目标是"维护生物多样性和生态平衡，推进生态文明建设"，提出以下三个观点：

（1）任何物种都具有不可忽视的价值，人为判定物种重要性无可避免地引起偏差；

（2）《三有名录》具阶段性意义，然而如今在科学上不合理，在操作上不可行；

（3）"三有动物"的概念应取消，修法后应适用于重点保护动物和一般野生动物，以及它们赖以生存的栖息地。

一、生态价值和社会价值如何衡量？谁来衡量？

《三有名录》之中，人为认定一些物种具有重要的生态、科学和社会价值。换言之，没有被《三有名录》包括、也不属于国家级和省级保护动物的其他野生动物，则不具备重要价值。这样的价值判断从科学上并不成立，从执行上则充满了教训。

认定一个物种不具有价值，而后遭受惨痛教训的案例，在人类历史上曾经反复出现。150年前，人们对于美洲草原上的草原犬鼠的评估是"大约有500亿只"。这种动物可以挖掘地下城堡一样的庞大洞穴，并且演化过程中形成了复杂的语言体系，可用不同的单词识别捕猎者——包括人类、鹰、北美狼与猎狗，并且能够使用诸如"红色""大只"这样的形容词和副词，用来描述入侵者的大小、数量和颜色。

但在牧场主的眼里，这仅仅是一种会和牛羊争夺牧草的"无价值"生物。加之人们对鼠疫的厌恶和恐惧，从20世纪40年代末开始，人们开始大规模灭杀草原犬鼠。一些区域超过98%的草原犬鼠个体被灭杀。

灭杀之后，"无价值"草原犬鼠的作用才充分显示出来。没有它们对牧草的第一遍啃食，牛羊没有办法吃到富含营养的精华部分，畜牧业衰退。在挖洞过程中草原犬鼠会把地下的土壤翻上地表，增强了土壤的透气性和排水性，养育出更好的草原供给家畜、美洲野牛和叉角羚。它们建设的地下宫殿是大量草原物种的栖息地，从响尾蛇到黑足鼬，有草原犬鼠的地方生物多样性和生态系统安全都要显著高于它们被灭杀的草原。

生态学中有一个概念叫作关键物种，指的就是一些看起来不重要也不濒危，但是对于生态系统极其关键的物种，而草原犬鼠就是最好的例子。同样的例子在中国有很多，比如鼠兔。

属于兔形目鼠兔科的鼠兔维持着辽阔中国草原生态系统的健康，却既不是保护动物，也没有被列在《三有名录》上。一直以来，各种鼠兔都被认为是无价值的有害生物，会在过度放牧的草场内挖掘地洞引起荒漠化。而在长时间的灭杀之后人们才发现，鼠兔的存在会减少地面径流和洪灾的发生概率，对当地水文和土壤沙化都具有积极影响。

简单说，鼠兔喜欢退化的草场因而更愿意生活在那里，而不是它们造成了草场退化。正相反，它们会减缓草场退化的速度。

再比如新冠疫情风波中涉及的蝙蝠，就没有任何一种属于三有动物，但是对维持生态系统的平衡具有重要作用。如何管理、如何保护，竟然无法可依。

总之，生态系统具有复杂的结构，任何物种都可能具有不可忽视的重要价值。在我们对生态系统仍然缺乏足够了解的情况下，人为判定重要性等级可能引起巨大偏差。

因此，三有动物极有可能是个科学上的伪命题。

二、物种鉴定和实地操作如何执行？如何规范？

在生态学上，三有动物极有可能是个伪命题。而今天在实际操作过程中，三有动物的执行和规范上都存在困难。

"三有动物"这一概念的产生，来自由国务院野生动物行政主管部门于2000年5月在北京主持召开的专家论证会，会上制定了《国家保护的有益的或者有重要经济、科学研究价值的陆生野生动物名录》（即《三有名录》），于2000年8月1日以国家林业局令（第7号）发布实施。在野生动物保护工作还面临巨大困难的世纪之交，《三有名录》的产生，曾经帮助了大量不属于重点保护动物，但是又极度需要保护管理的物种，起到了巨大的积极的作用。

而在今天，随着保护管理格局改变之后，这一名录也暴露出在执行上的困难。

以两栖动物和爬行动物为例，这是一份涵盖了3目10科291种两栖动物和2目20科395种爬行动物的巨大的名单（图3.17）。即便是专业人员，面对着一个"多疣狭口蛙、大姬蛙、粗皮姬蛙、小弧斑姬蛙、合征姬蛙、饰纹姬蛙、花姬蛙、德力娟蛙、台湾娟蛙、西域湍蛙、崇安湍蛙、棘皮湍蛙、海南湍蛙、香港湍蛙、康定湍蛙、凉山湍蛙、理县湍蛙、棕点湍蛙、突吻湍蛙、四川湍蛙、勐养湍蛙、山湍蛙、华南湍蛙、小湍蛙、绿点湍蛙、武夷湍蛙、北小岩蛙、刘氏小岩蛙、网纹小岩蛙、西藏小岩蛙、高山倭蛙、倭蛙、腹斑倭蛙、尖舌浮蛙、圆舌浮蛙"这样的清单，再加上每个物种的个体差异和亚种，恐怕也还是会觉得超过了分类能力范围。

一个潜在的解决方案，是保护所有的蛙类，同时对于牛蛙这样的养殖场蛙类开放白名单。无论解决方案如何，实际操作中无论是林业人员、野生动物保护人员还是市场管理人员，都面临大量动物无法鉴定、执法不能的情况。

对于物种分类变化反馈不及时，也给《三有名录》带来了执行上的困难。例如，大山雀由于分类的变化调整为了大山雀、远东山雀和苍背山雀。然而因为《三有名录》没有及时调整，因此原本处于保护之中的大山雀所受到的保护范围就缩减，而远东山雀和苍背山雀则反而失去了《野生动物保护法》的保护。

新物种在不断发现，新亚种在不断增减，旧的分类系统在随时调整，人工繁殖的物种数量和门类在迅速变化。在这样的变化面前，更新间隔以十数年计的《三有名录》显得难以跟上迅速变化的保护管理需求。

有鳞目 Squamata

蜥蜴亚目 Lacertilia

壁虎科 Gekkonidae

29 隐耳漠虎 Alsophylax pipiens
30 新疆漠虎 Alsophylax przewalskii
31 蜴虎 Cosymbotus platyurus
32 长裸趾虎 Cyrtodactylus elongatus
33 卡西裸趾虎 Cyrtodactylus khasiensis
34 墨脱裸趾虎 Cyrtodactylus medogensis
35 灰裸趾虎 Cyrtodactylus russowii
36 西藏裸趾虎 Cyrtodactylus tibetanus
37 莎车裸趾虎 Cyrtodactylus yarkandensis
38 截趾虎 Gehyra mutilata
39 耳疣壁虎 Gekko auriverrucosus
40 中国壁虎 Gekko chinensis
41 铅山壁虎 Gekko hokouensis
42 多疣壁虎 Gekko japonicus
43 兰屿壁虎 Gekko kikuchii
44 海南壁虎 Gekko similignum
45 蹼趾壁虎 Gekko subpalmatus
46 无蹼壁虎 Gekko swinhonis

58 吐鲁番沙虎 Teratoscincus roborowskii
59 伊犁沙虎 Teratoscincus scincus
60 托克逊沙虎 Teratoscincus toksunicus

睑虎科 eublepharidae
61 睑虎 Goniurosaurus hainanensis
62 凭祥睑虎 Goniurosaurus luii

鬣蜥科 Agamidae
63 长鬣蜥 Acanthosaura armata
64 丽棘蜥 Acanthosaura lepidogester
65 短尾树蜥 Calotes brevipes
66 棕背树蜥 Calotes emma
67 绿背树蜥 Calotes jerdoni
68 蚌西树蜥 Calotes kakhienensis
69 西藏树蜥 Calotes kingdonwardi
70 墨脱树蜥 Calotes medogensis
71 细鳞树蜥 Calotes microlepis
72 白唇树蜥 Calotes mystaceus
73 变色树蜥 Calotes versicolor
74 裸耳飞蜥 Draco blanfordii
75 斑飞蜥 Draco maculatus
76 长肢攀蜥 Japalura and ersoniana
77 短肢攀蜥 Japalura brevipes
78 裸耳攀蜥 Japalura dymondi
79 草绿攀蜥 Japalura flaviceps
80 宜兰攀蜥 Japalura grahami
81 喜山攀蜥 Japalura kumaonensis

145 台湾草蜥 Takydromus formosanus
146 雪山草蜥 Takydromus hsuehshanensis
147 恒春草蜥 Takydromus sauteri
148 北草蜥 Takydromus septentrionalis
149 南草蜥 Takydromus sexlineatus
150 蓬莱草蜥 Takydromus stejnegeri
151 白条草蜥 Takydromus wolteri

石龙子科 Scincidae
152 阿赖山裂睑蜥 Asymblepharus alaicus
153 光蜥 Ateuchosaurus chinensis
154 岩岸岛蜥 Emoia atrocostiata
155 蚊纹石龙子 Eumeces capito
156 中国石龙子 Eumeces chinensis
157 蓝尾石龙子 Eumeces elegans
158 刘氏石龙子 Eumeces liui
159 崇安石龙子 Eumeces popei
160 四线石龙子 Eumeces quadrilineatus
161 大渡石龙子 Eumeces tunganus
162 长尾南蜥 Mabuya longicaudata
163 多棱南蜥 Mabuya multicariata
164 多线南蜥 Mabuya multifasciata
165 昆明滑蜥 Scincella barbouri
166 长肢滑蜥 Scincella doriae
167 台湾滑蜥 Scincella formosensis
168 喜山滑蜥 Scincella himalayana
169 桓仁滑蜥 Scincella huanrenensis
170 拉达克滑蜥 Scincella ladacensis

194 闪鳞蛇 Xenopeltis unicolor

盾尾蛇科 Uropeltidae
195 红尾筒蛇 Cylindrophis ruffus

蟒科 Boida
196 红沙蟒 Eryx miliaris
197 东疆沙蟒 Eryx orentalis – xinjiangensis
198 东方沙蟒 Eryx tataricus

游蛇科 Colubridae
199 青脊蛇 Achalinus ater
200 台湾脊蛇 Achalinus formosanus
201 海南脊蛇 Achalinus hainanus
202 井冈山脊蛇 Achalinus jinggangensis
203 美姑脊蛇 Achalinus meiguensis
204 阿里山脊蛇 Achalinus niger
205 棕脊蛇 Achalinus rufescens
206 黑脊蛇 Achalinus spinalis
207 绿蟒蛇 Ahaetulla presina
208 无颞鳞腹链蛇 Amphiesma atemporale
209 黑带腹链蛇 Amphiesma bitaeniatum
210 白眉腹链蛇 Amphiesma boulengeri
211 绣链腹链蛇 Amphiesma craspedogaster
212 棕网腹链蛇 Amphiesma johannis
213 卡西腹链蛇 Amphiesma khasiense
214 瓦屋山腹链蛇 Amphiesma metusium
215 台北腹链蛇 Amphiesma miyajimae

图3.17 《三有名录》列出的爬行动物（部分）

同时，法律规定捕捉超过20只《三有名录》中的动物就可以被立案，超过50只就可以被刑事拘留。可实际上，盗猎20只小麂意味着对森林生态系统的严重破坏，难以与盗猎20只花姬蛙简单类比。因此《三有名录》中的物种，仍然存在不分级、法理不通的情况。

因此，《三有名录》的制定和公布，在一定时期之内对野生动物保护起到了巨大推动作用，但在今天，显示出执行和操作上面的明显缺陷。所以，怎么办呢？

三、物种保护和生态安全何处落脚？何为目标？

2016年《野生动物保护法》修订，明确了它的立法目的是"为了保护野生动物，拯救珍贵、濒危野生动物，维护生物多样性和生态平衡，推进生态文明建设，制定本法"。在今天回顾这一法律的时候，无论我们对于野生动物利用有什么争议、无论不同人群对于物种平权是如何嗤之以鼻，恐怕有一个共识是需要达成的：

之所以有这样一部法，是为了长远的生态安全，为了自然和社会的可持续发展。

"生态安全"这四个沉甸甸的字，背后藏着生物多样性、生态系统服务、物质能量循环等一大堆生态学概念。如果我们可以从生态安全的角度去长远考虑，那么目前可能到了需要放弃"三有动物"这一概念的时候了。

在今天，一部《野生动物保护法》的核心目标，应该是保护"重点野生动物和一般野生动物，以及野生动物赖以生存的栖息地"。

最好的例子，莫过于大熊猫的保护工作。在这一工作中，物种没有重要与否，着眼点也并非关爱动物个体，而是尽可能为每一个物种留下不被侵扰的广阔山川。

在九寨沟县调查时，保护良好的原始森林中，一只雄壮的苏门羚猛地从我们身边一跃而起，只留下矫健奔跑的影子；在平武县调查时，一群野生川金丝猴在黄昏的暮霭之中跑到我们跟前觅食，几十个金黄色的身影在枝叶间跳动飞翔，动人心魄；在青川的山脊线上行走时，羚牛妈妈带着幼仔好奇地打量我们，我们相隔几十米静静地对视，目光的交流之中没有恐惧也没有威胁……还有数不清的故事有关鸟类、昆虫和其他类群。大熊猫和各种动物共同构成了西南山地的盛景。

大面积的退耕还林、天然林保护工程和小区域的森林重点恢复，可以使江河下游千百万居民免受洪水和泥石流之苦，拥有洁净的水源。节能灶、沼气池等更为清洁的能源减少了栖息地的破坏，也使当地居民拥有了更为易用的能源。在四川、陕西、甘肃，中药种植试点和新式养蜂产业替代了消耗栖息地的旧生计方式。

所有努力都是在帮助所有"重要"和"不重要"的动物和植物，也帮助整个西南地区的栖息地、山水和居民。

故事虽漫长，道理却可以凝练成一句话——也许今天我们已经走到了需要放弃"三有动物"这一概念的十字路口。

把保护目标定为保护重点保护动物和一般野生动物，并且保护它们赖以生存的栖息地，我们实现大尺度的生态安全和长期的可持续发展就有了更长久的保障。

最后的三条总结：

（1）任何物种都具有不可忽视的价值，三有动物在生态学上是伪命题。

（2）《野生动物保护法》的核心目标，是保护生态安全和生态平衡。基于这一目标，"三有动物"这一概念应该被取消。

（3）新法应适用于重点保护动物、一般野生动物，以及它们赖以生存的栖息地。

这次，灵猫们能否真正走进大家的视野

孙　戈　赵　翔

2021年2月，新调整的《国家重点保护野生动物名录》由国家林草局正式公布，在此次调整中，共有7种灵猫科动物榜上有名，其中4

种新增（大斑灵猫、椰子猫、小齿狸、缟灵猫），2种升级（大灵猫、小灵猫）（图3.18），保护地位得到了大幅提升（表3.2）。然而在公众的关注度里，灵猫科的重要程度远远不敌猴科、猫科等动物。

表3.2　7种灵猫科动物的保护级别在新版《保护名录》中的变化

中文名	拉丁名	保护级别		调整情况	备注
灵猫科	Viverridae				
大斑灵猫	Viverra megaspila	一级		新增	
大灵猫	Viverra zibetha	一级		升级	
小灵猫	Viverricula indica	一级		升级	
椰子猫	Paradoxurus hermaphroditus		二级	新增	
熊狸	Arctictis binturong	一级			
小齿狸	Arctogalidia trivirgata	一级		新增	
缟灵猫	Chrotogale owstoni	一级		新增	

一、灵猫科在《保护名录》中的地位

作为主要分布于热带亚热带地区的比较原始的中小型食肉兽类群，灵猫科由于很难被发现和观察，缺乏相应的研究，除了因为SARS而被人所熟知的果子狸（图3.19）之外，人们对于整个灵猫科的了解和关注程度普遍偏低。

图3.18　动物园中的大灵猫（摄影/baboon）

图3.19　叼着野生香蕉的果子狸
（摄影/李成）

灵猫科动物从猫型亚目（包括猫科、鬣狗科、獴科等）的共同祖先分化而来。在猫型亚目中，它们的身体结构的原始程度仅次于非洲的双斑狸科，具体表现在狭长的吻部、驼着背走路的步态、短粗的四肢、棍状的尾巴，以及基本未分化的全套齿列。最后一点尤为重要，未分化的齿列意味着灵猫科在用于吃肉的裂齿之后保留了用于吃素的臼齿，也就意味着它们在猎物不足时可以靠果实等植物充饥。不像"老大哥"猫科，为了登顶"陆地之王"摒弃了吃素的牙齿，极易因猎物锐减而濒危。

但可以吃素并不意味着灵猫科处境无忧，因为它们还有另一个特点，也是其致命弱点——对热带和亚热带森林的依赖，而这类森林也是中国乃至整个亚洲受破坏最严重的生境。此外，灵猫科全部夜行，因此眼睛又大又突（图3.20），但这也导致它们得不到人类的关注——即使在动物园里也只在闭园之后才出来活动，纵然颜值超群，依然"没人疼没人爱"。所以也不难理解，亚洲原产地之外，大部分欧美动物园只展出熊狸这一种灵猫科动物，因为只有熊狸在白天也乐于出来活动。

图3.20　果子狸的鼓眼泡和白天缩起的瞳孔（摄影/baboon）

根据《IUCN红色名录》的分类体系，现存灵猫科共有33种，分属于4个亚科：

（1）灵猫亚科：地栖、偏肉食性。长相特点是脖子下面和整条尾巴都是黑白环，身上是黑白斑。共6种，其中3种在中国有分布，即大灵猫、大斑灵猫和小灵猫（表3.3）。

（2）缟狸亚科：亚洲特产，偏地栖、偏肉食性。长相特点是吻部都很怪，要么延长，要么扩宽。共4种，其中1种在中国有分布，即长颌带狸（即本次拟调整名录中的"缟灵猫"）（表3.3）。另外獭狸（*Cynogale bennettii*）在中国是否有分布还存疑，这种最奇特的亚科以水中捕鱼和蛙为生，有传闻曾出现在云南异龙湖等湖区，但以那些湖区的开发现状，至少是不太可能有现存种群了。

（3）长尾狸亚科：亚洲特产，树栖、杂食性。长相特点是胖乎乎的体型、大粗尾巴和大宽脚掌。共7种，其中4种在中国有分布，即果子狸、椰子狸、小齿狸和熊狸（表3.3）。

（4）獛亚科：分布在非洲、南欧和中东地区，偏树栖、偏肉食性，是灵猫科中行为和体型最接近猫科的家族，共16种，中国都没有分布。

在这33种灵猫科动物中，1种极危、3种濒危、6种易危，除了易危中包括3种非洲的獛亚科外，其余6种处境危急的灵猫科全分布在亚洲，其中3种在中国有分布。

此外，我国的斑林狸和东南亚的缟林狸（*Prionodon linsang*）曾被划入灵猫科（灵猫科曾经是分类学家的"垃圾桶"，獴科、马岛狸科、双斑狸科等当初看不清分类地位的食肉目类群都曾被划入灵猫科，又被后来的分类学家一个个捞出来独立成科）；但2003年的分子生物学研究显示，亚洲林狸类与灵猫科的关系很远，而是猫科的姊妹群，应独立为林狸科（Prionodontidae），而主要分布于我国的斑林狸则是林狸科的两个成员之一。

在身体结构上，林狸科缺少了灵猫科最著名的特征——会阴部的气味腺；而且与多数灵猫科只能半缩爪子不同，林狸科和猫科一样，可以把爪子完全缩回爪鞘中。为了配合高度树栖的生活，它们还有一条和身体等长的大尾巴。齿式上，林狸科的牙齿形状完全为食肉而生，虽然在裂齿之后还保留有臼齿，但已退化得派不上用场——它们和猫科一样，完全放弃了吃素的退路。

表3.3　我国有分布的所有灵猫科和林狸科种类

	中文名	学名	IUCN 红色名录	中国生物多样性红色名录	原版《保护名录》保护等级	新修订的《保护名录》保护等级
	灵猫科	Viverridae				
1	大斑灵猫	*Viverra megaspila*	EN	CR	三有	一级
2	大灵猫	*Viverra zibetha*	LC	CR	二级	一级
3	小灵猫	*Viverricula indica*	LC	NT	二级	一级
4	椰子狸	*Paradoxurus hermaphroditus*	LC	EN	三有	二级
5	果子狸	*Paguma larvata*	LC	NT	三有	
6	熊狸	*Arctictis binturong*	VU	CR	一级	一级
7	小齿狸	*Arctogalidia trivirgata*	LC	CR	三有	一级
8	长颌带狸	*Chrotogale owstoni*	EN	CR	三有	一级
	林狸科	Prionodontidae				
9	斑林狸	*Prionodon pardicolor*	LC	VU	二级	二级

注：CR，极危；EN，濒危；LC，无危；NT，近危；VU，易危。

二、分布在我国的灵猫和林狸种类

1. 大灵猫

大灵猫是最漂亮的灵猫科动物之一，体型比家猫大一些，灰色的侧扁躯干上布满云纹，脖子下面是漂亮的黑白条纹，尾巴上有6个左右的白环。走路的姿势是弓着背走猫步，身手不算敏捷，性格颇为沉稳，食物以蜥蜴、蛙、鱼、螃蟹和虫子为主，也偷袭睡觉的鸟类，还喜欢翻垃圾箱。分布在我国南方以及东南亚、南亚北部的喜马拉雅山区。偏好的栖息地是中高海拔的热带和亚热带山地森林，在印度甚至分布到海拔3080米；但在次生林和毗邻森林的农田也能过得不错。在人类看不上的山区栖息，还不介意和人类共存，这两个特征合一起，大灵猫本该对人类活动有极强的抗性；而且监测显示，在老挝和越南的一些野味贸易长期肆虐的地区，大灵猫在其他动物被赶尽杀绝后还能坚韧地在林中繁衍生息。在泰国、柬埔寨、缅甸、孟加拉国、印度和尼泊尔都有健康的大灵猫种群，IUCN甚至在2015年将它的受胁级别从近危下调至无危。

但就是这么能"扛"的一个物种，竟然在中国快绝迹了！大灵猫曾广布于中国秦岭以南地区，全球分布范围的一大半都落在我国境内。可以说，大灵猫和老虎一样，曾是主产于我国的动物。但在自动相机大范围普及后，人们发现大灵猫竟然悄无声息地从中国绝大部分土地上消失了，仅存于云南、四川、广西、贵州和藏东南等地的零星地区。根据《中国兽类野外手册》估计，20世纪50年代以来大多数地区的大灵猫种群下降了94%~99%，而现在的情况可能更糟。大灵猫海南亚种（*V. z. hainana*）可能已经绝种。栖息地破坏和盗猎可能是罪魁祸首，但这无法解释为何东南亚那些狩猎更严重的国家的大灵猫种群却依然坚挺。大灵猫在我国锐减的原因至今不明，亟需获得更高级别的保护和关注。

2. 大斑灵猫

大斑灵猫（图3.21）是大灵猫的亲戚，最大的区别是背上长了一列浓密的黑鬃，从后颈延伸到尾尖，所以它的尾巴上的白环不是连续的，而呈一个个上方开口的U形；另一个区别是身上不是云纹而是一堆大黑点。大斑灵猫和大灵猫的分布范围在东南亚重叠，但没有进入南亚，在我国也仅分布于云南和广西边境地区。

图3.21   泰国绿山野生动物园（Khao Kheow Open Zoo）的大斑灵猫（摄影/野夫）

大灵猫偏好中高海拔山地，而大斑灵猫的最爱是低海拔平地。其绝大多数分布区的海拔低于300米。但如果地势够平缓，小气候够暖湿，它们也可以在更高海拔的地区生活，最高的分布点海拔780米。看看大斑灵猫的喜好生境，猜也能猜到它的境遇好不了——热带低海拔平地，是最适于开发和耕作的地区。目前大斑灵猫最大的聚居地在柬埔寨，在缅甸和老挝也可能隐藏着更多的未知种群。在我国这个物种的记录一直很少，20世纪70年代至1998年间共收集到8张皮，之后再无记录，直到2015年在西双版纳重新被自动相机拍到。

3. 小灵猫

小灵猫（图3.22）的体型更为小巧，体色也更为花哨，颈部和脊背有黑色纵纹，尾巴有黑白环纹，并且白环的数量比大灵猫和大斑灵猫都多；身上则密布大黑点。气质上活泼机灵，远不似大灵猫沉稳，更像猫和黄鼠狼的结合体，生态位也像它俩的结合体，积极捕猎鼠、鸟、蛇和大型昆虫，也吃果实和翻垃圾。它们比大灵猫更适应人类世界，当人类熟睡后出没于乡村甚至城市街道。分布范围遍及包括台湾和海南在内的我国南方，以及南亚和东南亚地区。但作为一种地栖中型食肉类，小灵猫面临的盗猎压力仍然很大，也不能完全脱离森林迁居人类城市，因此维持二级保护是合理的。

图3.22 斯里兰卡的小灵猫（摄影/baboon）

4. 果子狸

果子狸（图3.23）又叫花面狸，在台湾叫它白鼻心，在云南则叫它破脸狗。最大特点是一张大花脸，而且各个亚种的脸部花纹差异极大。在国外分布在东南亚和南亚的喜马拉雅山南麓。在我国，果子狸的分布区一直向北延伸到北京（图3.24）；它是灵猫科唯一越过秦岭

图3.23　动物园中的果子狸（摄影/baboon）

图3.24　北京郊区的红外相机拍摄到的果子狸一家（来源/山水自然保护中心）

分布到古北界的种类，北京也因此成为灵猫科在全球的分布北界。作为唯一适应寒冷生活的灵猫科，果子狸在冬季会长时间待在树洞中睡觉，减少活动，但不会真正冬眠。它对人类世界有较强的适应性。但果子狸可能又是国内名气最大的野味之一，饱受盗猎之苦。

5. 椰子狸

椰子狸体型比来自北方的果子狸瘦小，广布于南亚和包括马来群岛在内的东南亚，在我国分布于云南、广东、广西、海南等地。它们的面部斑纹像浣熊，对人类世界的适应力也与浣熊相近，是亚洲热带最常见的食肉类动物之一。在我国由于边缘分布，种群容易因盗猎而下降。

6. 小齿狸

小齿狸可谓是长相上最接近小精灵的灵猫科；与"大哥"果子狸、"二哥"椰子狸不同，它有一双招风耳，位置比前面两种动物的都靠下，而且耳朵内侧还是鲜艳的肉色。夜巡时，探照灯照到它时，首先映入眼帘的便是一双醒目的粉色大耳朵……再配上小黑脸和红眼睛，气质颇为诡异。它的尾巴也比果子狸和椰子狸长出一截，而且更加柔软，可以像绳子一样弯曲成各种形状，表明它的树栖性远高于果子狸和椰子狸。这也导致小齿狸成为亚洲最难监测的灵猫科动物之一，因为它极少下树，常规的自动相机调查根本拍不到，唯一靠谱的调查方式只有夜巡。小齿狸分布于东南亚和印度东北部，在我国曾边缘分布于云南南部和广西南部，但已多年没有记录。它与果子狸和椰子狸不同，是极度依赖常绿林的物种，对人类侵扰的抗性远没有前两者那么强，更易濒危。

7. 熊狸

熊狸（图3.25）在云南被称为"糯米熊"，顾名思义，是一种长得像小黑熊的动物。它是灵猫科中体形第二大的种类，仅次于非洲灵猫（*Civettictis civetta*）。与小黑熊最显著的区别是多了一条和身体等长的大尾巴，而且这条尾巴像第五只手——具有抓握功能，在爬树时充当保险绳，或者让熊狸以猴子捞月的姿势倒挂在树枝上（图3.26）。全世界只有两种食肉目动物拥有这种可以当手用的尾巴，另一种是生活在南美洲的浣熊科的蜜熊（*Potos flavus*）。别看熊狸这家伙一副了不得的样子，其实在树上并不灵活，经常要下到地面才能从一棵树换到另一棵树，树栖性不如小齿狸，因此比小齿狸更容易被自动相机拍到。熊狸还有一个独特之处是：阴腺会分泌爆米花气味。

图3.25　日本北海道北方动物园的熊狸（摄影/刘逸夫）

图3.26　动物园中的熊狸表演倒挂（摄影/baboon）

除了长相，熊狸在很多方面都在灵猫科中独树一帜。它性格豪爽，在受威胁时会变得异常凶猛，比如在泰国野捕过上百只动物的Lonnie Grassman博士认为，熊狸比豹子更可怕，因为包括豹子在内的一众猛兽，在被带上项圈后放归时，会一溜烟地跑进森林，唯独熊狸在出笼后会反过来追击抓它的人，"它们要来杀你。"而在开心时，熊狸也会发出"咯咯"的笑声。

此外，熊狸比其他灵猫科动物更偏爱群居，熊狸妈妈经常和子女一起生活，有时甚至熊狸爸爸也会加入群体，组成幸福的一家。熊狸还是少数雌性比雄性大的动物，雌性体型比雄性大20%，因此种群内都是雌性占支配地位。与其他夜间活动的灵猫科动物不同，熊狸在白天也会出来活动；早年的西双版纳科学考察报告曾提到在上午见到熊狸和长臂猿、巨松鼠在同一棵榕树上大快朵颐。但这种景象在我国已成历史。作为亚洲体型最大的树栖动物之一，熊狸对于热带成熟林有着极高的依赖性；它需要大树为之提供栖身之所，需要大量的榕树提供它最爱吃的果实，需要大片的连续莽林挡住猎人的脚步。熊狸的这种生境喜好注定了它会成为人类大开发下首当其冲的牺牲品之一。随着热带低地森林被开发、大树被砍伐，熊狸在我国处境堪忧，已从广西绝迹，目前仅存于云南最南部的西双版纳等几片自然保护区内，已多年没有活体记录，最近的一次确凿记录是2014年云南瑞丽街头售卖的一具新鲜尸体……在国外熊狸广布于东南亚和南亚的喜马拉雅山南麓林区，情况还不算特别危急，但随着各国对成熟林的开发，数量也一直下降。

8. 长颌带狸

长颌带狸也许是我国本土食肉类动物中混得最惨的，明明个子不小，长相也够清奇，却连个统一的中文名都没有。当地人叫它八卦猫，因其颈背有一对"八"字形的黑纹；在汪松主编的《中国濒危动物红皮书》中称其为印支缟狸；汪松等编著的《世界兽类名称》、蒋志刚等编写的《中国脊椎动物红色名录》以及《中国哺乳动物多样性（第2版）》《三有名录》和新的《保护名录》都称其为缟灵猫；在《中国兽类野外手册》、"百度百科"以及国家动物博物馆的介绍中，它都被称为长颌带狸，这可能也是流传最广的名字，也便于和其东南亚的远亲缟狸（*Hemigalus derbyanus*）相区分。

长颌带狸是世界上最珍稀的灵猫科动物之一，也是亚洲分布区最狭小的食肉目动物之一，仅沿着长山山脉（安南山脉）分布于越南、老挝和我国云南南部。它独特的狭长吻部和纤细的牙齿是为了在林下厚厚的落叶层中搜寻蚯蚓和其他小动物。因为只有湿润森林的土壤中才富含蚯蚓，所以长颌带狸极度依赖热带湿润森林，从不出现在干燥的森林中，极易受到栖息地破坏的影响。取食蚯蚓也使得长颌带狸成为地栖性最高的灵猫科动物之一，更易受到猎套和陷阱的伤害。

在IUCN（2015）的评估中，长颌带狸被认为可能已从中国绝迹，但2016年和2018年相继在云南红河州的大围山和西双版纳州的勐腊被自动相机拍到。这两组照片不但证实了长颌带狸在中国尚存，还将它的全球分布边界向西扩了几十千米（之前没有资料显示西双版纳有长颌带狸分布）。

为了保护长颌带狸，越南、英国和法国的动物园甚至启动了圈养繁殖项目，由越南的菊芳国家公园（Cuc Phuong National Park）提供救助个体，试图建立人工种群。但效果很不理想，繁殖率很低，幼崽死亡率很高，目前整个繁育项目仅剩18只个体（11雄7雌），2014年以来仅繁殖成功过一次——2019年英国的纽基动物园（Newquay Zoo）成功诞下一只幼崽。曾拥有最大人工种群的菊芳国家公园，目前仅剩7只雄性，没有雌性了。

9. 斑林狸

斑林狸（图3.27，图3.28）在有些地方俗称"彪鼠"，因其个子比松鼠大不了多少。它的分布范围从越南和柬埔寨一直北达我国秦岭，向西延伸到喜马拉雅山南麓，也是主产于我国的奇兽。虽然长得像灵猫科动物，但它却是不折不扣的微缩猛兽，在树冠和灌木丛追击老鼠和蜥蜴等猎物。尽管也依赖热带和亚热带常绿林，但树栖性低于小齿狸和熊狸，更偏好森林—灌丛交错生境和林缘生境，因此对人类干扰的抗性较强。由于也会下到地面活动，在网上时不时会看到斑林狸被夹子夹住、被陷阱捕获或被当街售卖的照片或视频——万幸的是，吃货们似乎不喜欢它的味道。

图3.27　动物园中的斑林狸（摄影/刘逸夫）

图3.28　红外相机监测到的野生斑林狸（供图/李成）

　　灵猫和林狸，由于昼伏夜出而沦为大众最不熟悉（因此也最不关心）的兽类之一。讽刺的是，由于活动规律性过强，又沦为野味交易中的常客，更不幸的是，由于很多种类依赖热带成熟林，又经常被人类大开发逼得走投无路。所幸它们生性能忍，深谙大隐隐于市的道理，才能在人类世界发展最迅速的地区存活至今。但再吃苦耐劳的动物，也无法在栖息地破坏和过度狩猎的双重打击下支撑太久，为了让这些神秘、美丽、独特的暗夜行者在我国的森林中继续漫步，请和我们一起，从现在开始关注它们。

小兽也应受到重视与保护

张劲硕

2021年，在我国野生动物保护史，抑或中国自然保护史上有一件大事！2月，国家林草局、农业农村部联合发布了最新调整的《国家重点保护野生动物名录》（以下简称《保护名录》）。对调整后的《保护名录》，官方做出了一些说明和解释——

调整后的《保护名录》共列入野生动物980种和8类，其中国家一级保护野生动物234种和1类，国家二级保护野生动物746种和7类。上述物种中，686种为陆生野生动物，294种和8类为水生野生动物。

与原林业部、农业部1989年1月首次发布的原《保护名录》相比，新《保护名录》主要有两点变化。一是在原《保护名录》所有物种均予以保留的基础上，将豺、长江江豚等65种由国家二级保护野生动物升为国家一级；熊猴、北山羊、蟒蛇3种野生动物因种群稳定、分布较广，由国家一级保护野生动物调整为国家二级。二是新增517种（类）野生动物。其中，大斑灵猫等43种列为国家一级保护野生动物，狼等474种（类）列为国家二级保护野生动物。

原《保护名录》发布至今32年，除2003年和2020年分别将麝类、穿山甲所有种调升为国家一级保护野生动物外，没有进行系统更新。在此期间，我国野生动物保护形势发生了很大变化，因此，对《保护名录》进行科学调整不仅十分必要，且极为迫切。

在2020年，甚至更早，相关主管部门多次通过各种渠道或形式征求过《保护名录》的修订意见，包括我所了解的我们中国科学院动物研究所不少科学家都提出过意见或建议。最后，向社会广泛征求阶段，我也通过书面形式提交过有关建议。我曾担任过第十三届北京市朝阳区政协常委（2016—2021年），也是中国致公党党员（中国科学院委员会委员），所以有机会通过政协提案渠道、民主党派参政议政渠道等提交有关建议。

2020年6月30日，我在《光明日报》发表了一篇小文——《小型兽类不能"缺席"保护野生动物名录》，以此呼吁重视小型哺乳动物的保护。

但是令人遗憾的是，最终我们看到的、最新公布的《保护名录》中没有增加任何一种啮齿目、翼手目、劳亚食虫目的种类！啮齿目仍然还只是过去的河狸（*Castor fiber*，中文应称"欧亚河狸"更好，以区别"北美河狸"*Castor canadensis*）和巨松鼠（*Ratufa bicolor*，亦称普通巨松鼠、黑巨松鼠）。"小兽"也只是增加了两种兔形目鼠兔科的鼠兔，即贺兰山鼠兔（*Ochotona argentata*）、伊犁鼠兔（*Ochotona iliensis*），均为国家二级重点保护动物——从级别上看也是很谨慎的。

所以，我们还应持续呼吁对"小兽"的保护！

2021年的《保护名录》修订毕竟是一大进步！是里程碑式的事件！是自1989年《野生动物保护法》施行以来第一次大幅度修订，很多濒危野生动物被收录进来，令人欣慰。但是，在我国哺乳动物区系中，小型兽类（啮齿目、翼手目、劳亚食虫目、兔形目鼠兔科等）是非常庞大而重要的类群，而此次修订，除河狸、巨松鼠两个啮齿目老成员以外，啮齿目、翼手目、劳亚食虫目，占据我国哺乳动物种类60%以上的种类，居然没有新增任何种或类群。

之所以要关注和保护小型哺乳动物，因为它们是极为重要的生物类群，在生态系统中扮演着不可替代的角色。例如，老鼠、蝙蝠、鼩鼱和鼹鼠是众多食肉动物的猎物，同时也是许多昆虫和其他无脊椎动物的天敌。它们多样性丰富，占整个哺乳动物数量的比例非常高。在世界6800多种哺乳动物中，小型哺乳动物约占2/3，其中不乏珍贵、稀有、濒危，甚至诸多狭域分布的特有种类。小型兽类通常被认为是环境指示物种，对判定生态系统健康与否起到非常重要的作用：一个地方，如果小型兽类存在且多样，意味着其生态系统是健康的；如果看不到它们，则说明这一地区环境和生态存在一定问题。

关注小型哺乳动物，还有一个很重要的原因，就是许多小型哺乳动物（例如，老鼠、蝙蝠等）生活在城市中，与人类的关系非常密切。它们经常隐蔽地生活在一些不为人知的角落，而我们对它们知之甚少，对它们的科学研究较为匮乏，一旦它们的种群受到威胁或遭到破坏，很难采取快速有效的措施加以拯救。可见，无论是为了更好地关注人类居住环境，还是从防患于未然的角度来讲，小型哺乳动物都应该得到足够重视与应有保护。

事实上，由于栖息地受到人为干扰破坏、乱捕滥猎等原因，小型兽类受到的影响比我们想象的要大得多。以笔者最熟悉的蝙蝠来说，新冠疫情之下，尤其是蝙蝠被"污名化"后，有些人不明就里，随意捕杀、伤害它们——殊不知，作为翼手目的蝙蝠是生态系统极为重要的组成部分，对人类和生态系统来说必不可少。然而，此次《保护名录》征求意见稿以及终版里，竟然没有一种蝙蝠，实在令人遗憾！

我国台湾的琉球狐蝠（*Pteropus dasymallus*）（易危级VU）以及分布于我国南方极个别地区的布氏球果蝠（*Sphaerias blanfordi*）（虽然IUCN为无危级LC，但国内种群数量很少）、奥氏菊头蝠（*Rhinolophus osgoodi*）（2020年之前一直都是数据缺乏DD，但后来被评估为无危级LC，我对此深表怀疑，评估者对种群是否有充足的科学数据；我和贵州师范大学周江教授沟通过，他也认为该种至少够近危级NT的标准）、褐扁颅蝠（*Tylonycteris robustula*）（情况同上）、沼泽鼠耳蝠（*Myotis dasycneme*）（近危级NT）等，都应当考虑收入进来，并至少位列"国家二级"。此外，长翼蝠属（*Miniopterus*）、管鼻蝠属（*Murina*）、宽耳蝠属（*Barbastella*）部分种群数量下降明显，也应当加以重点保护。

小型兽类中的啮齿目，例如，有些鼯鼠、松鼠以及四川毛尾睡鼠（*Chaetocauda sichuanensis*）（数据缺乏DD）、云南壮鼠（*Hadromys yunnanensis*）（数据缺乏DD）、梵鼠（*Niviventer brahma*）（无危级LC，但实际种群情况可能并不乐观）等，同样应当考虑进入《保护名录》。劳亚食虫目中的欧亚水鼩鼱（*Neomys fodiens*）（无危级LC，但国内种群数量很少）、五指山小麝鼩（*Crocidura wuchihensis*）（数据缺乏DD）和甘肃鼩鼱（*Sorex cansulus*）（数据缺乏DD）等，分布范围狭窄，如今比较少见，有必要保护起来。虽然在新《保护名录》中，兔形目鼠兔增加了两种，即贺兰山鼠兔和伊犁鼠兔，但新收录种类明显还不够——不少鼠兔已经被IUCN评估为濒危级或易危级，因此应再考虑一些其他种类。

　　总之，这次修订是我国野生动物保护事业的一件大事，具有里程碑意义；是政府、社会对野生动物保护的一次高度重视、集中体现。尽管在本次修订中小型哺乳动物未曾列入什么种类，但是相信，未来的调整会有所考虑。我也注意到，中国动物学会副理事长、北京师范大学生命科学学院教授张正旺先生接受记者采访时表示："环境变化是非常快的，科学研究也在不断发展，在这个过程中经常会有新的发现。所以，我们希望能形成一种机制，定期进行调整，最理想是每5年进行一次调整。"他还说："期待在此次大调整的基础上形成'5年一评估'的良性循环，努力在全社会形成共同保护野生动物的良好局面。"

　　希望未来的再一次修订，在充分的科学评估的基础上，将更多具有保护意义与生态价值、科学研究价值的野生动物吸纳进来，应保尽保、能保则保，让更多濒危野生动物能够拥有一个光明的未来！

新版物种保护名录，继续生存的机会

孙　戈　赵　翔

　　2021年春节前，调整后的《保护名录》由农业农村部和国家林草局向公众发布。

过去数年，我们脚下的这片土地，正在失去越来越多的物种多样性，日益严峻的野生动物的生存现状，让我们不得不给予更多的关注。

新版名录中浩浩荡荡的980种和8类动物（闭壳龟属、金线鲃属、细鳞鲑属、海马属以及珊瑚纲的2个科和2个目），作为野生动物保护的重要基础，名录的调整为未来的保护工作提供了重要的指导和标准。

为了帮助大家更好地了解新修订的《保护名录》，我们对其中的一些具体物种的变化做了梳理。

一、升级，严峻生存现状下的抉择

此次，共有60种动物在未发生分类变动的情况下，从二级保护升为一级保护。这其中包括之前我们所关注的豺（图3.29）和大灵猫（图3.30），非常感谢主管部门认真听取并采纳了研究人员和保护工作者的意见，这两种数量锐减、处境极度危急的物种的成功晋级，是当下有序扩大社会力量参与，实现有效沟通的典范。

图3.29　祁连山的红外相机拍到的豺

图3.30　孟连的红外相机拍到的大灵猫

此外，金猫（图3.31）也升为一级保护，这种集艳丽和健美于一身的神秘中型猫科动物终于获得了与其"显赫"身份相符的保护级别。

图3.31　墨脱的红外相机拍到的金猫

另外令人悲喜交加的是，蒙原羚也升级为一级保护。它们迁徙往来于我国内蒙古和蒙古国东部的达乌尔草原，曾与青藏高原的藏羚大迁徙、中亚的高鼻羚羊大迁徙并称亚洲三大陆生动物大迁徙。但可悲的是，这种曾广布于我国内蒙古东部草原、在20世纪饥荒时被有组织地大量猎捕充当肉食的"黄羊"，在栖息地被家畜占领、迁徙通道被草场围栏切断后，最终在我国濒临绝迹，不得不用最高等级的保护措施对其进行抢救。

另外，出没于我国海域的全部9种须鲸类以及齿鲸亚目的抹香鲸也全部升为一级保护。这些大型鲸类饱受捕鲸业之苦，除小鳁鲸外，其他都数量稀少且恢复缓慢。尤其是露脊鲸和抹香鲸，一直是捕鲸船的头号追杀目标。其中灰鲸的西北太平洋种群一度被认为已被捕杀光，直到最近才有约100头被重新发现，但至今只知道其夏季取食地在库页岛和勘察加海域，推测其冬季繁殖地可能位于我国海域，但一直没有发现。因此我国对该物种的保护态度，深深地关系着这一脆弱种群的未来。

斑海豹也升为一级保护。渤海结冰区是该物种在全球位置最靠南的繁殖区，2019年被爆出的斑海豹幼崽偷猎事件，让这种唯一在中国繁殖的鳍脚类受到广泛关注。

在鸟类方面，因热带成熟林被大量砍伐，分布范围被挤压到国境线边缘的热带雨林标志鸟种——五种犀鸟，此次也全部升为一级保护。曾广布于我国，一度被考虑作为朱鹮代育父母的黑头白鹮，在我国最终比朱鹮绝迹得更早，此次也升为一级保护，不知道是否会迎来和朱鹮类似的"绝地重生"。仅存百余只的卷羽鹈鹕东部种群、"神话之鸟"中华凤头燕鸥、全球仅千余只且迁徙时几乎全部经过我国东部沿海的小青脚鹬等鸟类也都升为一级保护。

二、新增，值得更多符合身份的保护行动

在新增的物种方面，我们关注的大斑灵猫、长颌带狸（缟灵猫）、小齿狸都成功地从三有动物一跃跳级成为一级重点保护动物，这三种极其稀有、对栖息地要求极高的灵猫终于得到了最高级别的保

护。希望后续针对它们的栖息地的保护也能跟上，使得大斑灵猫栖居的热带低地平原、长颌带狸赖以为生的热带湿润森林和小齿狸依赖的热带成熟林，都可以得到有效保护。

同样依赖热带成熟林的、全世界最神秘的猫科动物之一——云猫（图3.32），也得到了二级保护的身份。

图3.32　墨脱的红外相机拍到的云猫

当然还有最值得高兴的——狼终于获得了二级保护的身份，其维持生态平衡的重要作用，终于被正式承认了。

食草动物中，2017年才在腾冲被记录到的红鬣羚得到了二级保护的身份，这种动物之前一直被认为是缅甸特有的。同样与缅甸有关的还有毛冠鹿，本来它是中国与缅甸共有的，但缅甸已多年没有记录，于是现在成了中国特有种。这种单属单种、颜值极高的神奇小鹿虽然在川西地区和大熊猫保护区内数量尚多，但在中东部地区经常被盗猎，因此本次得到了国家二级保护的身份。

然而这次最具里程碑意义的成就应该是，伊犁鼠兔和贺兰山鼠兔获得了二级保护地位。评价一个国家的动物保护名录是否科学全面，其中一个重要指标就是，小兽和雀形目在其中所占的比重。因为这两类小动物往往因缺乏研究或颜值不够而被人忽略。特别是鼠兔，在我国一直被当作草原鼠害的元凶而被有组织地投毒，甚至在保护区内也不例外。这次两种鼠兔的入选，象征意义和教育意义甚至可能大于其保护意义，因为第一次明明白白地正式向全国公众宣示：鼠兔也是需要我们保护和关注的珍贵动物；不要因为它小，或者因为和畜牧业发展可能的冲突就不在乎。

在鸟类中这种趋势更明显。不但勺嘴鹬、青头潜鸭、黑嘴鸥这些全球重点关注的物种得以从三有动物一跃成为一级保护动物，大量雀形目也得到了一级、二级保护的身份。比如一度以为绝迹，但2000年重新在江西婺源被发现的蓝冠噪鹛和2007年重新在四川唐家河被发现的灰冠鸦雀；记录极少的棕头歌鸲；分布狭窄的灰胸薮鹛、白点噪鹛、黑额山噪鹛；因东北繁殖地被破坏而濒危的栗斑腹鹀；因野味贸易和迁徙路线上的栖息地被破坏而数量锐减的黄胸鹀，都获得了一级保护的身份。另外12种常见的大型噪鹛和另外5种歌鸲、全部（2种）相思鸟、蒙古百灵、红胁绣眼鸟等饱受非法宠物贸易之苦的鸟市常客，也都获得了二级保护的身份。2008年才被我国科学家正式描述的全新物种弄岗穗鹛、1992年定种后直到2012才在青海被重新发现的褐头朱雀、三江源观鸟者追捧的大明星藏鹀等也获得了二级保护的身份。

爬行类中，饱受宠物贸易之苦的闭壳龟、睑虎（图3.33）、沙虎、长鬣蜥等都成为二级保护动物。

图3.33 凭祥睑虎（摄影/baboon）

三、分类变动，详细分类有助于精准保护和执法

　　1989年以来，很多物种的亚种都被提升为种，相应的种群数量和濒危状况也发生了改变，这也体现在新修订的《保护名录》中。

　　比如曾被当作一个物种的马鹿，在旧的《保护名录》中列为二级。而新的《保护名录》中被分为了四种，即美洲马鹿、中亚马鹿、川藏马鹿和欧洲马鹿。中亚马鹿的三个亚种中，在我国仅分布有一个亚种，即塔里木马鹿，野外数量已极其稀少，因此本次升为一级保护。而川藏马鹿的两个亚种——西藏马鹿和白臀鹿（图3.34），在我国都有分布，尤其是西藏马鹿，一度被认为已于20世纪40年代绝种，直到1987年才在我国被重新发现；因此川藏马鹿本次也提升为一级保护。

图3.34　白臀鹿（摄影/郭亮）

　　又如亚洲盘羊，新修订的《保护名录》中摒弃了《IUCN红色名录》的单种九亚种分类法，而采用了CITES中将所有亚种提升为种的激进分类法。因此我国分布的亚洲盘羊被一分为五：帕米尔高原的马可波罗盘羊、内蒙古西部和甘肃北部的戈壁盘羊、新疆北部的天山盘羊（图3.35）和内蒙古东部的雅布赖盘羊（华北盘羊）维持之前的二

级保护状态，而青藏高原的西藏盘羊（图3.36）则升为一级保护。
且不论科学上将这些亚种提升为种是否合理，更详细的区分各个分类
单元确实更有利于精准保护和执法。但是，就盘羊而论，将数量最多

图3.35　天山盘羊（摄影/关翔宇）

图3.36　西藏盘羊（摄影/曲麻莱牧民监测员）

的西藏盘羊升为一级保护，而最濒危的戈壁盘羊和雅布赖盘羊维持二级保护的状态，或许值得更多的考量。可以猜想，或许这样做估计是照搬了CITES的标准（亚洲盘羊中仅西藏盘羊被列入附录Ⅰ，除雅布赖盘羊外的其他亚种都被列入附录Ⅱ）。之所以西藏盘羊被列入附录Ⅰ，是因为印度要保护其边缘分布的西藏盘羊种群，因此提议将全球的西藏盘羊列入附录Ⅰ，我国自己的保护名录更应该因地制宜。

　　不过，更多的地方种群将因更细致的分类法而受益。比如赤麂，通常被作为单独的物种，因在华南和西南地区仍保持着一定的数量，而一直未被列入重点保护名录。而新修订的《保护名录》中，采用了最激进的分类体系，将赤麂的海南岛亚种提升为种——海南麂，并将其列入二级保护。1990年通过中国科学院昆明动物研究所的研究，贡山麂从菲氏麂中独立出来，这种滇西和藏东南高海拔山区的麂子，这次也获得了二级保护的身份。江豚被一分为三，其中黄海的东亚江豚和东海、南海的印太江豚维持二级保护，而长江江豚升级为一级保护。此外，旧版《保护名录》中的鬣羚在新修订的《保护名录》中被一分为二，其中中华鬣羚维持二级保护，而藏东南的喜马拉雅鬣羚（图3.37），升为一级保护。旧版中的斑羚在新修订的《保护名录》被一分为四——中华斑羚、长尾斑羚、喜马拉雅斑羚和缅甸斑羚。但

图3.37　墨脱的红外相机拍到的喜马拉雅鬣羚

比较可惜的是，仅喜马拉雅斑羚升为一级保护，而我国最稀有的长尾斑羚，仍保持二级保护的状态。

从白鹳中独立出来后就一直"有一级之名而无一级之实"的东方白鹳终于坐实了一级保护的身份；同样命运的还有从鼋中独立出来的斑鳖。

四、对新修订的《保护名录》中兽类的整体印象

关于新修订的《保护名录》中兽类的整体印象是：

（1）灵长目：除了6种黄毛短尾巴的猕猴属是二级保护，其余所有灵长目全是一级保护，所以不要伤害猿猴。

（2）鳞甲目：穿山甲在新修订的《保护名录》发布以前，已经全部专门升为一级保护了，所以再吃穿山甲就要牢底坐穿。

（3）食肉目：

犬科：一个不落全是一、二级保护了，包括可能出现在小区中的貉和路边的赤狐。

熊科和小熊猫科：没变化，原本也是一个不落，全是一、二级保护。

鼬科：没人爱的可怜类群，一点没变化；水獭还是二级保护，虎鼬还是没纳入保护。

獴科：比鼬科还惨。

灵猫科和林狸科：感谢所有人的关心，这原本被人忽视的类群，本次获得前所未有的重视；我国分布的9个物种，除果子狸外全都成为一、二级保护动物。

猫科：一个不落全是一、二级保护动物。

鳍脚类：所有的海豹、海狮、海狗全是一、二级保护动物。

（4）长鼻目、海牛目、奇蹄目：没变化，大象、儒艮和野马、野驴全是一级保护动物。

（5）偶蹄目：

骆驼科、鼷鹿科、麝科：全是一级保护动物；总之见到长相怪怪的、长蹄子的动物，不要碰就是了。

鹿科：除了几种麂子和狍子外，全是一、二级保护动物；这其实

有点不合理，因为云南的罗氏麂和。叶麂等更稀有，但由于至今还没弄清这些麂子的具体分布，甚至可靠的鉴别特征，这次只能作罢。

牛科：全部是一、二级保护动物。

（6）鲸目：大型鲸类、淡水豚类都是一级保护动物，其余所有种类都是二级保护动物。算上之前提到的鳍脚类和儒艮，总之我国所有的海兽都不能欺负！

（7）啮齿目：没变化，依然只有两种大个子列入新修订的《保护名录》——依赖林木繁茂的河流生境的蒙新河狸，以及依赖热带成熟林的巨松鼠。

（8）兔形目：原先三种，现在六种了。

其他类群的情况更为复杂，并且与人类的"爱恨情仇"远不及兽类，因此不如兽类规律性这么明显。

写在最后，无论如何，此次物种名录调整是一次很重要的进步，这让我们看到了在生态文明建设、人与自然和谐共生的大背景下，中国野生动物保护的未来和希望。

但是，《保护名录》的调整只是第一步，如何制定更加实用的管理、执法等落地措施，营造与《保护名录》的保护重要性相匹配的社会文化氛围，也很重要和迫切。

而我们更应该看到，中国的野生动物保护，需要全社会共同参与，在政府部门的主导下，推动生物多样性保护主流化，需要每一个人都贡献自己的力量，这些行动或大或小，但都会汇聚成一个野生动物继续生存的机会。

被忽略的水生野生动物保护和割裂的管理

徐晶晶　李彬彬

2020年，全国人大常委会发布的关于全面禁止野生动物交易的《决定》，迅速推动了我国野生动物保护修法、立法的进程。

然而这个《决定》被有些人认为"太严格""一刀切"。它禁止了《国家禽畜遗传资源目录》外一切野生或人工繁殖的陆生动物，却没有禁止鱼类等水生野生动物的食用。那水生野生动物包含的范围有多大呢？两栖类和爬行类动物应该算作陆生还是水生动物？

3月4日，农业农村部紧急印发《农业农村部关于贯彻落实〈全国人民代表大会常务委员会关于全面禁止非法野生动物交易、革除滥食野生动物陋习、切实保障人民群众生命健康安全的决定〉进一步加强水生野生动物保护管理的通知》（农渔发〔2020〕3号），明确中华鳖、乌龟等列入《国家重点保护经济水生动植物资源名录》和农业农村部公告的水产新品种的两栖爬行类动物将按照水生动物进行管理，适用于《渔业法》。

如果没有仔细研究过各类法律条文，人们依然满头问号：野生龟、鳖、蛙也可以合法食用吗？人工养殖鳄鱼的肉呢？不在各类保护名录上的水生动物呢？不在经济资源名录和水产新品种公告上的水生动物都不能食用吗？两栖爬行类动物都是水生动物吗？

这些问题总结起来其实是简单的关于水生野生动物保护的三连问：保护什么，由谁保护，怎么保护？

一、什么是水生动物

生物学意义上的动物分类极其严谨复杂，不同学术派系的分类也有显著差别。科学界普遍认为生活史全部或者大部分依赖于水生环境的为水生生物。对于脊椎动物不同纲来说，鱼类非常容易区分，肯定属于水生。但有些类群的划分界限则较为模糊，尤其是在陆地和水里都能生存的动物，包括水生哺乳动物（如水獭），所有两栖动物（如蛙类）和部分爬行动物（如龟、鳖）。

在中国，野生动物保护依据名录进行管理。《保护名录》以星标的方式对陆生野生动物和水生野生动物做出了区分，而《三有名录》仅包含陆生野生动物。因此，法律意义上受保护的水生野生动物应为《保护名录》星标的野生动物。

　　2021年2月5日，国家林草局和农业农村部公布了修订版的《保护名录》，一些长期属于陆生野生动物的物种被重新划分为水生野生动物，例如，叉舌蛙科的虎纹蛙、鳄目的扬子鳄。根据修订后的《保护名录》，兽纲中的水生野生动物包括海洋哺乳类动物，例如，儒艮、海豚、海狮、海豹、海象、鲸类等，以及淡水生态系统中的小爪水獭、水獭、江獭。两栖纲中属于水生动物的有小鲵科的多种小鲵、隐鳃鲵科的大鲵、蝾螈科的多种螈和蛙类中的叉舌蛙科、蛙科。而蛙类中的角蟾科、蟾蜍科和树蛙科则被列为陆生保护物种。爬行纲中，龟鳖目除陆龟科外，其余科的龟鳖均属于水生动物，包括《保护名录》中新增的乌龟；有鳞目的瘰鳞蛇、眼镜蛇科中的海蝰和多种海蛇均为水生野生动物，该目下大多数蜥蜴、蛇类等物种属于陆生野生动物；鳄目中唯一列入名录的扬子鳄由陆生动物调整为水生动物。相较于1989年发布施行的初版《保护名录》，32年后经过系统化更新的《保护名录》显然新增了多种受保护的水生动物，并调整了划分水生、陆生的依据。

　　矛盾的是，2000年发布实施的仅囊括陆生野生动物的《三有名录》同样列入了被《保护名录》认定为水生野生动物的类别，例如，蛙科和龟鳖目的平胸龟科、淡水龟科、鳖科；有鳞目的瘰鳞蛇、海蝰和多种海蛇。由于《三有名录》尚未更新，大量三有动物在新的《保护名录》的成为水生野生动物，例如，受宠物市场欢迎的平胸龟和养殖热门乌龟。中华鳖，一种大众熟知的鳖科动物，同样是三有动物，和乌龟一同进入了2007年农业部制定的《国家重点保护经济水生动植物资源名录》。从这个名录的名字可以看出，重点是经济利用，保护的并不是这个物种的野外生存状态，而是经济利用的可能性。

　　在农业部发布的关于贯彻落实《决定》进一步加强水生野生动物保护管理的通知中，明确"中华鳖、乌龟等列入上述水生动物相关名录的两栖爬行类动物，按照水生动物管理"。现在中华鳖和乌龟的养殖规模颇大，涉及群体众多，该通知及时修补了部分物种"水生动物"分类的争议，保障了养殖产业的经济利益。

　　《保护名录》对陆生水生动物的划分是否科学，这里不做探讨。

但是单从不同名录交叉、范围划定不清、制定部门不统一就可以看出，很多物种被划为水生动物，不是出于保护的目的，而是为了利用。《决定》出台后，陆生物种显然得到了更强有力的庇护，但是因为水生动物不在这个《决定》范围内，处于陆生、水生界限上的物种，是否会因为经济利益而被人为推动脱离陆生动物，强行列入水生动物名录范畴？

二、水生动物由谁保护

我国执拗于陆生动物和水生动物定义分类的主要原因是野生动物保护工作由双部门主管：隶属自然资源部的国家林草局管理陆生野生动物、隶属农业农村部的渔业渔政管理局管理水生野生动物。

对水生动物来说，渔业渔政管理局是统一管理单位，但其机构职责范围广，与水生动物保护相比较，显然更侧重渔业发展管理和资源利用。本来就不够受重视的水生野生动物保护在《决定》发出后地位更显卑微。

由于自然保护区全部归林草部门管理，依赖保护区内湿地、河流和湖泊生态系统生存的水生生物实质上受林草部门管理，只有保护区外的水生生物归农业部门管理。这样的职责划分也令渔业渔政管理局的保护工作难以系统、全面地展开。同时，对于红线内保护地外的栖息地和物种分别由林草部门和农业部门管理，人为刻意割裂本来是一体化的物种保护管理活动，造成保护难度增加。

三、水生动物怎么保护

对比陆生动物，水生动物的保护更为急迫。

海洋保护区只占我国海域面积的4%，比起来，有18%的陆地生态系统在保护地内，淡水生态系统保护更为惨淡。同时，水生物种的野外生存状态岌岌可危，白鱀豚、白鲟仅仅是灭绝物种中的冰山一角，绝大多数物种甚至尚未被科学发现并描述就已经消失了。

　　而那些既需要水生环境也需要陆生栖息地的两栖爬行类动物呢？对于两栖类而言，蛙类的野味食用，蝾螈属、疣螈属、肥螈属、瘰螈属的宠物贸易，疣螈、山溪鲵的传统药用等，都严重威胁着它们的野外种群。我国现已知分布至少34种龟鳖，除5种IUCN没有评估外，其余29种全部濒危（易危、濒危、极危）（图3.38）。亚洲龟鳖的主要生存威胁来自栖息地退化和过度盗猎，而持续的食用、药用和宠物贸易几乎把种群数量锐减的野外龟鳖都推到了灭绝的边缘。越稀少，越能刺激市场的需求，一些濒危的闭壳龟，异宠玩家可以卖到几万元到几十万元一只，在野外所剩无几的物种甚至有价无市。即使有些物种实现了人工繁殖，但人们对野外种群仍有极大的需求，例如，平胸龟，不成熟的繁殖技术并不能形成规模化的商业养殖，野生个体获取成本更低，养殖场也依赖野外个体的繁殖能力，源源不断的市场需求驱动着大量非法贸易、野外盗猎和养殖洗白。《保护名录》对平胸龟的保护仅限野外种群，对野外个体和人工繁育个体的鉴别能力成为执法的隐形门槛。

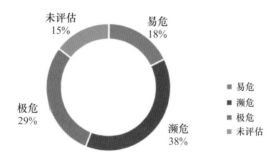

图3.38　中国34种龟鳖类的IUCN等级

　　对水生动物而言，另一个重要的法律是《渔业法》，因为《野生动物保护法》指出名录外的其他水生野生动物的保护适用于《渔业法》等相关法律规定。中国的《渔业法》是一部以渔业资源管理利用为核心的法律，立法目的是"加强渔业资源的保护、增殖、开发和合理利用，发展人工养殖，保障渔业生产者的合法权益，促进渔业生产的发展"，仅仅是有渔业价值的水生动物才会被作为资源"保护"起来。

　　至此，我们可以一窥中国水生野生动物保护的根本问题，仿佛一提到水生动物，其命运就是被光明正大地利用。

四、他山之石

制定水生动物保护名录时，如何兼顾分类科学性与保护目的似乎成了一件矛盾的事情。这里不妨看看其他国家是怎么做的。

新西兰《野生动物法案1953》中提到，水生生物指生活史的任何时期在水中栖息的植物或动物物种，也包括海鸟（不论是否在水生环境中）。同中国法律规定的水生动物比较起来，新西兰的法案纳入了依靠海洋环境生存的鸟类和大多数被中国的《保护名录》列入陆生野生动物的两栖爬行类。其实该法案中根本没有和水生生物对应的陆生生物的定义，更特别的是，该法案在动物定义中将海洋哺乳动物剔除了。为此，新西兰单独制定了一部《海洋哺乳动物保护法1978》，确保了执法范围不会交叉重叠。

加拿大在其《濒危物种法》中指出，水生物种是《渔业法》中定义为鱼的野生鱼类以及海洋植物。加拿大的法律同样在其水生物种定义中剔除了两栖爬行类，而将供渔业管理的物种限制在了鱼类、甲壳类和其他软体动物。

另一些国家，例如，哥斯达黎加就不曾在其《野生动物保护法》中对野生动物进行是不是水生动物的区别划分，只是将渔业水产物种从受保护的全体野生动物中剥离开来，另由渔业水产部门管理。

再对比一下其他国家野生动物保护的行政管理体系。

美国内政部的鱼类和野生动物管理局一揽包收，从执行野生动物法、保护濒危物种、管理迁徙鸟类、发展可持续渔业、保护野生动物栖息地、与外国政府开展国际保护合作到管理狩猎和钓鱼。

新西兰一切保护工作（包括淡水和海洋的保护）都由保护部统领，管理所有保护区和保护地，并由保护部制定保护战略和计划。隶属新西兰第一产业部的渔业局的管理范围限于《渔业法》中规定的物种，而渔业证则是由政府合作企业FishServe进行管理，鱼类和狩猎委员会负责娱乐性钓鱼相关活动。

同样的，哥斯达黎加也将保护和渔业分开，前者由环境能源部下的国家保护区管理系统主管，而后者属于渔业水产部门管理。

加拿大的管理方式与我国较为相似，加拿大公园管理局管理所有保护公园土地上的一切野生动物，渔业及海洋部则管理所有不在保护公园内的水生生物，保护公园外的非水生生物由环境部管理。然而由于加拿大定义的水生物种十分有限，加拿大渔业及海洋部能管理的物种也仅限于《渔业法》中定义的鱼类及海洋植物。再看加拿大的《渔业法》，即使其管辖范围内只剩鱼类、甲壳类、软体动物等，却仍在立法目的中表明进行鱼类及其栖息地的保护以及污染防治。

在我国，现行水生、陆生动物按物种分类管理保护的方式低估甚至遗漏了很多具有潜在保护价值的物种和尚未发现的新物种。而生态系统功能往往难以切割，渔业渔政管理局和林草局分别主管的水生、陆生野生动物保护工作容易出现交叉。除此之外，现行水生野生动物保护工作仍处于重利用轻保护的状态。《决定》全面禁止食用陆生野生动物的同时，也传达出水生野生动物保护价值低的信息。

对于哪些两栖爬行类应归为水生动物进行保护，我们恐怕不能简单从其生物学角度来考虑，而要从野生动物管理体制出发来确定。在水生动物保护整体状态差的前提下，应该帮助水生野生动物管理部门减负，重新思考水生动物管理范围。对于两栖爬行类，其栖息地保护不仅仅是河流湖泊的问题，还涉及周边的森林等陆地生态系统的健康。因此，应把陆地保护地管理和其生态系统内的野生动物保护管理相结合，统一管理部门，否则，保护地内的归林草部门管理，保护地外的归农业部门管理，"一个物种，两个妈"。因此，我们建议，所有两栖爬行类的管理都由林草部门按照陆生动物来管理。严禁猎捕利用野外种群。

当然，新冠疫情之后，公众最关心的莫过于食用这一部分。对于养殖成熟的一些物种，例如，牛蛙、中华鳖、国外引进的各种鳄鱼等可以按照规定，在满足检疫的要求下，进入《国家畜禽遗传资源目录》进行管理，严禁利用野外种群。现在如果依照水生动物管理，没有强力的法律依据和保护监管能力，只会让两栖爬行类的命运更为坎坷。

然而，林草部门放弃了龟鳖和一些两栖类动物，将其按照水生动物来管理，没有了禁食限制，这将对野外种群造成难以估量的威胁。很多蛙农希望蛙类全按水生动物管理，这样利用的大门也就敞开了。

好消息是，2020年3月9日广东率先修法禁食野生动物，其中150种爬行动物、60种两栖动物被明确列为陆生野生动物。好食野味的大省的突然转身，不知是否会带来蝴蝶效应，影响整个国家。

养殖户或许还可以四处表达自己的不满为自己争取生存的可能，但是请记住，这些野生动物，却怎么也无法在这场争斗中为自己发声。

野生的淡水龟鳖，真的不能再吃了①

陈怀庆

随着2020年禁止野生动物交易《决定》的出台，陆生野生动物受到了全面禁食。对于中华鳖（图3.39左）、乌龟（图3.39右）、大鲵等水生两栖爬行动物是否可以食用，产生了诸多讨论。

农业农村部又于2020年3月4日发出《农业农村部关于贯彻落实〈全国人民代表大会常务委员会关于全面禁止非法野生动物交易、革除滥食野生动物陋习、切实保障人民群众生命健康安全的决定〉进一步加强水生野生动物保护管理的通知》（农渔发〔2020〕3号）：要协调好有关名录的关系，明确水生野生动物的范围，对于列入国家重点保护水生野生动物名录、《〈濒危野生动植物种国际贸易公约〉附录水生动物物种核准为国家重点保护野生动物名录》以及《人工繁育国家重点保护水生野生动物名录》的物种，要严格按照《决定》要求进行管理，对凡是《野生动物保护法》要求禁止猎捕、交易、运输、食用的，必须一律严格禁止。对于列入《国家重点保护经济水生动植物资源名录》的物种和我部公告的水产新品种，要按照《渔业法》等法律法规严格管理。中华鳖、乌龟等列入上述水生动物相关名录的两栖爬行类动物，按照水生动物管理。

①　海南师范大学史海涛教授、西交利物浦大学肖凌云博士对本文有贡献。

图3.39　中华鳖（左）和乌龟（右）（拍摄/马超）

在当时的一些解读中存在这样的说法：参照非国家重点保护水生野生动物不在禁食范围内的原则，那么目前中华鳖、乌龟的野生种群、人工饲养种群以及人工繁育种群，都将适用《渔业法》的规定，经检疫合格后均可食用。

在查阅相关文件后，我们发现：在农业农村部发布《濒危野生动植物种国际贸易公约附录水生物种核准为国家重点保护野生动物名录》的公告中，将乌龟野生种群核准为二级国家重点保护野生动物，也就是说，即使按照水生动物管理，其野生种群也属于禁食范围。

诚然，中国有养殖和食用中华鳖、乌龟的传统，作为一类与人类亲缘甚远因而鲜有共患疾病的爬行动物，现在继续养殖、食用中华鳖和乌龟不存在太大的争议，但当下中国野生乌龟和中华鳖的野外种群状况实在是极不乐观。

按照《IUCN红色名录》的评级，中华鳖和乌龟分别是易危和濒危，这就是说，中华鳖受到的威胁和大熊猫、雪豹是同等程度的，乌龟受到的威胁竟然达到了与东北虎相当的程度。事实上，在中国的24种淡水龟鳖类中，中华鳖的状况已经是最好的了，其他23种除了3种未评估，余下的都是濒危或者极危（表3.4）。中国淡水龟鳖类的野生种群不是已经崩溃，就是正处在崩溃的边缘。

表3.4　中国24种淡水龟鳖类列入各类保护与资源名录中的情况

序号	拉丁名	中文名	《IUCN红色名录》	CITES	《保护名录》（1989年）	《三有名录》（2000年）	2018年CITES附录水生物种核准为国家重点保护野生动物名录	水生动物资源名录
1	*Cuora trifasciata*	三线闭壳龟	CR（极危）	II	二			2017年人工繁育国家重点保护水生野生动物名录（第一批）
2	*Cuora flavomarginata*	黄缘闭壳龟	EN（濒危）	II		列入	二（仅野生种群）	2019年人工繁育国家重点保护水生野生动物名录（第一批）
3	*Cuora aurocapitata*	金头闭壳龟	CR（极危）	II		列入	二（仅野生种群）	
4	*Cuora pani*	潘氏闭壳龟	CR（极危）	II		列入	二（仅野生种群）	
5	*Cuora yunnanensis*	云南闭壳龟	CR（极危）	II	二		二（仅野生种群）	
6	*Cuora zhoui*	周氏闭壳龟	CR（极危）	II		列入	二（仅野生种群）	
7	*Cuora mccordi*	百色闭壳龟	CR（极危）	II		列入	二（仅野生种群）	
8	*Cuora mouhotii*	锯缘闭壳龟	EN（濒危）	II		列入	二（仅野生种群）	
9	*Cuora galbinifrons*	黄额闭壳龟	CR（极危）	II		列入	二（仅野生种群）	
10	*Mauremys reevesii*	乌龟	EN（濒危）	III		列入	二（仅野生种群）	2007年国家重点保护经济水生动植物资源名录（第一批）
11	*Mauremys nigricans*	黑颈乌龟	EN（濒危）	II		列入	二（仅野生种群）	2019年人工繁育国家重点保护水生野生动物名录（第二批）
12	*Mauremys sinensis*	中华花龟	EN（濒危）	III		列入	二（仅野生种群）	2019年人工繁育国家重点保护水生野生动物名录（第二批）
13	*Mauremysm utica*	黄喉拟水龟	EN（濒危）	II		列入	二（仅野生种群）	2019年人工繁育国家重点保护水生野生动物名录（第二批）
14	*Sacalia quadriocellata*	四眼斑水龟	EN（濒危）	II		列入	二（仅野生种群）	

续表

序号	拉丁名	中文名	《IUCN红色名录》	CITES	《保护名录》（1989年）	《三有名录》（2000年）	2018年CITES附录水生物核准为国家重点保护野生动物名录	水生动物资源名录
15	*Sacalia bealei*	眼斑水龟	EN（濒危）	II		列入	二（仅野生种群）	
16	*Geoemyda spengleri*	地龟	EN（濒危）	II	二			
17	*Platysternon megacephalum*	大头平胸龟	EN（濒危）	I		列入	一	
18	*Pelodiscus sinensis*	中华鳖	VU（易危）	无		列入		2007年国家重点保护经济水生动植物资源名录（第一批）、4个水产新品种
19	*Pelodiscus axenaria*	砂鳖	NE（未评估）	II		列入	二（仅野生种群）	
20	*Pelodiscus parviformis*	小鳖	NE（未评估）	II		列入	二（仅野生种群）	
21	*Pelodiscus maackii*	东北鳖	NE（未评估）	II		列入	二（仅野生种群）	
22	*Palea steindachneri*	山瑞鳖	EN（濒危）	II	二			2017年人工繁育国家重点保护水生野生动物名录（第一批）
23	*Pelochelys cantorii*	鼋	EN（濒危）	II	一			
24	*Rafetus swinhoei*	斑鳖	CR（极危）	II	一	列入	一	

一、了解龟鳖类

全球现存的龟鳖类有大约350种，隶属于龟鳖目，分为侧颈龟和曲颈龟两个亚目。侧颈龟（图3.40）的脖子是左右弯曲的，将头折叠藏到上下壳之间，而曲颈龟（图3.41）通过上下弯曲脖子将头缩入壳中，是真正的"缩头乌龟"。

图3.40　希拉里蟾头龟（侧颈龟）（摄影/陈怀庆）

图3.41　四眼斑水龟（曲颈龟）（摄影/陈怀庆）

侧颈龟都是水栖型的，只分布在南半球的大洋洲、非洲和南美洲，中国没有分布，因此国人不熟悉；曲颈龟分布在除了南极洲外的各大洲，分布更广、物种数量更多，多样性也更高，演化出了适应海洋生活的海龟、陆地干燥环境的陆龟，以及适应淡水底栖生活的鳖类。

龟鳖类广泛分布在热带、亚热带和温带的海洋和陆地上，全球龟鳖类物种密度最高的三个区域，分别是北美洲的东南部、南美洲的亚马孙雨林和亚洲的东南部。

二、中国的淡水龟鳖类为何走向危亡

中国的淡水龟鳖类长时间面临来自食材、药材和宠物三大需求的压力，被无节制地捕捉，大量流入市场以及养殖场，从而导致野外种群的崩溃。即使目前养殖场中已经繁育了大量龟鳖类的后代，一方面，人们对野外淡水龟鳖类的需求并没有减少，稀少的数量和对野生"品相"的吹捧催生高额的市价；另一方面，部分养殖场仍然依赖野生个体作为种源。由于难以区分野外个体和人工繁育个体，执法难度大、强度高，"下山龟"洗白甚至不需要洗白就在市场流通的情况并不少见。由于龟鳖类性成熟时间长、活动能力有限，被过度捕捉后种群恢复十分缓慢。近年来野外栖息地的破坏，尤其是产卵地的变化，也正进一步威胁野外种群的恢复。

20世纪90年代之前，中国主要消耗国内的龟鳖。在南方，大量野生龟鳖被捕捉、贩卖和饲养。从那时开始，随着粤菜和保健品市场的兴起，对龟鳖动物的需求在很短的时间里骤然增加，国内野生种群被消耗殆尽，龟鳖来源也从国内开始转向东南亚。现在邻近的东南亚地区的龟鳖类野外种群也所剩不多，需求的目光开始转向更为遥远的非洲。或许不用多少年，整个东南亚、非洲的野生龟鳖类也将重蹈覆辙，全线崩溃。

总体来看，严重过度捕捉导致野外种群数量骤减，残留的种群由于栖息地被破坏难以恢复，圈养种群混乱的杂交为人工繁殖保育增加了重重困难，而外来物种的不合理放生加剧野外种群的生存压力。一个接一个的威胁，如同推倒了多米诺骨牌，一点点将淡水龟鳖类的野外种群推向绝境。

在这24种淡水龟鳖类中，有一个极为特殊的类群——闭壳龟属（*Cuora*）（图3.42）。因其高度特化的可完全闭合的腹甲，且种群状况极其濒危，在整个龟鳖类中受到高度关注。

图3.42　可完全闭合腹甲的闭壳龟（摄影/陈怀庆）

全球共有12种闭壳龟，其中9种在中国有分布，更有至少5种是中国的特有种。对于整个闭壳龟类群的存亡，中国的保护工作至关重要。

例如，三线闭壳龟，俗名金钱龟，其最重要的特征是成体背甲具有三条明显的平行黑色条纹，头顶呈现明亮的金黄色。由于外形美观、价格很高，常被作为高端宠物。三线闭壳龟在国内养殖场中被大量饲养，年繁殖量超过5000只。但它的野外种群早已崩溃，2000年IUCN对它的评估已经是极危。这么多年来，三线闭壳龟在分布区内很少有目击记录，但倘若被人发现，很可能紧接着就出现在了黑市上，被天价出售，成为养殖场里的种龟。

再说一说斑鳖（图3.43）的故事。

图3.43　雌性斑鳖（摄影/陈怀庆）

作为中国乃至全球体型最大的淡水龟鳖类，斑鳖是大型河流—湖泊生态系统中的顶级捕食者，背甲长可达1.5米，体重可达200千克。近代以来，斑鳖只生活在长江下游以及跨境云南和越南的红河两个距离遥远又相互独立的流域。

当下，它是全球最为濒危的物种之一，在《IUCN红色名录》中被评估为极危。随着去年苏州的雌性斑鳖意外死亡，全世界为人所知的斑鳖仅存三只：一只是苏州动物园中的孤独的老年雄性斑鳖，另外两只是分别生活在越南河内市的同莫湖和春庆湖甚至连性别都不甚清楚的个体。

如今，长江流域的栖息地破坏严重，几无可能在野外发现残存的个体；红河流域或许尚有一线生机，云南和越南可能还生活着极少数未被发现的个体。但命运多舛、危机重重，这些寄托着我们最后希望的"生机"，或许也只是斑鳖在最终灭绝前微弱而无力的喘息。

三、保护和利用

目前，中国的淡水龟鳖类受到《国家重点保护野生动物名录》

《国家保护的有益的或者有重要经济、科学研究价值的陆生野生动物名录》《濒危野生动植物种国际贸易公约附录水生物种核准为国家重点保护野生动物名录》《国家重点保护经济水生动植物资源名录（第一批）》以及第一批和第二批《人工繁育国家重点保护水生野生动物名录》等多个保护名录和资源名录的交叉管理（图3.44）。而这些名录中还包含了分布存疑、无效种、杂交个体（自然杂交或者养殖场中混养产生的）和外国物种等情况，我们按照时间轴对这些名录进行了一一梳理：

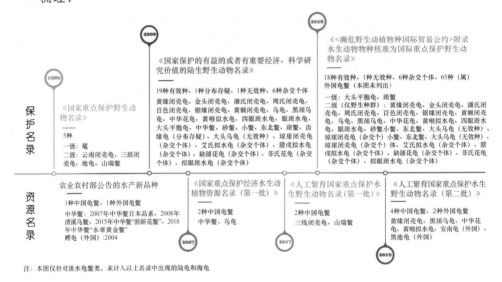

注：本图仅针对淡水龟鳖类，未计入以上名录中出现的陆龟和海龟

图3.44　淡水龟鳖受到多个保护名录和资源名录的交叉管理

　　基于以上梳理，我们发现中国的24种淡水龟鳖类的保护和利用分为三大类情况：

　　（1）野生种群和人工繁育种群都为国家重点保护野生动物：单个种或整体被核准为国家重点保护野生动物且未被列入《人工繁育国家重点保护水生野生动物名录》的5个物种（鼋、斑鳖、大头平胸龟、云南闭壳龟、地龟），野外种群和人工繁育种群都禁止食用，获得管理部门许可的情况下可以做其他方式的利用。

　　（2）仅野生种群为国家重点保护野生动物：被列入《人工繁育国家重点保护水生野生动物名录》的6种本土龟鳖，或仅野外种群被核准为国家重点保护野生动物的16种本土龟鳖，一共18个物种属于此类情况（两个名录有重叠）——三线闭壳龟、山瑞鳖、黄缘闭壳龟、金头闭壳龟、潘氏闭壳龟、周氏闭壳龟、百色闭壳龟、锯缘闭壳龟、黄额闭壳龟、乌龟、黑颈乌龟、中华花龟、黄喉拟水龟、四眼斑水龟、眼斑水龟、砂鳖、小鳖、东北鳖，即野生种群禁止食用，获得管理部门许可的情况下可以做其他方式的利用；人工繁育种群在遵守有关部门规定的情况下可以用作包括食用在内的各种利用。

（3）野生种群和人工繁育种群都不为国家重点保护野生动物：仅中华鳖，野外种群和人工繁育种群在遵守有关部门规定的情况下可以用作包括食用在内的各种利用。

注意，这里的人工繁育种群是指人工控制条件下繁殖出生的子代个体且其亲本也在人工控制条件下出生的，即子二代及其后代。

鉴于目前中国所有淡水龟鳖类野生种群都被过度捕捉，且大量进入了养殖种群，而且这种情况仍在持续，因此严格保护野生种群和规范养殖业两方面的举措都是必不可少的。

从野外种群保护和养殖业发展的角度出发，我们希望：

（1）由于目前国家林草局负责的《三有名录》与由农业农村部负责的若干名录，对于淡水龟鳖类存在交叉管理，建议进一步明确保护和管理的主体，并整合、统一若干相关名录。

（2）调整《保护名录》，将被核准为国家重点保护野生动物的物种正式列为国家重点保护野生动物；考虑到中华鳖野外种群的受威胁状况，建议将中华鳖也列入《保护名录》。

（3）按照《野生动物保护法》的规定，对所有淡水龟鳖类的野生种群采取严格的保护措施，禁止出售、购买、利用，明令禁止对野生种群的捕捉、交易、运输和食用，严格管理为进行人工繁育而采用野外种源的数量。

（4）对人工繁育技术成熟稳定的淡水龟鳖类物种，推进《人工繁育国家重点保护野生动物名录》和专用标识及追溯机制的建立，规范人工繁育和利用的管理流程。

（5）严格监管人工繁育和利用，确保野生种群和人工繁育种群的区别管理；建议在物种原产地禁止开展该物种人工繁育和利用，有助于防止野捕洗白。

四、寄语未来

现在，中国的淡水龟鳖类正处在一个危急万分的关头，如果有恰当的、有力的保护行动，许多物种尚存延续下去的希望。斑鳖作为大型河流—湖泊生态系统中的顶级捕食者，与人类共存是一件难事。但对于其他淡水龟鳖类，这些通常为植食性、偶尔食肉（还很可能是腐肉）的与世无争的"忍者"，它们还有种群，还能繁殖，还有自然栖息地，它们还有希望。如果现状得不到改观，以其顽强的性格，或许还能坚持一段时间，可能十年，最多二十年，但野外灭绝几乎无可挽回。

对于这样一个被许多人视为金矿的类群，人类的大规模养殖和利用无疑会持续下去。但我们仍然希望，对它们的野外种群的保护能得到足够重视。让中国的龟鳖，再次畅游在中国的河流里，或许是我们这一代人可以实现的为数不多的事情（图3.45）。

图3.45　图中有一只四眼斑水龟，你能发现它吗？（摄影/陈怀庆）

从大鲵管窥两栖爬行类动物的保护①

肖凌云

一、禁食风云中的两栖爬行类动物

我国现行的《野生动物保护法》里，陆生物种受到《保护名录》的保护，同时还受到《三有名录》的保护，归林草部门管理；而水生物种归农业农村部门管理，除了国家重点保护水生野生动物以外，其他都属《渔业法》管辖范畴，其性质更倾向于渔业资源利用而非保护。

所有国家重点保护野生动物，无论水生还是陆生，《野生动物保护法》规定都不能食用，列入《人工繁育国家重点保护水生野生动物名录》的人工繁育种群除外。而2020年禁止野生动物交易的《决定》的出台扩大了陆生动物的保护范围，除了重点保护动物和三有动物外，所有陆生野生动物，无论野生种群还是人工繁育种群，都禁止食用，但是水生野生动物例外，仍按《野生动物保护法》管理。这样一来，陆生与水生野生动物保护的严格程度似乎进一步拉大了。

然而，在水里和陆地都生活的两栖爬行动物究竟算陆生还是水生？的确有个模糊地带，有些《三有名录》里的陆生物种，也同样属于《国家重点保护经济水生动植物资源名录》里的水生物种。这自然就引发了大家的迷惑，到底我国哪些两栖爬行类动物可以吃？于是林草部门和农业农村部门来了一番紧急操作，忙于划清管辖范围，避免引起混乱。从随后发布的新闻和通知来看：

两栖爬行类里面的蛇类被划归陆生野生动物，禁止食用。

黑斑蛙、棘胸蛙、棘腹蛙、中国（东北）林蛙、黑龙江林蛙等相关蛙类被划为水生动物，可以继续养殖与食用。

列入《人工繁育国家重点保护水生野生动物名录》的大鲵、5种国产龟鳖（三线闭壳龟、黄喉拟水龟、花龟、黑颈乌龟、黄缘闭壳龟）

---

① 北京大学陈怀庆、中山大学张璐博士、海南师范大学史海涛教授对本文有贡献。

和两种国外引入龟鳖（安南龟和黑池龟），属于国家重点保护物种，野生不可食用，但人工繁育种群可以继续食用。

同时列入《国家重点保护经济水生动植物资源名录》和《三有名录》的乌龟（被农业部于2018年核准为国家二级保护动物）和中华鳖，国家林草局宣布将其归属《渔业法》管理范围，不但人工繁育的可以食用，野生种群也可以食用。

其实，由于食材、中医药、宠物方面的需求对野外种群的捕捉和通过养殖业的洗白，24种我国的淡水龟鳖，除了东北鳖、小鳖和砂鳖3个物种未被评估，其他物种都面临野外种群的崩溃，甚至几近绝灭（例如斑鳖），IUCN对我国淡水龟鳖的评级如下：

8种极度濒危：三线闭壳龟、金头闭壳龟、潘氏闭壳龟、云南闭壳龟、周氏闭壳龟、百色闭壳龟、黄额闭壳龟、斑鳖。其中三线闭壳龟属于《人工繁育国家重点保护水生野生动物名录》里的可繁育物种。

12种濒危：黄缘闭壳龟、锯缘闭壳龟、乌龟、黑颈乌龟、中华花龟、黄喉拟水龟、四眼斑水龟、眼斑水龟、地龟、大头平胸龟、山瑞鳖、鼋。其中，山瑞鳖、黄喉拟水龟、花龟、黑颈乌龟、黄缘闭壳龟属于《人工繁育国家重点保护水生野生动物名录》里的可繁育物种，乌龟属于《国家重点保护经济水生动植物资源名录》里的经济利用物种。

1种易危：即《国家重点保护经济水生动植物资源名录》里的中华鳖。

CITES也把除中华鳖以外的中国淡水龟鳖都列入了附录名单，2018年农业部则据此进行了水生物种国家重点保护级别的核准。

两栖爬行类动物在《三有名录》《人工繁育国家重点保护水生野生动物名录》《国家重点保护经济水生动植物资源名录》里交叉出现的混乱现状，以24种淡水龟鳖为例（表3.4）。

这里面最混乱的是乌龟和中华鳖。这两种都是三有动物，而乌龟，在2018年农业部公布的《濒危野生动植物种国际贸易公约附录水生物种核准为国家重点保护野生动物名录》中核准为国家二级保护动物。也就是说，作为三有动物、IUCN易危物种的中华鳖和作为国家二级保护动物、IUCN濒危物种的乌龟，却因为同时在《国家重点保护经

济水生动植物资源名录》中，被明确列入野生种群可食的范围，让人
心生不安：这两个种在野外都已经很少了，需要的是保护而不是被食
用。问题出在各名录的交错和更新的不及时、不同步上。

其他几种养殖可食的国家重点保护龟鳖类，在人工繁育种群中有大
量野捕个体被洗白的事实也被专家多次提及，有的物种已经濒危到了野
外基本找不到的情况，此时允许继续养殖，不知对它们是福还是祸。

不能继续养殖和食用的蛙类和蛇类，希望它们可以借此机会，从
野捕和养殖洗白的压力中缓过气来，逐步实现野外种群的恢复。

说到养殖与野外种群保护的恩恩怨怨，不得不说一说俗称娃娃鱼
的大鲵。

二、从大鲵养殖历史看养殖业的原罪

濒危物种的商业养殖例子很多，其中大鲵养殖历史从文献中可以
查得比较清楚，或许可以代表我国濒危两栖爬行类动物大规模养殖的
发展历史。

20世纪七八十年代，北上的一部分南方人发现了秦岭山脉中大量
存在的大鲵，开始了有规模的捕捞，运往南方城市食用；原本不吃大
鲵的陕西本地人，也受到启发开始抓大鲵。在80年代，山里一人一天
还能抓到30～70千克的野生大鲵。

改革开放后，大鲵的价格从原先的0.9～1.5元/千克涨到了
15～20元/千克，利益的刺激使得抓捕开始变得不择手段。1992—
1998年间，农药甲氰菊酯被大量使用，这种毒药不会立刻杀死大鲵，
而是麻痹它们的神经，这样在运输过程中还能保鲜。不光是大鲵，在
这样的不择手段下，河里的其他水生动物一概难逃厄运，在那段时间
迅速销声匿迹。野外捕获难，加上一些人出于发展生计的考虑，地方
上也开始发展大鲵养殖业。

刚开始的养殖，无疑需要从野外抓获大量种源。实际上一直到
2004年，为数不多的养殖场都只是养着纯野捕的大鲵。2004年，陕西
省渔政部门给第一家大鲵养殖场发放了许可证，至此大鲵养殖场的数

量开始迅速增加。2004—2012年间，有141家大鲵养殖场拿到了养殖
许可证，除此以外还有更大量的无证经营养殖场存在。据说野生大鲵
较人工养殖的大鲵种质优良，繁殖能力较强，所产后代体质健壮，所
以养殖户也会不惜花重金购买野生大鲵，作为种源。

　　与此同时，IUCN于2004年将大鲵的级别定为"极危"。

　　2015年全国水生野生动物保护分会（以下简称"水野分会"）
《全国大鲵驯养繁殖和经营利用调查报告》中称，全国驯养繁殖的大
鲵存有量约为1249万尾，其中亲本数为52万尾。由于大鲵需要到7～8
岁才性成熟，这52万尾大鲵基本都是来自野捕或是野捕的子一代。而
由于大鲵繁育年龄的限制，不可能有几家养殖场能等15年，养到子二
代才卖，一直以来非法售卖子一代和野捕大鲵的情况是主流。

　　同年，农业部印发了《农业部关于加强大鲵资源保护规范经营利
用管理的通知》（以下简称《通知》），提出"原则上"应当利用人
工繁育子代种源来繁育大鲵。对于利用野生种源繁育子一代个体这种
明显的违法行为，该《通知》是这样解释的：*利用大鲵野生种源繁育
的子一代个体，应安排不低于5%的比例用于增殖放流*。放流的大鲵，
前期缺乏评估，后期缺乏监测，效果如何，尚未可知。但从已有的研
究结果来看，野生大鲵的遗传多样性很高，有科学家将其分为5个不同
的种，野外放流可能会导致杂交；加上养殖场内蛙虹彩病毒可能有污
染野外环境的危险，野外放流大鲵问题很多、乏善可陈。

　　水野分会的报告里同时提到，由于大鲵属于国家二级保护动物，
一些省相关部门审批经营利用许可证态度谨慎，截止到2013年，全
国办理的经营利用许可证不多，销售受限。因此真正销售给市场的大
鲵仅占大鲵存量的9.5%，其他的只能卖给其他养殖场。产品积压加
之中央八项规定[①]实施之后，餐饮业奢侈消费下降，结果是大鲵市场
需求远远低于供应，导致大鲵价格剧跌。商品大鲵价格从2012年的
2000～2400元/千克，下降到2015年的300～400元/千克，更进一步
下降到现在的100～140元/千克。农业部为了推动大鲵养殖产业的发
展，同样在《通知》中做出了以下规定，如图3.46所示。

---

① 《十八届中央政治局关于改进工作作风、密切联系群众的八项规定》简称"中央八项规定"。

二、建立标识管理制度和可追溯体系。对养殖大鲵及其产品实行标识管理。我部委托全国水生野生动物保护分会（以下简称"水野分会"）负责承担有关标识的技术服务及日常管理工作。生产企业可凭《驯养繁殖许可证》，向省级渔业行政主管部门申报一定数量的标识；省级渔业行政主管部门应在《驯养繁殖许可证》确定的养殖规模内，对企业申报的标识数量进行核定；水野分会按照省级渔业行政主管部门核定的数量，向其配发标识，标识配发情况报我部渔业渔政管理局备案。自2015年6月1日起，经营利用和运输具有标识的养殖大鲵，不再需要申办相关审批手续，各地渔业部门不再向其发放《经营利用许可证》和《运输许可证》。利用具有标识的养殖大鲵生产的产品，水野分会可根据企业需要直接向其配发相应标识。养殖大鲵标识通过专门的软件进行管理，我部将组织制定相应技术规程。水野分会要加快软件开发和操作培训，建立动态管理数据库，实现标识可查询、可追溯。大鲵的捕捉、驯养繁殖，以及没有标识大鲵的经营利用、运输等管理仍按照现行规定执行。

四、强化宣传引导和社会监督。各有关单位要引导公众正确认识野生大鲵保护和养殖大鲵经营利用的关系，加强宣传教育，鼓励社会团体、志愿者开展法律法规和保护利用知识的普及，营造良好的社会氛围。要倡导健康的饮食习惯，不食用野生大鲵，自觉抵制各类非法进入消费市场的大鲵及其产品。要充分发挥社会舆论监督作用，养殖大鲵标识动态管理数据库的相关信息，要向社会公开，便于公众查询、验证和监督。要充分发挥行业自律作用，引导大鲵驯养繁殖和经营利用企业及个人规范自身行为，切实履行社会责任，积极参与大鲵保护，促进产业规范和可持续发展。

图3.46　《农业部关于加强大鲵资源保护规范经营利用管理的通知》（部分）

根据《通知》，2015年6月以后，大鲵的经营利用许可证的发放权交给水野分会负责。水野分会的报告中呼吁国家要明确大鲵的经营利用政策，同时加大宣传大鲵的食用和药用价值，让消费者不光要知道大鲵是保护动物，同时要认识到合法养殖的大鲵是可以食用的。同样，农业部的通知里也教育公众，要自觉抵制非法进入市场的野生大鲵，养成健康饮食习惯。

公众能不能承担起这个分辨野生还是养殖大鲵的任务暂且打个问号。我只听说，公众进入保护区内，看到和听到的全是关于保护大鲵的宣传，可一出保护区，街边的餐馆里卖的，全是大鲵肉，作为公众，感受会如何？至少我的内心是混乱的。

从大鲵的养殖业发展历史中可以看出，开发一种野生动物作为人工繁育物种进行商业利用，其发展之初，必然带着从野外大量捕捉该物种的原罪。我国的《野生动物保护法》中提到，"人工繁育国家重点保护野生动物应当有利于物种保护及其科学研究，不得破坏野外种群资源"，这句话看起来很理想，比对现状，却是那么的不堪一击。处境同样的不只是大鲵，我国的所有龟鳖类也如出一辙。

三、针对两栖爬行类动物的保护建议

我国的两栖爬行类动物，身处水生—陆生的模糊地带，又由两个部门主管，之前就存在管理交叉、保护还是利用目的不清的情况。2020年禁食的《决定》是不是也能让我国的野生两栖爬行类动物的保护受益？至少要努力尝试。

对此，我们提出以下建议：

（1）参照《IUCN红色名录》和CITES附录，进一步更新（不光是核准）《保护名录》，将已经是极危（CR）和濒危（EN）以及易危（VU）的大鲵和龟鳖等两栖爬行类动物的野外种群升级为国家一级或二级保护野生动物。

（2）制定明确的准入标准，本着对野生种群有益无害、公共健康风险可控、技术和经济可行、管理有序且洗白风险低、无不良社会影响的原则，评估符合准入标准的物种。

（3）修订《国家畜禽遗传资源目录》《人工繁育国家重点保护水生野生动物名录》《国家重点保护经济水生动植物资源名录》等，确保一个物种只出现在一个名录上，明确划清保护名录和利用名录之间的界限。

（4）针对野外种群极度濒危而养殖成功的物种，评估保护和恢复栖息地和野化种群的可行性，制订野外种群恢复计划。可开始优选健康的人工养殖个体组成健康的圈养种群，保护和恢复野外栖息地，为种群恢复做准备。放归野外的行动要制定严格的科学流程，前期要进行充分的科学评估，排除病原体污染、基因污染等因放归对野外种群的威胁，经过科学研究，选择合适的时间、地点、个体条件进行放归，并通过植入芯片等方式进行后期的存活率监测。

（5）针对尚有一定数量野外种群的物种，开展在地保护，监测野外种群的变化，发现并解除威胁，力保种群增长恢复。至少在物种的原产地决不能开展养殖，以防野捕洗白。

禁食野生动物《决定》，对陆生动物是个福音，但希望划归水生动物的两栖爬行类动物也能够得到应有的重视和保护。

第四章

期望：为了更有效地管理

野生动物管理的未来：修法保障、部门职责调整、转业转产

李彬彬

藏羚（图4.1）曾经受到大规模非法盗猎，为获取其毛皮制作奢侈品围巾。后来，一些人想要养殖藏羚，重新打开这个市场。偌大的无人区，我们是否有能力进行有效保护，是否可以在花费较少的情况下保证野外种群不受人类活动影响？

图4.1　藏羚（摄影/李彬彬）

随着新冠疫情的暴发，野生动物贸易与公共健康安全的关系第一次得以大范围重视与讨论。然而，由于立法漏洞、监管难度大、执法不严、投入资金和专业性人才缺乏等原因，中国野生动物管理存在诸多问题，导致类似公共健康安全问题接连发生。生物多样性是保障我们发展的关键，从根本上，应该当作保护我们的屏障、共生的机制，而不是利用的资源来对待。

虽然野生动物利用在很多地方已存在很久，但是随着时代变迁，已不同于传统利用模式。

第一，野生动物利用已从当地消费向异地消费转变，满足的不是

当地基本生活需求或传统文化，而是为了满足很多人的猎奇行为、奢侈消费行为以及炫耀心理。

第二，由于异地消费，运输及集散售卖成为野生动物利用新增的环节，加大了不同物种间接触的可能性，造成不同病原体的混杂及交叉感染概率。当地居民因为长期与一些野生动物共生，机体内可能会产生相应的免疫机制，比如特定的抗体等来防御一些人畜共患病。但当野生动物利用脱离当地使用范畴时，就会造成不同于以往的影响。

第三，由于消费市场往往处于人口密集区域，因此以往可能造成的小范围野生动物疾病传播，现在有更高的可能性造成流行性疾病影响，通过连通性极强的交通网络，影响全国乃至全球。

因此，野生动物管理应当从传统利用观念中脱离出来，根据现有形势重新确定出发点及管理模式。

现有管理体系

林草部门：主管狩猎证、野生动物驯养繁殖许可证和野生动物经营利用许可证等。

农业部门：主管动物检疫制度及畜牧业（梅花鹿等在《国家畜禽遗传资源目录》中属于受管理的特种养殖动物）。

市场监管部门：负责市场交易监管。

公安部门：负责打击各环节的违法行为。

涉及法律：《野生动物保护法》《动物防疫法》《食品安全法》《畜牧法》及相关管理办法、实施条例和地方性规定等。

一、法律监管存在真空地带

很多养殖场饲养和出售的野生动物种类远超出许可证上规定的范围，挂羊头卖狗肉；或者成为非法来源野生动物洗白的通道。很多驯养繁殖技术并不成熟，要依靠捕获野外个体扩充圈养个体，而种源扩充往往使用非法捕猎途径。不在《保护名录》和《三有名录》里的野生动物并不在《野生动物保护法》的保护范围内，这涉及约1000种陆生野生动物，因此，其利用并不受法律或其他地方性规定限制。

唯一能实施管控的是动物检疫。然而，对于很多野生动物，比如蛇类、啮齿类（例如，竹鼠）甚至蛙类等，没有相关动物检疫标准，出具不了检疫合格证明。现有的动物检疫标准只针对猪、反刍动物、家禽、马属动物、犬、猫及兔等。因此，在唯一可以管控野生动物是否能被人类利用的动物检疫环节上，存在一大真空地带。诸多之前的野生动物进入市场，因为没有检疫标准，并没有进行检疫。

二、资金少、专业性人才缺乏，监管执法难度大

野生动物监管涉及极强的专业性，尤其是物种鉴别，由于缺乏重视、机构改革、野生动物贸易监管部门繁多等问题，导致野生动物一线管理缺乏充足的资金和相关专业性监管人才。很多地方部门在驯养繁殖或者经营利用许可证审批时对物种概念并不明晰，在许可证上出现"野鸭""野鸡""蛙类"等字样，无法明确物种经营是否在法律允许的范围内。

对于繁杂的野生动物种类，受制于专业能力，市场监管、检疫及执法难度极大，无法达成有效监管的目的。更关键的是，就算持有有效许可证且利用的是规定的野生动物物种，绝大多数物种不论是从外观还是遗传信息，都难以判别其是非法还是合法来源。因此，个人和商户往往可以利用这个监管的薄弱环节进行非法野生动物贸易。

三、利用野生动物种类繁杂，检疫难度大

负责检疫的是地方兽医站，由于人力和资源限制，对于常规需要防疫检疫的家畜家禽都疲于应付，更不要提检疫规程欠缺的种类繁杂的野生动物。那么，检疫合格的野生动物是否可以利用呢？对于大多数野生动物尤其是野外直接来源的动物，我们欠缺对其可能携带的病毒、细菌及寄生虫的全面了解；同时，动物检疫仅根据动物的临床表

现进行判断，很多动物携带病原体但自身并不发病或是携带病原体的潜伏期不明，无法准确判断是否存在疾病尤其是人畜共患病的风险。同时，检疫实验室仅能对明确的病原体进行检疫，在对大多数野生动物研究缺乏、了解不深时难以确定需要检疫的全部内容。

四、监管部门兼具保护与利用两个职责，难以达到相互监督、制衡的作用

陆生野生动物的保护和利用由林草部门负责，而水生野生动物的保护与利用由农业农村部门下的渔业部门管理。在我国《野生动物保护法》中从利用的角度也做出一些规定，当地方强调以经济发展为重心时，同一部门在平衡保护与利用时，往往也会因为种种原因而重利用轻保护。同时，一些类别的野生动物管理划分不合理，例如，两栖类一般按照水生动物由农业农村部门管理，但是两栖类中利用的重点蛙类，很多物种大部分生活史是在陆地上，陆地生态系统的保护又由林草部门管理。

五、解决途径

（一）修订野生动物相关法律

1. 《野生动物保护法》

对于《野生动物保护法》的修订最关键在于明确所有野生动物都在保护范围内，去除管理真空地带。对所有物种根据野外种群及保护现状进行评估及分类管理。根据科学评估，针对可利用的物种建立名录，减少灰色地带的物种数量，对有限的利用种类可以更为有效地监管。

第一，重新定义《野生动物保护法》的保护范围，将其扩展到所有野生动物。原有《野生动物保护法》的保护范围过窄，无法对野生动物监管提供有效的法律依据。可参照新西兰的《野生动物法案》，首先阐明所有野生动物都在保护范围内。然后在后面条款里再逐条列出可以被猎捕、可养殖的、受部分保护的物种。这可以解决现在存在的野生动物管理的真空地带，同时根据科学评估给出可以利用的野生

动物白名单，从而实现有针对性的、精准的监管，减少野生动物管理上由于可利用动物种类过多而相应物种鉴别能力低所带来的监管难度大的问题。

第二，禁止所有直接来源于野外的野生动物的商业用途，最大限度地降低对于野外种群的影响及不可控的公共卫生风险。野生动物的科研、教育用途需要特许审批。

第三，重新确定野生动物分类体系，及时更新各种保护野生动物的名录，确定定期更新年限，保证科学评估可以及时有效地反馈到野生动物管理当中。根据野生动物野外种群状况、栖息地及威胁评估，确定新的分类标准。其中最高一级应当为禁止任何形式的利用，同时对于研究不足或获取的信息不足的物种也应当禁止利用。废除《三有名录》，将其调整合并到新的分类系统中。

第四，建立适用于所有野生动物的《可人工繁育的野生动物名录》。对于可成熟人工繁育并进行商用的野生动物，需要经过独立专家委员会评估，并进行公示意见征集，最终确定物种名单。同时，对于已在名单上的物种，需要定期进行评估。对于出现经营混乱、管理不力、对野外种群造成影响的养殖种类，应当取消其合法名录位置。

第五，对养殖及利用的野生动物应要求全部建立可溯源体系。应该将《野生动物保护法》对于国家重点保护野生动物养殖的要求扩展到其他野生动物上，要求全部野生动物都"建立物种系谱、繁育档案和个体数据"，"规范使用专业标识，保证可溯源"，并给予技术指导和支持。对于不同保护等级物种，可以使用不同标识。凡是无法达到要求的野生动物养殖行为，一律取缔。同时，应当减少野生动物繁育和经营利用许可证有效年限，增强审查和监管力度。

第六，对于没有动物检疫标准的野生动物，不予发放驯养繁殖及经营利用许可证。未检疫合格的野生动物禁止运输及进入市场流通。

第七，增大对野生动物非法猎捕、驯养繁殖及利用的惩处力度。

2. 《动物防疫法》

在《动物防疫法》里，应当明确规定：

第一，与《野生动物保护法》衔接，杜绝直接捕获的野生动物的商业使用，对其不予检疫，并严格查处没有检疫的非法利用的野生动物。

第二，对于驯养繁殖企业与个体，需要定期自主申报检疫，对饲养动物进行定期防疫，确保卫生及检疫标准。

第三，部分驯养繁殖的野生动物可以参照同属家畜家禽的检疫标准进行检疫。并应当根据对疫病发展与了解的深入，修改相关标准，使之更适用于野生动物。对于没有检疫标准的野生动物物种，不得给予检疫和养殖许可。

第四，当新的物种经评审被列入可人工繁育名单时，需要组织相关专家确定产地检疫和屠宰检疫标准。规范饲养、屠宰及运输环节的检验检疫。

（二）调整并明确各部门监管职责

将保护与自然资源产业发展分开，由不同部门管理。陆生野生动物及水生野生动物的保护工作应当集中到自然资源部下的野生动物主管部门统一管理，而相关的生产经营管理工作应当调整到与农业农村部同级的另外一个主管部门管理，从而解决野生动物保护与利用管理失衡以及野生动物分类群、分部门管理造成的保护空缺等问题。在源头上由野生动物主管部门对野生动物进行科学评估、确定其不同保护等级并进行及时更新。

由农业农村部门根据动物检疫难度、防疫检疫标准及相关行业管理水平等，组织专家对某些保护等级低的野生动物是否可纳入《可人工繁育野生动物名录》进行评估。评估结果由野生动物保护管理部门进行独立专家论证，确定最终名录。

野生动物主管部门对于可驯养繁殖和利用的野生动物进行许可证审批，针对人工繁育的野生动物建立完善有效的追溯体系，通过管理人工繁育种系信息进行监管；对于可以确定动物个体来源的，配备实验室对野生动物来源进行审核；依法取消不符合规定的许可证。应在网上及时更新公示从国家到地方各级部门审批通过的许可证，包括合法利用的野生动物种类、数量，利用企业，许可证有效时间等。公众可以利用网上平台进行监督。

列入人工繁育名录的物种，由农业农村部门根据《野生动物保护法》《畜牧法》《动物防疫法》等进行监管；针对此类野生动物有明确动物检疫标准及技术人员资格要求；针对所有野生动物及制品都需要有强制检疫，合格后方可进入市场。

市场监管部门需要在线上及线下对非法野生动物贸易进行严格监管。在线上，例如，在快手、抖音、淘宝、微博、微信等公众平台建立非法野生动物猎捕、繁育及利用的监管体系，充分调动平台及网络企业的能力，对此类违法行为进行甄别。同时开通便捷的网络及电话举报路径，联合公安部门对举报信息进行及时反馈，利用公众监督完善监管机制。同时，加大对线上非公众平台交易的打击力度。在线下，市场监管部门应当对从事野生动物养殖及利用的企业、个人（包括乡镇集贸市场、餐馆、旅游景点等）进行定期检查及抽查，联合公安部门做好对不法经营的行政和刑事处罚。公示辖区内合法经营户信息，利用大众监督并及时反馈。对混有野外来源的野生动物的情况，应当按照以危险形式威胁公共安全罪追究经营者的刑事责任。

同时，市场监督部门应当联合卫生部门、野生动物主管部门、动物检疫部门整顿规范活体动物及肉类市场。中国广泛存在的花鸟市场、农贸市场、海鲜市场等卫生条件普遍较差，集中了活体动物交易、宰杀、肉类贩卖等，这也是野生动物贩卖的线下主要场所之一。大量野生动物及家禽、家畜等聚集在一起，增加了不同动物在自然状况下不可能出现的接触场景及频次，造成不同病原体高度集中，提高交叉感染概率，增加不同病毒间重组的可能性，带来原来不可能产生的新型疫病等众多问题。因此，对于活体动物及肉类市场需要重新思考制定更为合理的经营及管理模式；对于合法野生动物，需要确定定点销售场所，制定卫生和监管标准。

（三）政策引导，逐步转业转产

在紧缩野生动物利用的同时，应当鼓励引导现有企业和个人转产，逐步转向更可持续、环境影响小、公共卫生及安全风险小的生产方式。1998年，在我国长江中下游遭遇特大洪水，饱受经济重创和人民安全威胁时，相继发布的天然林禁伐和退耕还林政策，保障了未来长久的生态安全和社会稳定。天然林保护工程涉及众多国有林场，包括95.6万职工，但是为了国家生态安全，政策支持妥善安置这些职工，解决民生问题，很多地区脱离木头财政转为生态财政。又如近些年来，随着环境污染加剧，公众健康风险增加，政府通过鼓励产业升级，淘汰重污染重排放企业，推动绿色产业可持续发展，逐步减少发展对环境及公共健康的影响。因此，对于野生动物利用行业，纵然可以允许合法存在，但是，在看清楚它的代价、潜在风险和公众态度后，应当通过更强力的政策引导，转产转型。

野生动物利用行业，本质上利用了公共财产，但将公共卫生安全风险及其成本转嫁到大众和政府身上，从而形成了暴利的产业链，吸引更多人参与。因此，我们需要利用法律和政策将环境和生态成本有效纳入商业运作当中。虽然产品追溯体系、自主申报检疫都会增加企业成本，但是对于一个对公众以及环境造成潜在影响的行业来说，需要提高其准入门槛以及风险控制成本，才能有效避免众多不顾社会责任的短期逐利行为，整顿行业乱象，规范行业运作。当然，这个前提是我们可以有效打击非法贸易，加大的惩处力度可以杜绝由合法贸易向非法贸易的转变。

在经济发展和避免返贫的压力下，很多地方政府可能不愿意放弃刚扶持起来的野生动物利用行业。然而，从市场经济的角度来看，需要明确这些行为是在帮助百姓短期脱贫还是谋求长期的发展。对于野生动物的利用，随着疫情的暴发以及国内外公众尤其是年轻一代对动物福利的关注、对生物多样性和生态安全的重视、对中国在国际舞台上担当的环境保护领袖角色以及对我们在"一带一路"沿线国家发展所可能造成的环境影响的担忧下，野生动物利用的长期商业前景其实并不看好。我们对某些产业的发展应当做更有前瞻性的规划和引导，而非局限于现有既得利益者的呼声。

例如，近些年由于全球对动物福利的关注、反对动物毛皮使用变得日益强烈，众多国际时尚品牌，例如Burberry、Gucci、Chanel、Phillip Lim、Coach、Diane Von Furstenberg、DKNY、Michael Kors、Versace 和Armani等纷纷发表声明不再使用毛皮，导致毛皮需求大幅降低，很多毛皮动物饲养行业收益下滑。很多欧美国家，例如，北欧国家挪威、芬兰纷纷禁止毛皮动物养殖，美国加利福尼亚州禁止毛皮销售，毛皮生产逐渐成为被淘汰的行业。

因此，我们更应该利用这次机会从根本上转变我们以利用为出发点的野生动物法制体系及管理机制，引导相关从业人员转业转产，进入可持续发展行业。对于扶贫，各地政府应该秉承生态扶贫的理念，接受科学评估和指导，确定可以长久发展且不破坏根基和地方形象的扶持产业。同时，政府应当引导科学研究从原有的野生动物养殖、驯化向野生动物保护转变，杜绝各级政府及企业通过资助特定科研项目为商业养殖及利用打通途径。

根本上，我们需要把生物多样性和生态系统当作公共安全的屏障、社会可持续发展的免疫系统来看待及保护，虽然短期内不会像其他活动产生直接的经济价值，但是良好的环境条件、持续有保障的生态系统服务（例如，清洁水、空气）提供、降低气候变化对人类社会的影响都为我们经济可持续发展、社会平稳过渡到小康社会提供稳定的大环境及长久的收益，同时减少突发性疫病及其他灾害带来的损失、经济倒退以及不稳定的社会因素。最后，应当明确野生动物的管理不仅仅涉及保护部门的职责，还需要多部门配合，完善修法，建立健全监管机制，建立具有专业知识人才的综合执法队伍，才可以有效管理、保护野生动物资源，促进社会发展。

六、写在最后的话

中国在生物多样性和生态保护上投入的努力和制定的政策是很多发展中国家甚至一些发达国家都无法比拟的。对于我们从事生物多样性保护研究的人来说，在国际平台上一直尝试去总结和介绍中国的巨大努力和成效，包括全球最大的生态系统服务补偿机制、世界首例全国性碳市场、率先达到保护地国际目标、大力推广科技在自然保护中的应用、推广绿色"一带一路"建设、提出并践行生态文明等，然而，我们又经常被野生动物非法利用及非法贸易打得措手不及，与我们践行的生态文明相背离。当我们将生物多样性保护逐渐融入生态文明建设过程中时，我们对于野生动物的理解及保护是否真的有所突破、真正走在了世界的前面？

疫情之下的重修：野生动物保护的利用导向该改了[①]

宋大昭

关于野生动物保护，很多普通人并不太了解具体是怎么回事。他们通常会有很多困惑："吃野味当然不好，但是那些养殖户没了生计也很可怜啊？""哪些是野生动物？鱼虾也不能吃了吗？到底哪些是保护动物？""管理一刀切真的可行吗？"

这实际上暴露出中国在野生动物管理上的很多问题和缺陷。今天需要重点拉出来阐述的，就是一个需要追根溯源的问题：保护是为了利用吗？换一个问法，以野生动物数量的多与少来衡量是否需要保护，对吗？是否数量足够多，野生动物就可以任人消耗？

一、《野生动物保护法》是怎么来的？

中国在1988年《野生动物保护法》公布之前，对野生动物没有保护法保护，只有利用。利用的这套体系继承自苏联，在新中国刚刚成立，百废待兴，经济亟待发展的年代，野生动物成为和木材、河流、矿产一样的自然资源，而把动物看作资源的惯性一直延续至今。

到了20世纪80年代，很多野生动物已经少见，比如华南虎。如今若回顾资料和数据，就会发现那时候华南虎种群实际上已经处于功能性灭绝的状态。

这时候国人才意识到：即便是资源也是需要被保护的，于是出现了《野生动物保护法》。但是请注意，当时的指导思想，保护依然是为了更好地利用。

[①] 山水自然保护中心赵翔、西交利物浦大学肖凌云博士对本文提供支持。

这个思想可谓根深蒂固，直到今天在一些保护区，包括保护区领导在内的很多人依然坚定地认为：保护是为了利用。截至2021年，《野生动物保护法》已修订4次，2016年的修订开始强调保护优先，由于利用的惯性太大，形成的利益关系早已错综复杂，修订后的法条依然无法规避管理漏洞。

二、核心漏洞：仍有1013种动物不受《野生动物保护法》关注

漏洞的核心：并不是所有野生动物都是受到有效保护的。是的，你没看错，事实就是这样，有很多动物不归《野生动物保护法》管。

《野生动物保护法》第二条是这么描述保护野生动物的：本法规定保护的野生动物，是指珍贵、濒危的陆生、水生野生动物和有重要生态、科学、社会价值的陆生野生动物。简单地说就是国家一级和二级保护野生动物、地方重点保护野生动物和三有动物。并不是所有的动物都被纳入这三种保护类型。

比如说，中国现有野生兽类692种，其中国家重点保护物种（一、二级）144种，地方重点保护物种1和三有物种138种。那么，还有410种是不在各级保护名录里面的，于是它们不属于受到《野生动物保护法》重点关注的野生动物，比如，一些种类的蝙蝠（图4.2）和部分地区的旱獭（图4.3）及一些鼠类等。

根据北京大学和山水自然保护中心的梳理，包括哺乳类、鸟类、两栖类、爬行类在内，被保护物种累计仅占中国总记录哺乳类、鸟类以及两栖类和爬行类动物种数的66.30%（总共3006种），仍有1013种未受到名录保护。

尽管除了《野生动物保护法》外，还有一些相关的法规条例划定了我们对待野生动物的行为红线，一定程度上也为未受名录保护的野生动物提供了护荫，比如，《刑法》中的非法狩猎罪、《最高人民法院关于审理破坏野生动物资源刑事案件具体应用法律若干问题的解释》（法释〔2000〕37号）（以下简称《司法解释》）、《陆生野生动物保护实施条例》以及《治安管理处罚法》等。

图4.2　桂林蝙蝠洞里的普氏蹄蝠（摄影/万绍平）

图4.3　旱獭（摄影/熊吉吉）

但在实际执法过程中，依然挑战颇多。

1. 非法猎捕三有动物及非重点保护物种，相应处罚条款不到位

举个例子，你可以随意打死蝙蝠或者抓回来养吗？不行。虽然《野生动物保护法》不管这个动物，但是无证猎捕蝙蝠依然违反相关法规。

请注意，违法归违法，处理起来却很难，因为相应的处罚条款其实并不完善。比如可依据的有如下两条：

修订后的《野生动物保护法》第二十二条规定：

猎捕非国家重点保护野生动物的，应当依法取得县级以上地方人民政府野生动物保护主管部门核发的狩猎证，并且服从猎捕量限额管理。

《司法解释》第六条也规定：

违反狩猎法规，在禁猎区、禁猎期或者使用禁用的工具、方法狩猎，具有下列情形之一的，属于非法狩猎"情节严重"：（一）非法狩猎野生动物二十只以上的；（二）违反狩猎法规，在禁猎区或者禁猎期使用禁用的工具、方法狩猎的；（三）具有其他严重情节的。

然而，如果非法猎捕，结果会怎样？

举一个极端的例子，比如A去一个牧民的自留地（不属于保护区等国家规定的禁猎区）里一下子打死了19只旱獭并且吃掉了（20只构成情节严重，可以立案）。这种行为肯定违法，但是按照《陆生野生动物保护实施条例》的规定，该种情况依照《治安管理处罚法》的规定进行处罚。

然而这对现行的《治安管理处罚法》来说又超出了范围——该法中并没有针对这种情况的处罚条款，最多牵强地认定为损坏或者盗窃公私财物（野生动物属于国家资源）。于是，警察来了多半就是批评A一顿了事，较真的可能罚200元钱，其他的法律法规基本没法处罚A（这是我们在日常工作中确实遇到过的场景）。而A的违法行为造成的后果可能很严重，如果那些旱獭携带鼠疫或其他传染病菌，A就成为一个传染源。

这就是非常现实的情况：无论是《刑法》《陆生野生动物保护实施条例》或是《司法解释》，都不能与《野生动物保护法》相匹配，由此引起的违法成本低、执法成本高的问题导致了今天的管理乱象。

再举一个现实的例子。2014年有人在微博上炫耀豹猫被举报，经过网络的发酵形成舆情事件，最后公安机关介入并处理。令人啼笑皆非的是，面对一只三有动物亚洲豹猫，尽管当事人对非法猎捕供认不讳，但最后处理的办法是：拘留10天。罪名是：散布谣言。

另一个案例发生于2019年。在与巢湖相邻的含山县，有一名男子及其同伙，捕杀了26只麻雀，被以非法狩猎罪判处拘役4个月。

这个例子看上去合理了很多，需要注意的一点是，麻雀等小鸟一下子弄死超过20只可能不难，但其他兽类，特别是不属于重点保护物种的大中型兽类，一下子捕杀达到立案标准的20只就非常困难。

山上打一只狍子、小麂、豹猫、野猪，被举报甚至抓获了怎么办？这些都很难得到有效处理。但这种案子又非常多，执法成本高，违法成本低，基本上和在城里违章停车的处罚差不多，这也间接导致了执法效率的低下。

2. 非法利用三有动物及非重点保护物种，相应处罚条款更不到位

前面提到的处罚只是针对非法猎捕，在利用上的规定就更少了。比如说，2018版的《野生动物保护法》第三十条规定：禁止生产、经营使用国家重点保护野生动物及其制品制作的食品，或者使用没有合法来源证明的非国家重点保护野生动物及其制品制作的食品。

根据这一条款，无论是路边的小饭馆卖非法的狍子、麂子、野鸡肉，还是食客去消费都是违法的，但要是真的发生了怎么管、怎么罚，并没有清晰的规定。

再比如大家谈论的野味洗白问题，一旦查出来了，肯定违法，也好处理；然而怎么才能有效地查出来，相应的管理办法并没有跟上。

对饲养场而言，林草部门只管发证，监管靠对动物并不专业的工商部门，免疫靠对野生动物同样不专业的农业农村部门，执法需要公安部门，在沟通协调不畅和认知水平不一致的情况下，无论是日常监管还是调查取证都烦琐而缺乏依据，最后《野生动物保护法》做的规定只能停留在纸面上。

有养殖户给我们公众号留言：

"异蛐繁殖场：

我是（有）一个宠物蟒蛐合法养殖场，我既有驯养繁殖许可证，也有经营利用许可证和工商营业执照。但是现行法（律）规定，购买方也需要有驯养繁殖许可证才能购买。并不是不允许出售，只是限制

了购买者。个人宠物饲养怎么可能给办驯养繁殖许可证？作为宠物来繁殖出售的不允许个人购买，养殖场以什么生存？养殖场没办法生存，为什么还给办理各种合法手续要求你、鼓励你建场养殖？这才是需要解决的问题！"

这段话充分说明了现在立法的滞后和现行法规的不完善，而类似的事情在国外存在成熟的管理操作模式。也就是说，我国《野生动物保护法》及相关法律法规尚无法做到有效管理。现实中，狍子、小麂、赤麂、野兔、豹猫、野猪等非重点保护物种被大量盗猎。这种以利用为价值导向的管理体系带来的问题是：法律在管所有的野生动物吗？看上去是在管的。现行体系能管得好吗？不能。

摒弃为利用而保护，以保护生态系统为核心，才能从源头控制重大公共卫生风险，我个人觉得这就是一个立法的价值体系如何建立的问题。

新冠病毒尚未确定来源，只是推测经动物传染给人。这次疫情的暴发却掩盖了另外一个非常危险且被快速抑制住的公共卫生安全事件：

2019年11月12日，内蒙古自治区锡林郭勒盟苏尼特左旗2人赴京看病，经专家会诊，被诊断为肺鼠疫确诊病例。鼠疫是啥？一号病。曾经肆虐欧洲、消灭过数个王朝、导致十室九空的一号病。

历史上数次鼠疫暴发都源自对旱獭、蒙古兔（图4.4）等病菌携带物种的毛皮和肉的利用。北京这两个病例是咋回事？新闻说他们在内蒙古打死了野兔并吃掉了。如果不是新中国付出了巨大的代价做到鼠疫防控，那么这将是一次极其恐怖的公共卫生安全事件，一号病根本不会给你十四天潜伏期，它在几天之内就会要你的命。

如果从维护生态系统安全、防控公共卫生风险的角度看，打野兔、吃野兔根本就不应该从野兔是否有利用价值、是否濒危这个角度来衡量其性质。中国已经是世界第一大加工制造大国，也是第二大经济体，早已过了要把野生动物当作资源直接利用的时代，一次疫情导致的损失可能是野生动物利用（合法加非法）产业数年的产值都比不上的。利用本身并无问题，对野生动物的利用贯穿人类进化的全过程。

我们今天吃的肉都来自当年祖先对野生动物利用的结果，今天我们去观鸟、合法养宠物同样是对野生动物的消费。

图4.4　蒙古兔（摄影/宋大昭）

但是，要利用就谈怎么利用，把利用的法律法规和管理办法弄清楚、搞明白，这绝不会比中国其他体量巨大的产业更加困难。而保护则应回归保护，《野生动物保护法》首先要解决的是为什么保护？应该从哪些维度来反思和更新我们的保护？ 2020年2月10日，全国人大法工委王瑞贺表示："全国人大常委会也在对野生动物保护方面的法律制度进行全面检讨、反思。要号召全社会形成一个对野生动物非法交易零容忍，对滥食野生动物的行为坚决说'不'的氛围！"

全国人大法工委已启动修订《野生动物保护法》等相关法律的工作，以及依法加大打击和惩治乱捕滥食野生动物的行为。

"少数人获利，主管部门背锅，国家荣誉受损，全民健康遭殃"——这是阿拉善SEE基金会秘书长张立教授对野生动物利用乱象做的评价和总结。

是的，疫情造成的伤痕和损失不必多言，"中国人爱吃野生动物"也已经在全世界形成了刻板印象。在这里要特别强调北京大学吕植教授的建议：

把野生动物贸易上升为公共安全来看待和管理。一个现代化的中国，在进步路上的第一步，自然也应该从完善法制开始。

第五章

修法：不仅为了野生动物

代价沉重的进步：对野生动物保护修法的建言

吕　植　史湘莹　肖凌云　赵　翔

2020年，新冠疫情的暴发让整个中国过了一个特殊的春节，甚至全世界都开始了抗疫。病毒源头虽未确定，但许多研究关注到野生动物交易和食用，特别是在脏乱的市场，诸多野生动物活体在不自然的状态下聚集在一起，为病毒变异和跨物种感染提供了温床。公共安全与野生动物直接挂钩，让"保护野生动物就是保护人类"的口号有了真实的切肤之痛。"病毒猎手"哥伦比亚大学教授利普金表示，希望中国永久禁止野生动物贸易。从SARS到新冠疫情，当人们在审视疫情与野生动物之间的关系时，发现我国的《野生动物保护法》等现有法律政策和执行监管中存在漏洞，亟待修订和完善。

在疫情发生后，十九位院士和学者在1月22日呼吁全国人大紧急修订《野生动物保护法》等相关法律，禁止野生动物非法食用和贸易，从源头控制重大公共安全风险。此后的一项公众意愿调查表明，在近10万被调查者中，赞成全面禁止吃野味和进行野生动物贸易的都在95%以上。

公众之所以有如此高涨的意愿，与疫情造成了巨大的健康与生命损失直接相关。每天的疫情一个个跳动的数字背后都是一个个鲜活的、和我们同样的人和家庭，这让全社会陷入巨大的伤痛之中。不仅如此，抗疫还付出了难以估量的社会经济代价。据估计，光2020年春节7天，餐饮、旅游和影视业的损失就在10 000亿元左右，服务业整体受到冲击，生产短时间无法恢复，波及全球的产品供应。很多人估计，此次疫情对中国经济的影响高于SARS。

科学研究表明，近些年来世界各地出现的新发传染病，例如，亨德拉病、尼帕病毒病、H7N9禽流感、埃博拉出血热、中东呼吸综合征等，都和动物有关。统计发现有超过70%的新发传染病来源于动物。这些病毒本来存在于自然界，与宿主野生动物长期协同演化，达成平衡，但由于人类食用野生动物，或者侵蚀野生动物栖息地，使得这些病毒与人类的接触面大幅增加，给病毒从野生动物到人类的传播创造了条件，危及公共卫生安全。加之交通的便利和人口的流动，使得流行病暴发的概率大大增加。

许多人称此次疫情暴发的事件是"灰犀牛"——远看似乎没有威胁，而当它一旦被触怒、向你奔袭而来时，能够逃脱的概率微乎其微。用这个概念来比喻野生动物贸易和食用对人类的潜在风险最恰当不过。SARS时期，对野生动物食用和交易的禁令也曾如这个月这样猛烈，然而半年、一年过去之后，"好了伤疤忘了疼"，风险又被监管者和从业者所忽视，没有从根本上杜绝野生动物的非法贸易和消费。因此，疫情的再次暴发有其必然之处。所幸的是，这一次，全国人大做出了快速和积极的反应。2月24日，全国人大常委会出台了禁食野生动物、禁止野生动物交易的《决定》，并由全国人大立即启动修订《野生动物保护法》及相关法律的工作。

那么，《野生动物保护法》究竟有什么问题，应该如何修订？

一、《野生动物保护法》应以保护为目的，并纳入公共安全的考虑

法律不可避免地带有时代色彩。《野生动物保护法》最早发布于1988年，当时的立法目的"为保护、拯救珍贵、濒危野生动物，保护、发展和合理利用野生动物资源，维护生态平衡"，方针是"加强资源保护、积极驯养繁殖、合理开发利用"，野生动物和木材、矿产一样被视为可利用资源，保护就是为了利用。在2016年该法修订时，对目的和原则做了相应改变，分别为"为了保护野生动物，拯救珍贵、濒危野生动物，维护生物多样性和生态平衡，推进生态文明建设"，和"保护优先、规范利用、严格监管"。随着生态文明理念的深入，尊重自然、顺应自然、保护自然正在全社会逐渐形成共识，成为这个时代新的价值观；并且通过SARS和新冠疫情的暴发使更多人认识到野生动物与公共安全的关系，因此，建议此次修法将目的和原则分别修改为："保护生物多样性，保障生态安全和公共卫生安全，建

设生态文明"和"严格保护，规范管理，有效监督"。

二、应明确野生动物的定义，扩大《野生动物保护法》的保护范围

对野生动物的定义，建议采用人们通常理解的概念，即生活在自然和人工环境中、未曾被人类驯化的动物。目前，《野生动物保护法》只对国家和地方重点保护野生动物，及有重要生态、科学、社会价值的陆生野生动物进行规定和保护。也就是说，该法只保护了濒危物种和三有动物，不规范其他一般动物，包括蝙蝠、旱獭等具有潜在公共健康风险的物种，其捕杀、交易和利用基本不受任何约束。这是法律的漏洞之一。

出于将公共卫生安全和生物多样性作为一个整体保护的考虑，建议将该法的规定范围改为所有野生动物，除了非国家重点保护的水生野生动物，适用《渔业法》等其他法律的规定；对农业、林业、公共卫生有影响的陆生野生无脊椎动物，适用《农业法》《森林法》《传染病防治法》等法律的规定；作为特种繁育陆生野生动物可商业利用的人工繁育种群列入《特种繁育动物名录》，适用《畜牧法》《动物防疫法》等法律规定。

这样的安排，既扩大了保护范围，填补监管漏洞，又回答了公众担心的"野生鱼能不能吃""苍蝇蚊子是否保护"等问题，同时厘清《野生动物保护法》与其他相关法律的规范和约束对象的分工与衔接。

与此同时，建议尽快修订自1988年以来未曾更新的国家和地方的重点保护野生动物名录，让不少已经濒危的物种得到应有的保护；取消三有动物，将其与之前未保护的动物一起列为"一般保护动物"。

三、禁止野生动物的食用和贸易

首先梳理一下目前《野生动物保护法》对野生动物的贸易和食用

是如何规定的。出于对公共安全的考虑，我们着重分析了陆生脊椎动物的合法利用路径（图2.6）。

我们发现：

只要有行政许可，所有野生动物都可以进入市场进行商业利用。国家重点保护野生动物需要人工繁育二代以后进行商业利用，除医药（可直接利用野生的）以外。

所有野生动物都可以进入市场被食用，除了国家重点保护野生动物以外（无论野生的还是驯养繁殖的）。

所有进入市场的野生动物都要求检疫证明。

野生动物利用的行政许可、检疫和销售营业执照分属林草部门、农业农村部门和市场监督部门负责。

结论是，贸易和食用的口子开得很大，难以控制公共卫生风险。

而且，这个体系设计得如此庞杂，难以完整操作，无怪乎各地和部门由于行政和执法人员人力不足，能力欠缺，加之各部门职责不清，监督和执法不严就成了常态。违法成本低，导致大量无证经营、经营内容与许可不符，没有检疫证明以及利用合法的驯养繁殖许可掩护野外猎捕国家重点保护野生动物进行非法贸易的洗白等行为，已成为多年的沉疴。

改变应该先从禁止食用做起。食用野生动物在今天的中国，已经不是维持生存的必需而多是奢侈消费，这从网上披露的武汉华南海鲜市场"大众畜牧餐厅"的价目表上就可以看出。面对吃所带来的巨大健康风险，以及人与自然关系重建的今天，我们不仅应该从伦理上做出取舍选择，而且有必要受到法律的规范。我们的建议是，把对国家重点保护野生动物不得进入食品市场的规定，扩展到所有受《野生动物保护法》规定的野生动物。

问题来了：人工繁育的野生动物算什么呢？

四、建立驯养繁殖动物白名单

由于之前《野生动物保护法》对利用的鼓励，以及地方和部门产业及扶贫等政策的支持，我国形成了一个庞大的以商业为目的的野生动物驯养繁殖和利用产业，并且较少考虑疫病的风险。2003年8月，在SARS疫情消除不久，国家林业局发布了《商业性经营利用驯养繁殖技术成熟的陆生野生动物名单》，包括果子狸等54种动物。近年来驯养繁殖野生动物的经营者不断增多，据统计，2004年约有16 000家。而在2020年1月22日—2月8日，国家林草局应对疫情的紧急执法活动就检查了各省共70 216处人工繁育场所。这个庞大的产业，也是今天禁食野生动物面临的最大困难之一。

这些驯养繁殖的动物中，有一些繁育技术成熟、健康风险可控、拥有大规模可持续繁育种群且无须从野外捕获野生个体。对于这样的繁育动物种群，我们建议建立《特种繁育动物名录》，即白名单，允许繁育子二代以上的动物商业利用，进入市场。为了与野生动物区别，可以将这些动物定义为"特种繁育动物"，按照家禽家畜的标准，由农业农村部门进行管理。

白名单以外的其他野生动物，则规定不可以商业化繁育，只能用于科研、保护等小规模繁育，以防洗白。同时这也保护了白名单上合法养殖户的利益。

因为一部分人存在以野捕代替养殖的非法行为，驯养繁殖一直以来受到保护人士的诟病，究其原因还是执法不力，违法成本太低。因此要从制度上降低执法的难度，提高违法的成本。例如，白名单的制定需要严格的标准和流程。

首先，白名单应满足下列要求：

（1）人工繁育技术成熟稳定。

（2）野外种群数量稳定健康，圈养种群可持续、规模化，且无须从野外补充种源。

（3）有适于该物种的合法检疫标准，且经科学评估公共卫生安全风险低。

（4）建立物种系谱、繁育档案和个体数据；特种繁育动物个体使用植入型芯片进行个体标识，并保留组织样本两年，供DNA抽样检查；谱系明确保证可追溯。

（5）从养殖到利用的全过程做到信息公开，便于国家相关部门执法监督，以及公众监督。

此外，除了动物白名单，对有能力和技术、符合操作规范的企业和养殖户也可设置白名单。这些进入白名单的企业与养殖户及其养殖动物的相关情况和行政许可同样应做到信息公开，接受公众监督。一旦发现违法行为，应考虑撤销许可。

明确了以上内容，凡是市场上出现野生动物的贸易和消费就成为非法，消费者也应同样以违法论处，这将大大减轻执法的难度，提高执法效率和力度。

列入白名单的特种繁育动物可不可以吃呢？这取决于检疫的可行性。

五、检疫是瓶颈

尽管允许进入市场的动物简化为白名单上有限的驯养繁殖动物，大大减轻了检疫的工作量，但检疫仍然是一个瓶颈。除了地方兽医站人员和技术能力的缺乏外，更重要的是由于缺乏对大多数野生物种及其在不同食物和环境条件下的流行病学研究，无法建立针对该物种的检疫规程和标准，因此目前进入市场的大部分野生动物，包括蛇类、竹鼠，都无法进行防疫检疫，即便是养鹿业已成功多年，也还没有建立起一套全链条的完善的检疫规范体系。

按照《动物检疫法》第四十二条和四十七条规定，驯养繁殖的动物从野外种源的捕获到养殖、屠宰、加工、销售各个环节都应有合格的检疫，而《食品安全法》第三十四则禁止生产经营未按规定检疫或检疫不合格的肉类 。如果以这两个法律的要求作为进入白名单的红线，能够满足要求的动物寥寥无几。经调查，农业农村部只颁布了生猪、家禽、反刍动物、马属动物、犬、猫、兔、蜜蜂等10种陆生动物以及鱼类、贝类、甲类3种水生物种的产地检疫规程，并没有出台专门适用于野生动物产业全链条的检疫标准，如果检疫也只能"借用"上述家禽家畜的检疫标准，就不能做到对公共卫生风险的精准防范。

没有标准的原因很多，包括研究不够，没有足够的依据，而要为检疫标准做系统性的研究则成本太高，野生动物养殖涉及100多个物种，成本就更高。所以短期内绝大多数野生动物很难做到合格检疫。但是，检疫是一条红线，不能逾越。在批准白名单的时候，相关物种具备检疫标准应该是一个前置条件，各地的主管部门在批准养殖许可的时候一定要弄明白对该物种是否有明确的检疫标准，否则对养殖户和企业可能造成误导，带来财产损失的风险。

如果真正做到繁育动物对人类的健康风险可控，除了繁育技术的成功外，还需要加强对野生动物疾病的研究——深入了解物种在野生和圈养条件下可能产生的疾病和携带的病原体以及可能存在的人畜共患病和新型疫病的风险，据此建立一套针对该物种在饲养和经营各环节的防疫检疫标准和规程，有了检疫的保障方可进行繁育、进入市场。这是一套成本不低的操作，究竟应该谁来为其支付是一个难题。无论如何，针对野生动物的防疫检疫管理办法应该尽快出台。

六、对野生动物驯养繁殖行业的思考

禁食野生动物在眼下面临的一个更大的难题是，合法养殖了用于食用但没有检疫标准的动物，该怎么办？特别是近年来在贫困地区有一批获得政府的支持和鼓励开展养殖的农户，他们会受到禁食举措的大力冲击。诚然，禁食野生动物出于公共利益，人人有责，但是让一些困难群体为此承担更大的代价，有失公允。禁食的举措与1998年天然林停伐的情景非常类似，在措施上，是否也可以考虑采取类似的做法，由国家财政部门，包括扶贫部门，拿出一部分资金对从业者，特别是有可能返贫的农户进行转型支持或补偿？同时，也呼吁支持禁食野生动物的社会团体，加入支持贫困养殖户转型的行列。

无论是禁止野生动物食用和贸易，还是建立特种养殖动物白名单，抑或是依法依规进行检疫，此次修法无疑将规范和引导人们的消费行为，降低对野生动物的消费需求。而疫情本身已经引发了部分人改变自己消费行为的意愿。在对公众的调查中可以看到，绝大多数消费过野生动物的人表示以后不再消费野生动物。这与生态文明的倡导、全社会环境意识的提高，和人与自然关系的反思是一致的。因此，可以预期野生动物消费市场的逐渐降温，而野生动物驯养繁殖行业的萎缩估计难以避免。在这种情况下，无论是由国家还是由社会，多管齐下支持合法养殖户的平稳转型，于社会和生态而言都是一个合理的选择，同时也是保障禁食野生动物规定能有效实施的关键之一。

七、信息公开与公众参与

经过SARS和新冠病毒感染两场疫情，我们已经清楚地认识到野生动物保护不仅仅是政府相关部门和少数从业人员的小众事件，而是涉及全国14亿人甚至对全球公共利益和公共安全产生深远影响的重大社会事项。因此，公众理应对野生动物的相关信息，特别是管理和执法的信息享有知情权。

管理不到位、执法不力是目前社会对野生动物主管部门和执法部门的普遍抱怨。除了人力和经费缺乏、权力有限、权责不清这些客观因素——这的确是国家应该予以大力支持的，其中是否还存在错综复杂的利益关系，甚至知法犯法？信息公开将有助于公众的参与和监督。对此，国家已有成例可做参考。2014年修订的《环境保护法》就对信息公开和公共参与做了详细规定，并设立专门的条例保障公众参与，起到了良好的作用，值得借鉴。一旦信息被公开披露，这些保护部门接受的就不仅仅是政府相关部门的小范围监督，而是全社会广泛参与的监督。如此一来，一是将对政府相关部门形成依法行政和积极作为的原动力，二是将在相当程度上减轻政府执法人员的工作负担，提升执法效率。

随着公众社会意识的不断加强，现已涌现出了一批野生动物保护的热心人士和志愿者，活跃在野生动物保护的前线，发现和举报违法现象，协助和监督执法。事实证明，这些志愿者的行动提高了相关机构的行政效率，如果有信息公开和公众参与的法律法规，进一步保障社会公众和相关公益组织参与的权利，无疑会协助政府实现更加高效的公共治理、野生动物保护和公共安全维护。

法律具有规范和引导的作用，其最终的目的，是逐步改变人们的消费习惯，改变人们对野生动物只是"肉可食，皮可用，骨可入药"的狭隘理解。此次疫情再次提醒我们，重建对自然的敬畏，维护人与自然之间、人与野生动物及其病原体之间的生态平衡，最终为的是人类生存的安全和长久利益。

对此，我们每个人都负有一份责任。

生物安全视角下《野生动物保护法》的修订：逻辑起点、类型化方法及主要建议[①]

秦天宝

一、引言

2020年2月10日，全国人大法工委在回应疫情防控相关法律问题时表示，已经部署启动《野生动物保护法》的修订工作，拟将修订《野生动物保护法》增加列入常委会今年的立法工作计划，并加快《动物防疫法》等法律的修订进程。实际上，这部颁布于1988年的《野生动物保护法》在2016年经过了一次修订。该次修订确立了保护优先、规范利用、严格管理的原则，从猎捕、交易、利用、运输、食用野生动物的各个环节做了严格规范，特别是针对滥食野生动物等突出问题，建立了一系列科学、合理的制度。

但考察2016年《野生动物保护法》立法目的和宗旨以及野生动物适用范围、名录、禁食范围等具体规定，可以发现，虽然它在很大程度上缓解了以往野生动物"重利用，轻保护"的局面，但还是为野生动物利用留出了足够的盘桓空间，更没有对保护和利用的主要矛盾规划出清晰的调整方向。

---

① 本文完成于2020年3月，原载于《中国政法大学学报》2020年第3期，稍作修改，注释已省略。

疫情之下，全面禁食甚至全面禁用野生动物的呼声日益高涨。但是，我们必须认清这一问题只是野生动物保护实践中长期矛盾的又一次集中显现。鉴于此，《野生动物保护法》的未来修订方向应突破"头痛医头，脚痛医脚"的线性程式，应从更为宏观背景理性认识现存问题的本质，并以类型化的方法回应相关争议问题，才能提出精确的修法建议。

二、《野生动物保护法》修订的认知基础

野生动物的食用和其他利用，本质上体现了人类对自然、特别是自然资源的认识和理解。而这种认识是野生动物保护法律应对的逻辑起点。从这一角度出发，应结合时代条件把握人与自然关系认知的最新发展，并以此为基础定位野生动物保护，并确定法律规制调整的方向。

（一）人与自然关系认识论的时代选择——人与自然生命共同体

从某种意义上来说，人类文明发展史就是一部人类和自然（包括野生动物）的互动史，人类对于人和自然关系的思考和辩论从来没有停止。在这样的背景下，近现代理论界逐渐形成了人类中心主义和生态中心主义两种对立的认识观。

人类中心主义主张建立一个以人的内在价值为标准，人的利益需求为目的的属人世界。该理论曾伴随工业社会发展而风靡，但其理论本质存在缺陷。首先，在人为主体、自然界为客体的二元对立场域，人与自然处于相互斗争、相互否定的状态，彼此承受的损耗不断增长。其次，人类对自然的态度经历了"崇拜—敬畏—祛魅"的过程，但认知的变化并不等于认知能力的提升，人类无法完全和彻底掌握自然界变化规律，也无法做出预测反应。最后，自然过渡为工具理性的对象，也使人类自身异化为受物欲支配的动物。在这一过程中，人类丧失的不仅是理性，还有道德的边界。

随着全球性生态危机的蔓延，生态中心主义开始兴起。该理论认为自然界是封闭的完整系统，具有先验统一的内在价值和运行规律，

系统内所有部分享有同等地位和权利，并承担相应道德义务。生态中心主义始终站在批判立场，造成其价值性存在局限。首先，在系统内所有自然要素根据特性承担不同功能，人类以先天智力优势掌握最突出的认识和改造自然的能力，理应处于主体地位，机械地将人类与其他自然要素混为一谈，是对人类价值的矮化。其次，生态危机的出现早于人类文明诞生。生态中心主义罔顾历史规律，将生态问题抽象为价值观争议，设立形而上的道德标准，是对人与自然关系的割裂。最后，生态中心主义抱持反科技的观点，是对人类生存权和发展权的剥夺。世界各国发展程度存在差异，限制发展会倒逼人类资源分配的进一步失衡，引发资源争夺的风险。

可以发现，人与自然的矛盾从根本立场的对立延展开来，在传统生态哲学流派中呈现出不可弥合的态势，急需一种更高阶的价值形态来修复关系。由此，"人与自然生命共同体"理念应运而生。人与自然生命共同体理念由习近平同志在中共十九大报告[①]中提出，人与自然是生命共同体，而这一生命共同体是人类认识世界、改造世界的基础和起点。

相比于传统生态哲学流派，生命共同体理念有以下优势：

第一，生命共同体理念克服了人与自然二元对立的割裂立场。人类的诞生源于自然界，发展依赖于自然界，活动反馈于自然界，人类作为自然界中不可割裂的一部分，同时对其他部分和整体产生巨大影响。由此可见，人类与自然界具有高度的同一性，人类认识自然、改造自然即为自然界自我进化过程中的手段，人类发展的理性选择即为自然的价值取向，人类对自然界的损耗即其变化的成本，基于此，人与自然辩证统一的关系得以确立。

第二，生命共同体理念把握人与自然动态平衡的发展规律。生命共同体理念继承了唯物辩证法的基本逻辑，其内涵是指在自然界的统一整体内，人类与其他自然因素的互动符合对立统一的基本规律，具体表现为人类在不同领域不同阶段根据现实情况调整发展方式，以维持生命共同体波浪式前进的发展状态。

---

① "中国共产党第十九次全国代表大会报告"简称为"中共十九大报告"。

第三，生命共同体理念提出了整体系统的认识观。在自然界的生命共同体中，人类和山水田林湖同样代表着具有多样性功能的要素。将这些要素独立于系统之外会使其失去功能价值，将其置于系统之内则通过相互配合作用形成不可分割的联系，将这些联系整合向外即表现为系统的运转机制和发展规律。换言之，人与自然生命共同体的价值向度来源于统一整体内的所有要素的特性和变化，同时也依赖于各要素相互配合协调的基础。

综上所述，人与自然生命共同体理念跨越传统生态哲学思想流派的藩篱，为人与自然的关系做出了新的诠释，也为遭遇重大生态危机的我们提供了具有现实性的理论指引。

（二）"大保护"观的树立：野生动物保护的新认识维度

在人与自然生命共同体认识论的指引下，野生动物保护需以整体系统的思维方式考虑和解决问题。野生动物与人类社会的联系千丝万缕，野生动物保护应从宏观的面向、相互关联的视角加以考虑。由此，我们需要树立"大保护"的观念来指导未来野生动物保护和《野生动物保护法》的修改工作。所谓"大保护"，就是不能将野生动物保护视为一种简单的科学问题，而是要将其置于更为宏观和整体的经济、社会乃至政治背景之下考虑。

首先，野生动物保护是科学问题。野生动物保护需要遵循基本的科学规律，保护水平的提高离不开科学认知的深入和技术能力的提升。从自然科学的角度看，野生动物保护的基础是野生动物现实状况的考察，其关注的重点囊括了野生动物的种群演变、多样性特征、生理特征、生境选择、活动规律乃至单独物种的行为学和病理学研究，正是这些研究构筑了野生动物实际生存形态的完整图景。从社会科学的角度看，野生动物保护的思想来源于哲学层面的环境伦理、自然价值和生态美学，野生动物保护的社会架构则来源于法学层面的制度建设和立法供给。客观基础与主观设计相互结合，共同支撑着野生动物保护的治理体系，服务于人与自然联系的动态平衡。

其次，野生动物保护是经济问题。经过新中国成立后几十年的发展，我国野生动物产业形成了完整的现代产业体系，主要包括野生动物养殖业、产品加工业、贸易业、观赏旅游业等，已经成为支撑我国国民经济的基础产业之一。单从野生动物养殖业看，目前我国人工繁育的野生动物品种已有几百种， 主要服务于毛皮、药用和食用市场，其自身和带动的产业链条为区域经济发展、提高农民收入做出了巨大贡献。根据数据统计显示，截至2016年底，全国野生动物养殖产业的专兼职从业者有1400多万人，年总产值5200多亿元，其中食用动物产业的从业者约626.34万人，创造产值1250.54亿元 。既得利益方的形成产生了新的利益诉求，其话语权的增强使得野生动物保护必须考虑相关产业的生存和发展。

最后，野生动物保护是社会问题。由于人类和野生动物在生物特征上的高度相似性，野生动物极易对人类社会产生影响。以野生动物为介质传播的疫情为例，中世纪欧洲暴发的鼠疫（黑死病）带走了2500多万人的生命，造成了劳动力的极端缺乏，动摇了教会的绝对权威，催生了人文主义和宗教改革的产生，对原有的社会结构造成了极大冲击。将目光放回到近现代，20世纪80年代源自黑猩猩的艾滋病病毒和21世纪初源自蝙蝠的SARS病毒都对后世产生了深远的影响。疫情的暴发是自然界对人类最猛烈的报复之一，是对社会结构的重大检验，也是社会自我反思、自我革新的重要契机。从这一角度看，野生动物保护的价值权衡应重点考量社会效应，并以人类整体利益作为最根本的目的。

由此可见，野生动物保护已经远远超出科学的范畴，其连带的经济、社会等层面的影响使得此间的利益格局更为复杂。结合人与自然辩证统一关系论看，人类保护野生动物不仅应观察野生动物的自然特性和客观生活状况，而且应考察因调整野生动物保护法律而产生的对人类社会各个层面的影响，自人与自然的同一性出发，将保护野生动物的内在旨趣回归到保护人类自身。因此，野生动物保护这一概念的内涵和外延不限于生态保护的范畴，其自身所涉及的多重属性决定了这一子领域处于生态保护领域与经济、社会领域的交汇之处，其所需的法律规制调整应通过不同维度视角的衡量，从而实现局部利益和整体利益的统一。

（三）"大安全"观的引入：野生动物保护的新认识高度

"大保护"是一种理论上的认识维度，从实践看，野生动物不当利用所致新冠疫情的发展，其影响已经远远超出了野生动物保护或自然生态保护本身，而对普通公众的生命健康、我国的社会稳定和经济发展产生了巨大威胁，甚至波及我国的政治安全。在此背景下，我们需要引入"大安全"观，引入生物安全的理念，把野生动物保护置于公共卫生安全乃至国土安全的高度来对待。

根据我国官方文件的界定，"国家生物安全"是指国家能够有效应对生物因子及相关因素的威胁，确保人民群众生命健康、国家生物资源和生物多样性相对处于没有危险的状态。实际上，伴随着人类社会的演进，生物因子及相关因素带来的安全危害一直是人类面临的巨大挑战，呈现着从简单到复杂、从偶发到频发、防范难度渐次加大的趋向。生物安全概念的内涵与外延在不断地拓展，呈现出一个逐渐丰富的动态过程。

生物安全有两大风险来源：一是自然界形成的生物灾害，二是生物技术迅速发展带来的负面影响。就前一风险来源而言，是有人食用了携带病毒的野生动物，而动物疫情疫病从科学上来说是不可能杜绝的，在这种意义上它更多的是一种天灾。而就后一风险来源而言，主要是生物技术客观上不成熟或者不确定甚至是误用滥用而导致的安全风险，这方面的例子包括有意引种导致外来物种入侵、转基因生物安全、生物恐怖主义等。

随着总体国家安全观形成以及2015年《国家安全法》的出台，我国基本形成了由11种国家安全组成的国家安全体系，但生物安全并没有被涵盖在这11种国家安全之中。这是因为，野生动物自身携带病毒、野生动物利用技术的不确定性和人的滥用、谬用所导致的一系列问题被切割安排在不同的安全领域，分类的散落造成这些具有共同要素的问题缺乏统一的管控思路及安全级别，从而产生巨大的安全隐患。例如，在新冠疫情中，虽然野生动物已经被确定为中间宿主，但我们目前依然难以通过技术追溯确定生物体内的病毒到底是原生性还是后天突变，甚至是人工植入。

实际上，生物安全是以野生动物等生物要素为横切面，是对国家安全视域下的公共卫生安全、生态安全和国土安全等几个主要领域内的风险进行整体系统治理的典型场域；生物安全领域是对原有散落在不同部门子领域的归纳集合，且将随着人类生物科技的进步和认知水平的提高不断扩充范围，这决定了其综合性、跨域性、复杂性的特征。

一个有利的因素是，总体国家安全观具有包容性、开放性、动态性，国家安全体系不只涉及上述11种国家安全。《国家安全法》在规定国家安全的领域时也使用了开放式的列举方法，并通过第34条明确国家可以根据经济社会发展和国家发展利益的需要不断完善国家安全的外延。2020年2月14日，习近平同志在中央全面深化改革委员会第十二次会议中提出：要从保护人民健康、保障国家安全、维护国家长治久安的高度，把生物安全纳入国家安全体系，系统规划国家生物安全风险防控和治理体系建设，全面提高国家生物安全治理能力。这一要求表明，野生动物所属的生物安全将成为国家安全体系的最新补充，野生动物问题将被置于国家安全的高度加以审视。

野生动物保护的"大保护""大安全"观是对疫情背景下野生动物保护相关问题完整图景的理论探析，也是进行《野生动物保护法》修订的认识基础。2019年10月，《生物安全法（草案）》首次提请审议。从已公开的草案信息看，该法调整的范围被分为八大类，其中与野生动物保护直接相关的有防控重大新发突发传染病、动植物疫情和保护生物多样性几个方向。《野生动物保护法》作为生物安全法律体系的重要一环，具有从源头上防控重大公共卫生风险的功能，其修订方向应与生物安全的涵摄内容协调一致。鉴于生物多样性保护是当前《野生动物保护法》的主要立法目的之一，条文内容中已多有规定，下一步的修订应当将防控动植物疫情以及重大新发突发传染病作为主要内容之一。由此，在生物安全的视角下，《野生动物保护法》的修订有了明确定位和清晰进路。

三、《野生动物保护法》修订的方法论选择：类型化

在生物安全观的指引下，我们需要把野生动物保护中存在的问题进行类型化，针对不同类型的问题精准施策。方法论意义上的类型化，其旨趣在于根据特定的标准，厘定不同变量之间的逻辑联系，对不同现象和行为进行识别和区分，对其施以不同的规制手段和强度，以满足整体机制设计的科学性和严密性。回归到野生动物保护的法律调整方面，类型化的方法则需要继承生物安全系统内部的运行规律，在纵向维度对野生动物的法律问题精准定位抽离，在横向维度将《野生动物保护法》的问题类型区分，为其全面、准确地提供调整进路指向。

（一）类型化的必要性和价值性基础

《野生动物保护法》的修订选取类型化的方法不仅在于野生动物作为生物安全问题的网格化理想回应，还在于野生动物保护特性需求与类型化方法论的价值性支撑。

1. 野生动物保护特性与类型化方法论的耦合

第一，野生动物保护的跨领域性。在生物安全的语境中，野生动物保护自身的不同功能与众多分属门类兼容联系。作为病毒可能流出的源头，野生动物兼容"防控重大新发突发传染病、动植物疫情""保障实验室生物安全"两个门类；作为生物遗传资源的提供者，野生动物又与"保障我国生物资源""保护生物多样性"两个门类相交叉。在生物安全法律体系中，《野生动物保护法》因其公共安全风险源头控制的起点作用和《动物防疫法》《食品安全法》《畜牧法》《突发事件应对法》等法律、法规构建了相互配合的规制防护链条；在总体国家安全体系中，野生动物保护不当引起的社会危机能够迅速扩散到经济、社会、政治等领域，并在不同领域内触发国家安全的警报。以上种种实例已充分证明了野生动物具有突出的多功能属性，该领域的保护活动因而具备强烈的跨领域性。野生动物保护宏观层面的跨领域要求其规制必须和其他兼容领域协调一致，这就使其规制边界趋于模糊化，规制内容设置趋于抽象化，规制体制设计趋于同质化，部门监管职责趋于分散化，在实践层面为野生动物保护的立

法、执法工作提高了难度。由此，类型化方法可作为恰当回应，在不同的语境下选取不同的理念，化被动为主动，突出野生动物保护跨领域兼容联系的优势，参照相同领域的规则设置并投射在野生动物保护的范围之内汇集，对不同问题分类规制，实现精细立法。

第二，野生动物保护的边界模糊性。与野生动物保护跨领域属性以致宏观层面相关领域边界的模糊性质不同，这里表示的模糊性是野生动物保护微观层面的不确定性，具体表现为客体和内容两个方面。野生动物客体的不确定性表现为，在现有规制体系中，野生动物的适用范围界定标准不清，适用范围内分级分类标准不明。法律的适用范围是为法律的统辖领域设定边界的，适用范围的外部标准和内部等级设置不清代表着场域内利益衡量的主体和客体的连带失焦，法律规制的正当性与合理性也随之失去基础。野生动物内容的不确定性分布于法律条文的各个方面，集中表现为野生动物保护与利用之间、野生动物食用和其他利用途径之间、野生动物和人工繁育动物之间的规制模糊。立法是对有限社会资源的分配，反映了社会的利益倾向性，法律条文的设置代表着利益衡量和分配的阶段结果，此间模糊性的规制语言为利益相关方留出了妥协空间，但也使整个社会都置于风险之中。在这样的条件下，类型化的调整方法能够为野生动物保护法律规制提供准确的区分手段，针对不同性质的问题分别定位并斩裂敏感问题的妥协空间，驱使法律调整精准完善。

第三，野生动物保护的发展性。对于法律规制的权威性和稳定性来说，野生动物保护法律规制因其挑战对象的发展性而遭受挑战。这里的发展性可分为外源和内源的双重切面，一方面在于野生动物保护需警惕其所联系的生物技术快速发展状态而带来的风险，另一方面在于生物学意义上野生动物的种群数量、栖息地等方面动态变化带来的保护困难。在生物安全观的涵摄下，野生动物保护被赋予了统筹安全和发展的要求，野生动物保护工作中应加强对风险的控制，但必须在科学证据作为基础的判断界限之内。换言之，"一刀切"的控制手段将不被允许，任何对可能存在风险的客体进行全面根除的行为将被禁止。原有的野生动物因不同的风险概率而产生不同类别的规制需求，类型化的方法可为其所用。另外，对于野生动物内源发展性的保护问题，类型化的方法也可针对这一特殊现象重新设立分类标准，将难以掌握的分类识别条件替换为其他方面的分类标准，例如，将有准确活动范围、种群数量稳定的野生动物与其他野生动物类型化处理。

2. 类型化的价值性基础

第一，类型化的理论价值。从理论层面看，类型化是一种将社会现象或行为分解简化，使之内部联系明晰，结构排列整齐，逻辑覆盖周延的研究方法。在面对复杂性、系统性的社会问题时，类型化的方法论定位使其完全遵照预设的模型范式进行推演，通过部分问题的回答抵达整体规律的揭示，以量变实现了质变。换言之，类型化方法只需要一个步骤，就是将区分的标准从错综的关系中抽离出来，后续的排列解释和规律组合都是基于这一行为的后果延伸，在对问题连续破除抽离后，复杂的综合问题得以呈现出明朗的态势，类型化的框架最终得以构建。就类型化方法论的行为本质进行分析可以看出，类型化有别于完全抽象的概念化和完整描述的具体化，而是将客体中具有共同意义的一部分概念化，这一行为介乎于概念与具体的方法之间，是整体意蕴和个体价值的统一。

回归到野生动物保护的层面，类型化方法论继承了野生动物保护的认识基础，即人与自然生命共同体理念的指向。生命共同体理念提出了整体系统思维的要求，对应到野生动物保护，即应是在野生动物保护涵摄的大整体之中，各种功能元素由于缺乏有效的指引而散乱分布，彼此纠缠，从而造成了整体的混乱。类型化方法论按照统一思路针对不同问题进行甄别和抽离，混乱的整体状态得以清明，模糊的个体界限得以澄清，众多的单独问题得以解决，被抽离出来的意象按逻辑联系排布围绕着系统核心运转。这是生命共同体理念和类型化方法论的完美匹配，也是野生动物保护法律调整的最终目标。

第二，类型化的目的价值。法律具有目的价值，这一价值一般体现在法律通过社会效应实现其创制和实施时的社会心愿。类型化作为方法论本质并无目的性的价值，但在本文的讨论范围内，类型化因自身的功能特性可以满足野生动物保护的某些社会心愿而获得了附带性的工具价值。首先，类型化有助于野生动物保护法律规则的理解。在野生动物保护类型化的进程中，其价值理念的传播则要依仗法律规则类型化的应用程度。在现实生活中，无论是公民的守法理解还是法官的司法判断，都依赖于法律条文的表述，而类型化则可以通过概念的设置和规范祛除法律表述的笼统性和模糊性。其次，类型化有助于保障野生动物保护法律规则设置的科学性。从利益衡量的角度看，法律是特定利益相关方经历漫长博弈后的妥协结果，由于充斥着主观判断和利益主张，其科学性已无法保证。类型化作为处理复杂矛盾的冰冷理性方法，是避免立法阶段利益主张大于科学判断的上佳手段。最后，类型化有助于野生动物保护整体目标的实现。在现行《野生动物保护法》中，野生动物保护的众多整体目标涵摄不同的子领域，并且不能完全兼容，如果不通过类型化的方法对其进行共性提炼，整个野生动物保护法律规制体系存在着彼此割裂的可能。

第三，类型化的实践价值。野生动物保护是一个错综复杂、牵扯极深的综合问题，其综合性不仅体现在内在种目繁多的调整对象及其内涵外延的复杂联系，还体现在其背后的驱动因素及利益立场。从现实角度出发，自新冠疫情暴发之后，野生动物成为众矢之的，由于现行立法对于野生动物利用方面的规制存在不足，舆论界出现了很多通过立法全面禁止野生动物利用行为的呼吁，舆论的发酵愈演愈烈，野生动物的保护问题俨然已成为疫情的根本来源。诚然，在现行野生动物保护法律规制体系中除了野生动物保护和利用的矛盾外，法律调整的内容还存在许多问题亟须纠正，但修订一部《野生动物保护法》并不能解除疫情，也不能完全避免下一次疫情的发生。在声势浩大的讨伐声浪中，立法机关应该保持理性，将疫情的整体影响加以类型化的分析，层层抽丝剥茧找到《野生动物保护法》的调整范围，把法律的问题留给法律。在此基础上，应在横向维度对野生动物保护所涉及的问题再次类型化，以实现精准定位、分类解决的目标。在现实世界中回应理性需求，此谓类型化的实践价值。

（二）我国《野生动物保护法》修订类型化的整体脉络

类型化应用于法律修订的模式以对现实法律问题的解决为主要目的，类型化的方法论意义在于辅助解决法律问题。在本文中，出于野生动物保护问题牵连性、复杂性的考虑，类型化重点应用于混乱整体中的抽丝剥茧，将《野生动物保护法》的问题以类型化的方法精准定位，服务于具体法律修订意见的提出，也为揭示《野生动物保护法》在疫情狙击以及生物安全维护中的准确边界。

1. 纵向维度的定点抽离：野生动物保护问题的法律边界

社会危机是渐进式社会变迁过程的中断，中断时期的社会形态突出表现为与日常法治秩序不相协调的紊乱状态，这种状态作为突出矛盾的表现形式会对新的法律制度产生需求。2020年暴发的新冠疫情是一场源自野生动物利用的社会危机，而这一问题的源头矛盾则表现为野生动物保护和管理的法律制度存在不足。为了解决这一问题，我国首先应对《野生动物保护法》的调整范围进行界定。在类型化处理之前，有必要对考察的社会行为进行范围限缩，本文所考察的重点内容都与新冠疫情造成的生物安全影响有关，因此，将与生物安全、特别是公共卫生安全所涉及的社会现象和行为作为类型化的逻辑起点。在这一范围内，首先，以生物安全法律体系的统辖范围作为分类标准，划分为法律问题和其他问题。这一区分标准的意义在于明确了法律调整的边界。在疫情暴发的特殊时期，受疫情影响的社会事件指数倍增长，社会局部进入失序状态，公众对于相关领域规制的需求趋于旺盛，"口头立法""网络立法"之风兴起，这对于法律的权威性有所损害。另外，立法是一项精细度极高的技术性工作，虽然其具有回应社会规制需求的功能，但危机时期的大部分建议都能通过社会的自我消解功能调适，泛滥的信息流堵塞了立法程序的信息接口，反倒对修法不利。其次，在生物安全法律体系的统辖范围内，以从事野生动物保护及相关活动为区分标准，划分为野生动物保护法律规制体系与其他门类法律、法规。在生物安全法律体系的系统链条中，各部门法律、法规目标一致，相互配合已形成了良好的互动。这一划分的意义在于面对仍在肆虐的疫情，各部门法律、法规应加强对自己统辖范围内的规制，确定《野生动物保护法》的源头控制职责，《突发事件应对法》《传染病防治法》《突发公共卫生事件应急条例》的中游控制职责，《刑法》等法律、法规的下游控制职责，各司其职，类型化施策。最后，在野生动物保护法律规制体系的范围内，以"源头控制"的功能定位作为区分标准，划分为《野生动物保护法》和其他法律、法规。《野生动物保护法》的准确调整边界得以确立，源头控制的特殊功能属性将成为其下一步修法的重点依照。

2. 横向维度的精准分类：《野生动物保护法》修订的方向

根据《野生动物保护法》规定的适用范围为区分标准，将野生动物划分为受法律管理保护的野生动物和其他野生动物。根据一般科学理解，野生动物是指没有被人类驯化且生活在自然状态中的动物，这与现行法律中的定义有所出入。我国《野生动物保护法》第二条第二款规定：本法规定保护的野生动物，是指珍贵、濒危的陆生、水生野生动物和有重要生态、科学、社会价值的陆生野生动物。从人与自然生命共同体理念看，人类应对其他要素的行为随时做出动态回馈，以保持互相平衡的状态。《野生动物保护法》放弃对一部分自然要素的影响手段，会导致我们对部分野生动物无法做出预测性的回应。法律设置的不合理，这是我们遭遇疫情的原因之一。另外，从实践角度出发，处在法律调整范围之外的野生动物多番引发全球性的传染病疫情灾害，作为疫情源头控制的《野生动物保护法》有责任也有必要对适用范围进行调整。

根据种群数量本底数据的科学统计为区分标准，将野生动物划分为国家重点保护野生动物，地方重点保护野生动物及有重要生态、科学、社会价值的陆生野生动物。通过考察分级保护的实效可以看出，在人类行为的直接影响下，野生动物的栖息地选择、食物链构成以及活动规律都遭到了极大破坏，野生动物的种群数量处于急速下降的趋势。据中华人民共和国生态环境部和中国科学院于2015年联合发布的《中国生物多样性红色名录》显示，我国脊椎动物已灭绝4种、野外灭绝3种、区域灭绝10种，2019年12月23日，长江特有物种长江白鲟宣告灭绝。人与自然生命共同体是普遍联系的统一整体，野生动物种群数量的急速消亡会直接导致生物链的破坏，进而影响生物多样性，最终波及人类社会的各个方面。《野生动物保护法》是一部调整人和人之间关系，进而影响人和自然关系的法律；也是一部保护野生动物，进而维护人类整体利益的法律。《野生动物保护法》有必要以我国野生动物种群数量的本底数据和受人类行为影响程度重新判断并设计野生动物保护等级，以不同的保护力度及措施实现维护生物多样性和生态平衡的目的。

以是否可利用为划分标准，《野生动物保护法》将野生动物划分为可利用的野生动物和不可利用的野生动物。可利用的价值催生产业的发展，野生动物食用产业在利用产业中常年占据重点份额。通过对现行立法条文考察可以看出，除了国家重点保护野生动物之外的所有野生动物都是可以食用的对象，野生动物食用的风险已被反复证明，此处的法律规制亟须调整。人与自然始终处于互动平衡的历史规律之中，野生动物的保护和利用也不外如是，历史已经多次通过动物疫情的方式提醒我们自然界的报复程度，我们没有理由继续放任野生动物食用产业的野蛮生长，应考虑在立法的层面通过原则性的条款对其进行限制。此外，应对野生动物食用产业进行类型化的甄别，将符合卫生和健康要求的人工繁育企业差别对待。在此疫情暴发的关口，我们应从历史中充分汲取教训，但不能抱有"极端化""一刀切"的思维，否则就是将我们从一场危机送往另一场危机之中。

以是否可食用为划分标准，野生动物利用产业又分为野生动物食用产业和其他利用途径野生动物产业。除去野生动物食用产业，野生动物资源的利用仍存在着很多途径，如毛皮、药用、宠物、实验等。根据调查估算，毛皮动物产业从业者约760万人，毛皮产业产值估算约3894.83亿元；药用动物产业的从业者约21.08万人，创造产值约50.27亿元；观赏、宠物类产业的从业者约1.37万人，创造产值约6.52亿元；实验灵长类动物产业直接从业者约2000人，创造产值约4亿元。在这些下游产业之上，还隐藏着完整的野生动物猎捕、运输、销售链条，其间涉及的人数和产值更是无法估算。巨大的市场加上不甚完善的监管立法，极易催生出非法捕猎、违规生产运营、虐待动物等"地下"行为。虽然现无直接证据指向这些产业与本次疫情的暴发存在联系，但历史表明食用并不是野生动物将病毒传播给人类的唯一途径，这些产业的执法监管存在着巨大的缺陷，急需通过法律填补。

以是否符合人工繁育要求为区分标准，将野生动物产业划分为特种养殖产业和其他产业。在《野生动物保护法》的未来修订中，特种养殖产业应作为符合卫生和健康要求的人工繁育企业阶段性存在，最终经过淘汰和进化成为家禽家畜企业，这也是对近来热议的全面禁止食用论的特殊豁免。从文义角度看，全面禁止是生态中心主义的回归，其损害了守法合规野生动物产业的利益。全面禁止不但不能消灭存在的利益空间，而且还极易催使这一产业转入地下而造成更大的风险。从发展角度看，只要经过严格规范的养殖和防疫，在几代之内野生动物就与家养动物无异，家禽家畜都是人类驯养的成功先例。如果把疫情暴发的原因全部推给野生动物食用产业，未免对人工繁育和经过严格检疫的相关从业者太不公平，把野生动物相关产业"一刀切"更让人产生"懒政"的怀疑。值得注意的是，特种养殖产业作为可人工繁育野生动物的唯一缺口，值得执法部门对其施加专属的严厉监管措施，这也是未来修法应注重的一点。

四、《野生动物保护法》修订的具体建议

在经过全面立体的类型化方法处理后，本文从我国现行《野生动物保护法》中提炼出五个主要方面的问题，分别是野生动物概念适用范围过窄、分级标准体系设置不合理、野生动物食用产业缺乏规制、其他利用途径产业存在监管风险、人工繁育产业需求重点监管。以下将结合这些问题对《野生动物保护法》的修订提出具体建议。

（一）适用对象的扩充

《野生动物保护法》虽然名称为野生动物，但其适用范围明显有限定，仅指珍贵、濒危的陆生、水生野生动物和有重要生态、科学、社会价值的陆生野生动物。此外，《野生动物保护法》第十条又将其保护的野生动物分为三类：① 国家重点保护野生动物；② 地方重点保

护野生动物；③ 有重要生态、科学、社会价值的陆生野生动物，即所谓"三有动物"，三类动物的来源由国务院野生动物保护主管部门和省、自治区、直辖市人民政府通过制定名录的形式加以界定。值得注意的是，《野生动物保护法》第十条只规定了《国家重点保护野生动物名录》每五年需重新评估的更新时限，但并未将这一时限套用在地方重点保护野生动物名录和《三有名录》的规定中。

　　根据初步调查，我们可以发现，重点保护野生动物名录普遍存在着制定年代久远、准入标准模糊的问题。如《三有名录》自2000年发布以来从未调整，大部分地方重点保护野生动物名录都发布于20世纪90年代，数十年从未更新。在分级名录体系的条款设计中可以看出该体系应符合"国家名录为主，地方名录补充，《三有名录》兜底"的设想，但缺乏统一强制的更新时间和准入标准，使这一体系失去了其应有效用。以数次疫情暴发的宿主源头蝙蝠为例，蝙蝠广泛分布在我国华北、华南、东南、西南多个省份，却只有湖南（22种）、海南（7种）、吉林（7种）、北京（5种）、天津（1种）五个省份和直辖市将其纳入地方重点保护野生动物名录里。另外蝙蝠也同样不在国家重点保护名录和《三有名录》之内。

　　因此，一个比较符合逻辑的建议就是，将《野生动物保护法》适用范围扩大到所有野生动物，而不只是其中一部分，亦即把国家和地方重点保护的野生动物以及三有动物之外的其他野生动物，都纳入该法的适用范围。相应地，野生动物的定义可以修改为"没有被人类驯化且生活在自然状态中的动物"，即要同时符合两个条件：一个是没有被人类驯化，另一个是生活在自然状态中。

　　需要注意的是，捕捞鱼类等天然渔业资源是一种重要的农业生产方式，也是国际通行做法。现行《野生动物保护法》规定：珍贵、濒危的水生野生动物以外的其他水生野生动物的保护，适用《中华人民共和国渔业法》等有关法律的规定。换言之，普通公众所理解的"海鲜"和"河鲜"等水生野生动物，只要不属于珍贵、濒危的水生野生动物，都属于《渔业法》规定的渔业资源，可资利用。修改后的《野生动物保护法》可以延续这一制度设计，并与《渔业法》的修改相衔接。在具体条文上，可以表述为：野生动物是指没有被人类驯化且生活在自然状态中的动物，但属于《渔业法》规定的渔业资源的除外。

（二）分级体系的更新与完善

在扩充《野生动物保护法》适用范围的前提下，野生动物分级保护制度需要予以更新和完善。从监管成本的角度考虑，在野生动物适用范围最大程度扩充的情况下，我们不可能对所有的野生动物采取完全相同的保护和管制措施，必须依据新的标准对野生动物进行分类和分级管理。

在新的分级体系中，我们要考虑的核心问题：是否保留现有的三有动物的概念，即有重要生态、科学、社会价值的陆生野生动物。在原有的分级体系中，三有动物的存在导致了三种分类区分标准的模糊化。虽然三有动物明确提出三种不同价值向度的区分标准，但国家级和地方级保护动物的区分标准未曾标明，矛盾因此产生。分级体系内需要确立统一的划分标准，国家级和地方级保护动物是否同样以"生态、科学、社会价值"为价值尺度进行等级衡量？国家级野生保护动物和三有动物都是由国务院相关主管部门制定名录并发布，而地方级野生保护动物则是由省级人民政府制定名录并发布，行政级别的差距是否也决定着保护的力度？此外，在"大保护"观的涵摄下，野生动物保护分级考虑必然内含了生态、科学和社会的价值判断，因此，这一定义的分类没有单独存在的必要。从长远来看，取消三有动物这一概念和分类，既符合科学逻辑，也有利于后续执法。但是考虑到贸然取消三有动物的概念和相关管制可能带来的执法混乱和成本，我们也可以暂时保留这个概念和分类，然后将其逐步地、分别地吸收到重点保护野生动物和一般保护野生动物中去，以实现最终自然淘汰该分类的目的。

因此，以现行法律的分类体系为基础，在兼顾科学合理性、技术可行性以及社会经济可承受性等因素的基础上，我们建议把野生动物分为五级进行管理：国家重点保护野生动物；地方重点保护野生动物；具有重要的生态、科学、社会价值的陆生动物；一般野生动物；其他野生动物。自一般野生动物等级以上，保护的强度和力度应呈不断加强的趋势。具体而言，对于国家和地方重点保护野生动物以及三有动物，法律以积极、主动保护为主；对于一般野生动物，法律以消极保护为主，比如不许虐待、不干扰栖息地等，以实现它们与人类的和谐共处；对于其他野生动物，主要是苍蝇、蚊子、白蚁之类的野生动物，根据目前的科学认知，对其采取无论是上述积极保护还是消极保护都是没有必要的，因此可以通过黑名单的方式将其排除在法律适用范围之外。当然，这种建议更多是一种思路，而不是具体的方案。分级体系的具体标准应结合客观的科学数据和实际的社会状况加以确定，并通过技术规范的形式予以呈现。

　　除了分级体系的构建，我们不能忽略上文中提及的名录更新时效问题。在新的分级体系中，考虑到国家层级与地方层级重点保护野生动物的名录制定程序上具有连续性，因此建议这两种级别的更新频率保持一致，设定为原有时限5年。而针对《三有名录》时，考虑到其设立的最终目的是消除此等级，建议将其更新频率缩短为3年一次，并采取"只出不进"的方针，将名录内已存野生动物逐步添入其他等级之中。

　　（三）禁止食用原则的确立

　　对于野生动物食用方面的利用，应采取分类施策的方法，即确立"全面禁止食用野生动物"的基本原则，同时为以食用为市场的野生动物人工繁育产业留出改良空间。

　　一方面，修法要确立"全面禁止食用野生动物"的基本原则，是因为野生动物作为食品，却是所有野生动物的用途中风险最大、影响最直接的一部分。造成疫病传播的病原体不挑剔宿主，但人类可以挑选食物，在立法层面禁食野生动物即为疫情阻击战中的"斩首"行动。另外，食用野生动物更多的是一种社会陋习。随着我国人民生活水平和社会文明程度的提高，绝大多数野生动物作为日常食物的功能早已消失。食用野生动物大多是小部分人出于猎奇、炫耀或迷信某种功能而进行的奢侈消费。由于野生动物食用市场的存在，很多生物已被猎捕至濒临灭绝。如中国本土的穿山甲10年内其种群数量锐减90%，穿山甲在《IUCN红色名录》中的保护级别已被提升至"极危"。法律条文的原则性条款是从观念到强制制度的转变，也是一部法律的精神内核。确立"全面禁止食用野生动物"的基本原则能够明确《野生动物保护法》的维护生态平衡，建设生态文明的目的，也能作为回应社会需求、引导社会行为的有力象征。

另一方面，不宜通过立法将动物食用的口子完全堵死。法律的权威性不在于充分满足舆情，源自其内在的公众衡量及效率衡量，并通过其外在的强制效力展示。从公正的角度看，对食用野生动物"一刀切"会使原本严格守法的人工繁育产业群体遭受责任之外的巨大损失，只是将立法缺失等方面的责任转嫁到少数群体，这样的举措并不符合法治精神。从效率的角度看，全面禁食野生动物对疫情的帮助微乎其微，其最大功能效用在于从一定程度上减少病毒扩散的威胁以及安抚激愤群情，但当前疫情早已度过开始传播的时期，群情激愤的源头也不在于立法缺失，而是集体性的情感趋同以及停止疫情损害的热切盼望。可见，"一刀切"并不能解决当前突出的矛盾，会忽视相关产业的合法利益诉求，又会激发新的经济、社会、政治问题的风险，其弊远大于利。

鉴于此，针对是否可以食用野生动物的问题可以明确"野生动物不能吃，能吃的不是野生动物"的思路，在修订《野生动物保护法》适用范围的基础上，全面禁止食用野生动物。亦即除了法律严格限定的例外情况，国家重点保护野生动物、三有动物和地方重点保护动物、一般野生动物和法律规定的其他野生动物都属于全面禁食之列，在立法阶段就尽量消除灰色地带。同时，建立双重白名单制度。一方面，把通过严格论证和法定程序将符合科学标准的用于食用的人工繁育野生动物，列入特种养殖动物的名录，作为法律规定的例外情况。具体可由国务院补充《国家级畜禽遗传资源保护名录》，采用类似于家禽家畜的方式进行专门化管理；另一方面，就用于食用的人工繁育野生动物的经营者也建立特种养殖动物经营者白名单，只有经过科学认定、严格管理和公众监督的经营者才能进入合法经营名单。该两项名单都应当是正面的、有限的，并要经过较长周期和严格程序才能予以更新和增加。这种把由合法经营者人工繁育的野生动物从"野生动物"中剥离出去，另立新分类的方法，可以使野生动物保护更加名正言顺，也便于社会公众准确理解，更有利于一线执法人员认定和操作，同时也能兼顾到我国一些地区经济发展、传统文化、民族习惯的需要。

这一思路和修改建议，已经在2020年2月通过的《决定》中得到了体现。未来《野生动物保护法》的修订，应该坚持这一思路，做出更为精细化的制度设计。

（四）其他合法利用的全过程管制

出于风险预防的目的，《野生动物保护法》的修订还应针对野生动物的其他合法利用及其产业施以更全面、更严格的监管措施。

动物疫情疫病转化速度太快，安全威胁太大，能够在短时间内形成触及多领域国家安全红线的综合性社会危机。但也有科学证据显示，食用以外的其他野生动物利用行为，也可能导致动物疫情疫病的传播。所以，我们不得不对每个风险环节加以审视，争取以立法为手段在源头将其控制。野生动物的其他利用途径作为野生动物产业隐藏的"大多数"是野生动物捕杀最重要的源头市场，也是我国境内野生动物种群数量锐减的根本原因，当野生动物全面禁食原则推行开来后，这些市场也就成为野生动物利用仅剩的下游市场，如果不对其进行严格规制，我国境内的野生动物种群保育仍会面临巨大的威胁。就现有的针对野生动物其他利用途径市场的监管实效看，其最大的隐患在于执法不严，在产业链条的某一环节常会出现用合法的手续掩护非法行为的情况，执法的问题能够投射在立法的缺失，这一领域的风险控制仍需要通过立法修订以保证其实效。

针对这些问题，应在修法时制定野生动物利用产业的全过程管制制度。在交易链条的上游环节加强对非法捕猎行为的打击，建立部门协调机制，创设跨区域联合执法机制，加大巡查力度，防范偷猎风险；在交易链条的中游环节，对运送动物的车辆进行登记核实，日常设卡抽查，未经登记和运送违法违规来源野生动物的车辆实行罚款和永久禁运惩罚；在交易链条的下游环节，加强对野生动物利用企业的监管，定期审查抽查其野生动物产品来源和销售渠道，要求买卖、运输、接收手续完整、齐全，确保其销售制品来源都为依法合规的野生动物人工繁育企业。同时，强化野生动物合理经营利用的行政许可和全链条管理，提高标准、改善管理方法和措施，包括一些高科技的方法的应用，加强执法监督的力度，同时做到信息公开，接受公众的监督。

（五）人工繁育动物产业的出路

如前所述，在全面禁食野生动物原则确立后，用于食用的人工繁育野生动物企业须通过特种养殖动物的双重白名单认证才可以继续获得特种养殖的资格。这已经是经过多重利益权衡的结果，在面对数次由野生动物食用为源头的疫情暴发后仍能留下行业的存留是小概率的事件。然而存留不是宽恕，这一行业需要进一步监督和引导，需要最严厉的规制力度。在修法中，应该有意引导这一行业的企业进行自我转型，以实现这一行业的自我淡出。另外，在存留这一类型的企业前需要清除积弊，应通过立法修订将野生动物洗白行为的隐患彻底铲除。

随着消费者意识的改变，可以预见市场对野生动物食用的需求越来越小，这是驱使微小型企业自我转型的市场动因。首先，在修改《野生动物保护法》之前，主管部门应暂停发放新的野生动物狩猎证、以食品为目的野生动物经营许可证、人工繁育证，对以非食品为目的的经营许可证和人工繁育证提高准入门槛，并以年度定额的形式发放。其次，对现有的野生动物人工繁育企业和经营者进行全面核查，对有违法违规现象和记录以及运行能力不符合相关要求的企业撤销许可。最后，加强对野生动物利用企业的管控力度，加强卫生防疫、环境影响评价、消防安全等方面的核查，要求基层执法者将本辖区的野生动物利用企业列为重点管控对象，定期检查，建立辖区领导责任制。除此之外，为了避免以猎捕野生动物冒充特种养殖动物的洗白行为，也为了降低基层执法者管理辨别的难度，建议对人工繁育的大型动物建立繁育档案和个体数据，对个体经济价值高的动物，要求企业采用DNA标记技术，基层执法者定期收集数据，这些数据加以汇总向社会公开，有利于接受公共监督。如此，通过立法规制倒逼企业承担更多社会责任，也有助于推行这一行业的"供给侧改革"，推动小微企业淡出行业，加强中大型企业审查标准，最终致力于整个行业的安全等级提升。

五、结语

《野生动物保护法》修订的意义不仅在于立法层面的修补，还在于疫情引发生物安全危机背景下以法律规则制定回应社会危机中凸显的主要矛盾。野生动物保护的出路起于人与自然生命共同体的辩证统一关系，通过对理论逻辑的推演和现实需求的考察最终落在生物安全的视野。《野生动物保护法》在生物安全观的指引下确定与之匹配的修订方向及界限，又以类型化方法论处理复杂的现存问题，得以在立法缺失、立法设置不合理、执法监管不足及缺位等方面找到修法的聚焦点，最终确定有针对性的建议。这是我国对《野生动物保护法》修订的应有程序，也是针对社会危机中具体问题修法进路应有的理性态度。

关于系统修订野生动物保护相关法律的建议

吕忠梅

新冠疫情的防控仍在紧张阶段。2020年2月，全国人大法工委经济法室主任王瑞贺向记者透露，全国人大法工委已经部署启动《野生动物保护法》的修订工作，拟将修订《野生动物保护法》增加列入常委会该年的立法工作计划，并加快《动物防疫法》等法律的修改进程。为更好完成相关法律修订工作，提出如下建议。

一、全面修订《野生动物保护法》，为坚决革除滥食野生动物的陋习，加强重大公共卫生安全风险的源头控制提供基本法律依据

我国现行的《野生动物保护法》于1988年制定，后多次进行修正、修订和修改。上述法律经几次调整后，所建立的制度体系基本适应了我国野生动物特别是珍贵、濒危野生动物保护的需要。但通过此次疫情可知，该法律仍然存在缺陷，亟需全面修订。为此建议：

（1）坚持保护优先原则，兼顾野生动物的资源属性与生物多样性保护。将《野生动物保护法》的适用范围扩大到没有被人类驯化且生活在自然界中的所有动物。并采取"概况+列举"的立法方法，对野生动物、国家重点保护野生动物、CITES公约附录Ⅰ和附录Ⅱ中的野生动物、难以人工繁育的野生动物（如虎、狮、熊等）等术语进行界定。

（2）增加"保障公众健康和公共卫生"的立法目的，推动综合性、体系化立法。将公共健康、检验检疫的理念和要求纳入《野生动物保护法》立法目的，并统一《野生动物保护法》《畜牧法》《动物防疫法》《渔业法》《食品安全法》等法律对动物的定义，加强协同规制，确保无缝衔接。将目前非常时期的国市监明电〔2020〕2号禁令措施的严打时间适当拉长，采取高压态势并常态化执法，直至修法成为正式的禁止性规定。

（3）优化野生动物保护管理体制，严厉打击名为人工养殖实为交易、食用的洗白行为。明确林草、公安、交通运输、动物防疫、卫生健康、市场监管等部门的职责，合理借鉴先进国家或地区的环境与健康风险规制经验，重点围绕"捕、养、售、运、食"等环节，对狩猎证、野生动物消费市场、野生动物人工繁育单位、宠物商店、花鸟市场、饭店等开展专项联动执法、联合整治，进行拉网式覆盖检查，加强动物重大疫病及动物源性人畜共患病的监测，建立健全联合协作的执法线索移送机制。缩短野生动物繁育和经营利用许可证的有效年限，加强监管和年审要求。

（4）更新、整合相关名录，逐步将国家重点保护野生动物养殖的强制性要求适用到其他野生动物。对现有的三类名录（《国家重点保护野生动物名录》、人工繁育国家重点保护水生和陆生野生动物名录、中华人民共和国缔结或者参加的国际公约禁止或者限制贸易的野生动物或者其制品名录）进行合并，更名为《国家保护野生动物名录》，并适当地将名录中的一些"二级"保护动物的级别提升为"一级"。鉴于我国近海渔业资源普遍枯竭的现状，建议扩大名录中的"鱼纲"范围，并提升保护级别。增加禁止捕杀、加工、运输、销售的野生动物的非许可或负面清单制度，抓紧制定专门的禁食禁养负面清单。保留部分基于传统风俗以及传统中医药产业发展需要的野生动物利用活动，调整名录或修法的时候需要做出审慎的规定，要避免"野味"资本下乡或上山，防止野生动物产业链或资本市场变相地向一些民族地区或山区、草原转移。同时，也要加强对生态旅游的监管，避免生态旅游间接变成去乡下或山上吃野味、破坏生态。

二、修改《动物防疫法》，将携带或可能携带致人传染病病源的野生动物的检验检疫纳入管控

我国现行《动物防疫法》于1997年制定，后于2007年修订及2013年、2015年两次修正。与《野生动物保护法》的主要执行机关为国家林草部门不同的是，《动物防疫法》的主要执行机关是农业农村系统的兽医与动物卫生监督机构。

《动物防疫法》纳入动物防疫对象的仅为家畜家禽和人工饲养、合法捕获的其他动物三种类别，非法捕获的携带或可能携带致人传染病病源的野生动物的防疫并不在此法律管辖之内。

现行《野生动物保护法》与《动物防疫法》均没有将非保护名录内的或非法捕获的携带或可能携带致人传染病病源的野生动物纳入其管理范围之内，这使得非法捕获的且非保护名录内的野生动物在没有任何检验检疫的情形下流入了社会甚至交易市场，为动物致人传染病的发生与流行打开了可怕的通行之门。

为此，修改《动物防疫法》第三条，将"可能导致动物疫情或人类传染病的野生动物或其他动物"纳入调整范围。与此同时，建立对可能导致人类传染病的野生动物的检验与检疫制度，由动物卫生监督机构承担履行职责。

三、修改《传染病防治法》，建立动物和人类共患病风险预防和管控体制机制

我国现行《传染病防治法》于1989年制定，后于2004年、2013

年两次修订、修正。《传染病防治法》的主要执行机构是各级卫生健康管理机关，政府其他行政机关也具有相应的执行义务，特别是在突发公共卫生事件发生与响应过程中。

根据现行《传染病防治法》，虽然将野生动物纳入了传染病防治，但管理职责却主要是对非卫生健康管理部门，即政府农业、水利、林业行政部门配置的，且对野生动物的关注主要是人畜共患传染病的防治，而非动物源致人的传染病的防治。为此，建议借鉴先进国家在国家疾病预防控制中心设立"人畜共通、病媒感染、肠道传染疾病防治"机构的成功经验，建立动物和人类共患病的风险防控和管控体制机制。同时，对《传染病防治法》的相关条文进行修改：

（1）将《传染病防治法》第十三条第二款与第三款修改为："各级人民政府农业、水利、林业行政部门按照职责分工负责指导和组织消除农田、湖区、河流、牧场、林区的鼠害与血吸虫危害，以及其他传染病的动物特别是致人类传染病的动物和病媒生物的危害。

铁路、交通、民用航空行政部门负责组织消除交通工具以及相关场所的鼠害和蚊、蝇以及其他传染病的动物特别是致人类传染病的动物和病媒生物的危害。"

（2）将《传染病防治法》第二十五条修改为："县级以上人民政府农业、林业行政部门以及其他有关部门，依据各自的职责负责与人畜共患传染病有关的动物传染病的防治管理工作。

与人畜共患传染病有关的野生动物、家畜家禽特别是与致人类传染病有关的野生动物，经检疫合格后，方可出售、运输。"

重视预防人畜共患病风险，保障公共卫生安全
——《动物防疫法》修订建议

李立姝

新冠疫情的全球大流行目前尚未结束，给我国和其他疫情暴发国家造成深远的伤痛和惨重的损失。我们对于新冠病毒的来源、自然宿

主、传播途径等问题尚没有准确答案。能够确定的是，新冠病毒是一种人畜共患病病原体，起源于野生动物，在传播到人群中之前，它只是野生动物承载的庞大而复杂的病毒库中渺小的一员。过去30年间，影响人类的新发传染性疾病以平均每年1种的速度出现。其中，75%的疾病属于人畜共患病。人畜共患病成为公共卫生领域一个日益凸显的挑战。

野生动物携带大量未知的病原体，当其存在于野外环境未跨界传播时，人类可以与之保持安全的距离。野生动物贸易，尤其是非法的野生动物贸易，使得大量动物高密度集中饲养，或在同一空间多种动物混居，或两者兼有。这些情况都在助推跨越物种障碍的溢出性感染发生，加速动物携带的病原体传播、重组；为滋生新的病原体提供温床。野生动物贸易供应链和消费环节大大增加了从业者和消费者感染人畜共患病，尤其是新发传染病的风险。近年来多起传染性疾病的暴发均源于此前未知的人畜共患病病原体，仅靠预防控制已知疾病病原体无法充分防控新发传染病的流行。

面对新发传染病的未知性、巨大的不确定性和破坏性，最可靠的措施是采取预防性原则进行政策管理决策，规避和消除禽畜和野生动物养殖、经营、利用过程中各环节的疫病风险和隐患。预防性原则鼓励公共卫生管理者在面对不确定时，充分从公共利益的角度出发，以更谨慎保守的态度，采取倾向"保障人类健康和环境保护"的策略。

因此，我国的动物防疫和疾病防控相关法律立法目的和范围必须相应改变以适应当前形势。在全球交流日益频繁紧密的现代社会，人类、家养动物和野生动物的健康彼此关联。动物防疫必须将人、禽畜和野生动物之间有传播可能的人畜共患病的管理和控制都纳入其中。此前，《动物防疫法》的管控疾病对象主要是"动物疫病"，也即在动物间流行的传染性疾病，并未能有效应对近年大规模全球性暴发而造成极大生命和经济损失的疫病，如，SARS和新冠病毒感染，其来源都不是动物疫病（未在动物中流行），而是动物身上承载的人畜共患病病原体。

我们建议《动物防疫法》未来的修订，贯彻"防控人畜共患疫病"的立法概念，以预防未来疫病的大流行为准则，适应当前我国包括全球各国所面临的人畜共患病新发流行这一新的公共安全挑战。加强动物防疫部门与疾病控制主管部门的有效对接；加强多部门协调，明确责任；尽量减少和严控野生动物贸易和消费的高风险环节；加强人畜共患病病原体的研究和监测；加强科学研究和国际合作；加大违法违规行为的处罚力度等。

具体建议如下：

（1）将预防、控制人畜共患病进一步全面纳入《动物防疫法》的立法目的和立法原则。

人畜共患病，是指能在动物和人类之间传播的传染病。目前我国的《动物防疫法》，主要针对在动物间传播的动物疫病进行管控，且主要关注动物被传染以及传染病已经发生后的应对情况，不能有效覆盖人畜共患病在野生动物与家养动物、人之间溢出的风险防范。

考虑到人畜共患病与动物健康的密切关系，及其对公共卫生安全的巨大隐患，尽管2021年修订生效的《动物防疫法》已经在立法目的层面，增加了"防控人畜共患传染病"的宗旨，但并未在该法后续的法条中贯彻该立法目的。建议凡涉及"动物疫病"的各条，均需根据此立法目的，相应增加"人畜共患传染病"内容。如，第三条增加对"人畜共患病"的概念说明；明确本法所指动物包括野生动物；并将动物防疫概念扩大，覆盖人畜共患病："本法所称动物防疫，是指动物疫病和人畜共患病的预防、控制、诊疗、净化、扑灭和动物、动物产品的检疫"。相应地，第十九条关于疫病监测和疫情预警，建议将"发出动物疫情预警"改为"发出动物相关疫情预警"，以包含人畜共患病疫情。

（2）遵循世界卫生组织倡导的"同一健康"原则，即建立疾病控制主管部门与动物防疫部门在人畜共患病防控上的全面对接，加强相关部门有效协调，建立符合多元治理要求的综合防疫治理体系。

顶层设计方面，建议将全国人大专门委员会中的卫生板块从教育科学文化卫生委员会中抽离出来单独设立委员会，并将人畜共患病纳入其工作议题，从相关主管部门中指定代表加入以上委员会。专业委员会职能包括公共卫生领域在国家层面的政策指导、制定，执行层面的监督和审查。建议从农业、野生动物、环保、城市设计、健康、工商、公安领域挑选代表加入以上委员会。

在具体职责职能设置方面，考虑到野生动物与家禽家畜易互相传染疾病，野生动物和家禽家畜的疫情监测和防控不能彼此割裂开来，应统筹考虑。未来《动物防疫法》应当明确各相关部门在动物疫情疫病的监测和防控中的责任，使监测防控对象既包括野外的野生动物、人工圈养繁育的野生动物、家禽家畜和宠物的疫病情况，也包括可能传染动物的人类传染病情况。与此相关的野生动物保护部门、公共卫生主管部门、疾病预防控制部门等相关部门之间应保持信息互通和有效协调。同时，建议由公共卫生主管部门设置并管理公共卫生大数据平台，供参与公共卫生协作机制的各个部门共享数据，相关部门有义务定期提交数据，并向公众开放的端口，鼓励公众参与。确保每个环节都有一个主负责机构，可追溯责任。同时，在管理和执法实践中，因防疫工作此前并未考虑野生动物的相关管理，野生动物主管部门和执法部门往往不能有效对野生动物相关经营利用的检疫证照进行核查。需在本法授权野生动物主管及执法部门更好地参与人畜共患病疫情的防控工作。

具体建议该法第九条中，在动物防疫之外，可增加"卫生健康委及其所属疾控主管部门主管全国的人畜共患病防控工作"，协同国务院兽医主管部门、野生动物主管部门及各执法部门履行防控人畜共患病的相关防疫工作。

同时，综合防疫工作需要行业和公众的参与，新动物防疫法应当建立符合多元治理要求的动物防疫治理体系，鼓励行业协会自律与公众主动参与。如该法第二十五条建议可增加动物防疫部门对辖区内符合防疫资格的动物养殖场所进行信息公开，以便其他经营监管部门、同行业者及公众进行监督。

（3）加强防疫风险管理，强调国家对动物疫病实行预防为主的方针。为了减少野生动物可能对公共卫生产生的威胁，应当严格禁止供应链中风险最高的野生动物贸易经营行为。

建议协同《决定》，在《动物防疫法》的"第二章 动物疫病的预防"中的适当的位置增加新条款，就科研、药用、展示等目的对野生动物进行的非食用性经营利用，制定相应的人畜共患传染病预防性规定。按照国家有关规定，对野生动物通过经营利用进入人类生产生活的各环节，相应制定严格的检疫规程和标准，以及长期的风险监测计划。

更新修订《禽畜遗传资源目录》《特种繁育陆生野生动物物种名录》等白名单，允许商业利用野生动物时，应由国家卫生健康委、国家林草局、农业农村部、国家市场监督管理总局等通过部门间协作机制，开展人畜共患病的风险评估、人畜共患病预防和监测能力的评估，充分考虑严格的防疫要求。对于尚无法开发合适防疫标准、经评估具有较高人畜共患病风险的物种，则不应列入相关商业性利用名录。经严格评估后，允许商业性利用的野生动物，也应对其所有种源个体的合法来源、经营利用及相关管理链条开展更严格有效的可溯源管理。国家卫生健康委对通过风险监测或者接到社会举报发现可能存在人畜共患病安全隐患的，应当立即组织进行检验和安全风险评估，并及时向国家林草局、农业农村部和国家市场监督管理总局等部门通报安全风险评估结果。

（4）加强国际合作，参与构建全球公共卫生安全。

在全球化越来越深入的当今社会，发生在某个地区的动物疫病可能会迅速影响世界。与国际社会的沟通与合作将确保我们可以获取更充分的信息，制定更有效的决策。未来修订的《动物防疫法》应当指导包括兽医主管部门在内的多个部门在动物疫情疫病问题上加强与国际社会的沟通与合作，分享和获取最新信息，更主动地参与保障全球公共卫生安全。如在中国环境与发展国际合作委员会中设置一个以人畜共患病为主要工作议题的公共卫生科学委员会，邀请国内外各领域权威专家和管理者参加，为决策型的委员会提供科学建议和科学证据。

具体建议第十条第二款进一步增加规定国务院相关主管部门，应将与世界卫生组织（WHO）和世界动物卫生组织（OIE）等国际政府间组织对接防疫信息作为防疫工作的一部分；建议第十九条我国的动物相关疫情监测网络建设应该增加与其他国际监测网络（如，WHO及OIE的野生动物疾病监测网络）的信息对接。

（5）严格执行动物养殖场所的防疫和动物的检疫制度，包括人工饲养和合法猎捕的野生动物。相关部门应组织专家，尽快对合法饲养和可合法猎捕的野生动物指定科学的防疫条件标准和检疫要求标准，确保进入供应链的合法来源的野生动物及其制品得到检疫并可追溯其证明。

具体建议第二十三条针对日益增长的非常见野生动物宠物（哺乳类、鸟类、两栖类、爬行类），即"异宠"的饲养，增加严格卫生健康管理的规范。鉴于当前对野生动物研究不够广泛和深入，以野生动物为主体的"异宠"的健康标准在实践中难以准确把握，因此需要从严控制风险。家庭宠物与人类关系密切，传播人畜共患传染病风险高，应对作为宠物饲养在家庭中的一切活体动物疫病问题加强监管。建议除第二十四条外，新增针对野生动物屠宰加工的防疫条件要求。野生动物（尤其是哺乳类和鸟类等）传播人畜共患病病原体的风险较高，对于非食用用途、可以合法经营利用的野生动物，其屠宰加工的防疫条件应相应提高，且对场所和从业人员的要求高于普通家养禽畜，需要加强管理。除此之外，其他条款也应考虑野生动物的管控对接。如，第三十二条需对国家重点保护野生动物的保护与控制疫情之间可能存在的矛盾做合理安排。建议新增条款："国家重点保护野生动物扑杀前，兽医主管部门应当及时向同级野生动物保护主管部门通报有关情况。"

（6）对违反《动物防疫法》相关规定，不履行防疫工作的机构或个人，除行政罚款外，建议可参考交通管理法规违法处罚，对屡犯不改者予以吊销相关经营利用证照和取消资格等措施。

第六章

你什么样，世界就什么样

22天，10万份问卷，聊聊这些民间的声音

史湘莹

新冠疫情使人们注意到野生动物与病毒传播的关系，而事件暴露出来的问题，让越来越多的人参与到对野生动物利用和贸易的管理及修法的讨论中来。2020年1月28日晚，由北京大学自然保护与社会发展研究中心、北京自然之友公益基金会、桃花源生态保护基金会、阿拉善SEE基金会、昆山杜克大学、江苏省农村专业技术协会、乌鲁木齐沙区荒野公学自然保护科普中心、印象识堂平台、山水自然保护中心等联合发起了一个小调查《公众对野生动物消费、贸易、修法意愿的调查》，希望了解普通公众的想法，为下一步的行动提供依据。

在这个问卷中，我们针对的野生动物主要是陆生野生脊椎动物，不包含水生生物及无脊椎动物等，因为涉及水产捕捞业、昆虫的利用和病虫害防治等，问题将更为复杂。从2月1日起，得益于甘加环保志愿者团队及年保玉则生态环境保护协会的支持，我们得以有了藏语版的表单发布在《善觉》公众号上，并获得了众多藏族朋友的反馈。截至2月14日0点，我们收到了101 172份反馈，其中藏语问卷有4078份。

反馈结果如何呢？整体上，大部分参与调查的公众表现出对《野生动物保护法》修法的关注和支持，但在不同的细则上也体现出一些不同的态度，这些分歧目前看来非常值得我们仔细和深入地了解。在这篇文章里，我们将展示一些初步的结果，更加细致的分析敬请期待。

一、人群画像

我们的有效问卷涉及的人群中，有39.7%是男性，60.3%是女性。城镇地区的占87.0%，农村地区的占13.0%。在年龄分布上，19—30岁的占1/3左右，31—55岁的占1/2左右。从学历来看，大学学历的占60.6%，研究生及以上的占24.4%。从职业分布来看（图

6.1），专业技术人员、教育与科研从业者及学生占近2/3。我们在问卷最后加入了一个问题，你的工作或者兴趣与自然保护是否相关？相关的占41.4%，这说明积极填写、转发这份问卷的很多人都是对自然感兴趣或者工作与之相关的，他们通过填写问卷表达了自己的态度。

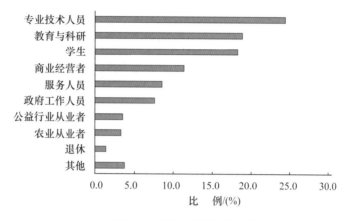

图6.1　被调查人群职业分布

从地区来看，目前填表人群较为集中在北上广地区，更集中在城市人口密集的地区，这和目前的传播渠道多为朋友圈转发和微博发布相关。得益于藏语表单的传播，我们的问卷在青海、西藏、甘肃、四川等地的藏族群众居住区也有广泛分布。

二、相关接触

1. 周围是否有人从事陆生野生动物繁育和利用相关产业？

从回答问卷的人群来看，有14.2%是周围有人从事陆生野生动物繁育和利用相关产业的，包括陆生野生动物繁育、制品利用、经营交易和活体展演等。野生动物利用的管理政策对于这些产业的影响最大。野生动物驯养繁殖产业主要涉及实验动物、毛皮动物、药用动物、肉用动物和观赏动物五大类。据统计，我国2004年全国野生动物驯养繁殖场就超过1.6万家，年产值超过200亿元。2017年，陆生野生动物繁育与利用业的林产总值已达到560.351亿元。这些从业者的参与，可以代表一些来自产业的声音。（《中国林业统计年鉴》中显示，2017年所有陆生野生动物繁育与利用业的林产总值达560.351亿元。）

2. 最近一年看到过吃野生动物的吗？

从野生动物食用行为的接触来看，有31.8%的人见到过野生动物食用行为，有66.1%的人并未接触过这部分群体。

三、社会认知态度

下面我们来看看网友们对野生动物的繁育、食用、制品的使用等行为的态度。对吃野生动物的态度，有高达96.6%的人是不赞成吃野味的，只有2.1%的人赞成。

对使用野生动物制品（毛皮、骨制品、药剂等）的态度，有78.9%的人不赞成使用，而有15.2%的人是部分赞成的。只有0.9%的人是完全赞成的。部分赞成的人是考虑到一些野生动物制品的使用还是必需的，比如用于毛皮和中药的动物制品和材料等。

对人工驯养野生动物用于商业目的的态度，75.8%的人是不赞成的，而10%的人是赞成的。有网友的观点认为，"野生动物资源也是一种资源，只要可持续地利用就可以。"就像人工驯养中华蜂、中华鳖、牛蛙等动物进行利用，已经是一类重要的生计。

四、法律知识了解

从是否了解《野生动物保护法》中有关食用和购买野生动物及其制品的法律规定来看，只有12.7%的人选择非常肯定的"是"，其他的人要不完全没有了解，要不只是听说过一些。对于普通消费者来说，准确地鉴别野生动物制品，还是比较困难的。

从对与野生动物相关的狩猎证、驯养繁殖许可证和经营利用许可证的了解来看，只有8.5%的人是了解的。

五、人们态度和行为的改变

关于野生动物的利用其实不是新话题，是在保护当中经常讨论到的，主要是讨论对野生动物保护的影响，而疫病是其中的一个话题。新冠疫情的发生，实际上又一次把这个话题带到了公众面前，这个"教训"是否对大家的态度和行为产生影响呢？在了解到新冠病毒造成的疫病之后，对野生动物消费行为有什么影响呢？有87.4%的人从不消费，或者从不消费也劝说别人不要消费（图6.2）。在有消费行为的11.7%的人群中，有近95.3%的人的消费行为受到了这次事件的影响而发生了改变。

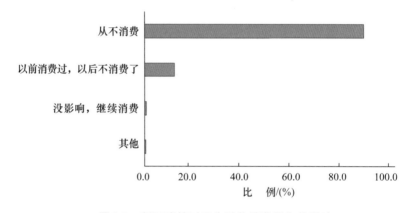

图6.2　新冠疫情对野生动物消费行为的影响

很多人对于这个问题不太理解：了解到新冠病毒造成的疫病之后，对你去野外观察野生动物的行为有什么影响？

实际上我们设计这个问题有两个目的：第一，了解一下人跟动物的关系，是不是因为疫情变远了；第二，了解一下填表的群体有多少是自然爱好者，本来就有观察野生动物的爱好和习惯，是不是会影响到填问卷的行为和结果。

从结果可以看到（图6.3），56.7%的人本身并不属于有观察野生动物爱好和习惯的群体，其中近1/3的人也许是因为这次事件转而关注野生动物，所以选择以后会观察。还是可以看到，42.2%的人本来就

有自然观察行为、对自然感兴趣，而其中四成的人原本的自然观察行
为受到了此次事件的影响，决定以后不观察了。根据一些填表者的反
馈，可能的原因是害怕近距离接触野生动物有风险等。

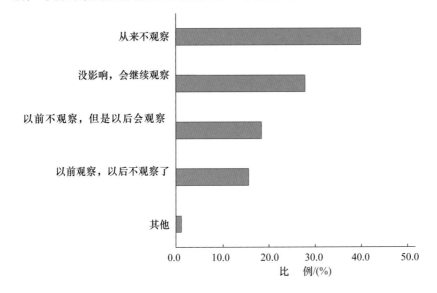

图6.3　新冠疫情对观察野生动物行为的影响

六、对政策立法改变的意愿

　　对取缔野味集市和野味饭馆的意愿，有95.0%的人持强烈赞成或
倾向赞成的态度，有1.4%的人选择中立，而3.6%的人倾向不赞成或
者强烈不赞成（图6.4）。

　　网友留言赞成的原因大多集中于——"养殖不香吗？非要去破坏
野生环境？""野生动物携带大量病毒，野味集市接触的就是活的野
生动物，有很大的传播病毒的风险。"

　　那么倾向不赞成的原因呢？

　　有人留言认为，合理的"野味"是恰当的消费需求，合法、正规
经营者应当在生态保护和人的安全两方面有保证，关键在于：第一，
加强立法和监管并落到实处；第二，做好科普让普通人能够分辨哪些
是正规经营。

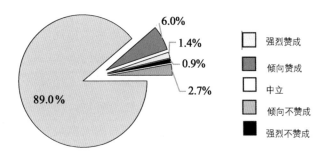

图6.4 对取缔野味集市和野味饭馆的意愿

有人担心"简单粗暴地立法取缔只会让交易转入地下并黑市化，不仅无法禁绝，而且不利于溯源与监管。可考虑以技术手段切断利益源头。"

上面的评论也给政策的确立提供很多借鉴。对于人工繁育成熟、检疫合格的野生动物，是不是还应该保留一个白名单加以区分，从而保障一部分合理的食用需求和产业。

对全面禁止消费者吃野味（含重点保护动物和非重点保护动物）的意愿，有约96.2%的人持赞成态度，约1.8%的人选择中立，而有约2%的人倾向不赞成或者强烈不赞成（图6.5）。

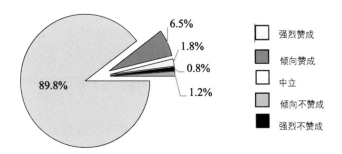

图6.5 对全面禁止消费者吃野味的意愿

赞成的原因："没有消费就不会有买卖。""从消费端控制才能真的阻止买卖。"但也有人对执行的难度表示了担心，"对消费者的禁止很难全面落实，更希望多做科普宣传，转变消费者思想意识。"

　　反对者的理由也反映出一些普遍顾虑，例如，对于能否食用人工养殖的动物，"部分人工繁育非常成熟的物种，如暹罗鳄、大鲵等不应被禁止。""有些特种动物养殖能增加农民收入。"

　　还有一些人表示，野味需要一个明确的定义，如果把海鲜算作野味，或者虫草等用于保健或中药的食材作为野味，那会不愿意同意。还有人担心，如果全面禁止可能会促进野味的黑市价格飙升，反而造成更多问题。

　　对全面禁止买卖野生动物及其制品（含重点保护动物和非重点保护动物）的意愿，强烈赞成或者倾向赞成约占95.1%，表示中立的约占2.5%，倾向不赞成或者强烈不赞成的约占2.4%（图6.6）。

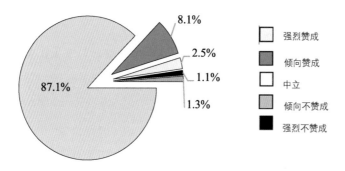

图6.6　对全面禁止买卖野生动物及其制品的意愿

　　赞成的人大部分表示，现在很多野生动物制品都可以用人工材料来替代，没有必要去破坏生态，比如有一些毛皮所代表的时尚是一种文化心理，可以通过教育宣传来改变；还有一些野生动物的神奇功效并非经过科学验证的，不应该迷信。

　　不赞成的人群中，有一部分原因出于对人工繁育动物用于宠物饲养和交易的支持，来源不是野外，也不携带人畜共患病，希望保留这些宠物玩家的权益。有一些人认为有些野生动物具有药用价值，希望可以酌情保留。

　　的确，对于野生动物及其制品的买卖是最受争议的问题之一。同样，要做精细管理就需要各个领域的专家和利益方共同探讨，对于哪些物种可以利用，哪些利用途径和交易方式是合法的、哪些是具有风险和负面影响应当取缔的，需要有更细致的论证和谨慎的决策。

　　对禁止在动物园之外（娱乐场所、商场、酒店等）展示野生动物活体（含重点保护动物和非重点保护动物）的意愿，91.4%的人持强烈赞成或倾向赞成的态度，3.8%的人选择中立，而4.8%的人倾向不赞成或者强烈不赞成（图6.7）。

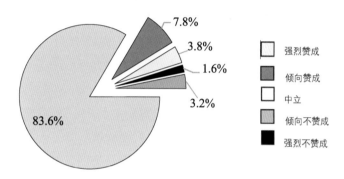

图6.7　对禁止在动物园之外展示野生动物活体的意愿

　　赞成的人多认为"商场等场所的密闭嘈杂环境不适合野生动物生存（不管是否濒危），而且几乎没有专业人员指导"，对动物福利和公共卫生都有风险。而不赞成的人则认为，"如果展览是科普，保护教育为目的，又取得防疫证明，倾向于不禁止"，或者有些地方没有动物园的条件，想看到动物就需要一些其他的形式。

　　这个问题上最大的争论在于，人们对于科普的需求以及动物展示所带来的动物福利和亲密接触动物的卫生风险之间的权衡。每个人对动物福利的关心和对科普的需求是不同的，但是有一件事一定可以达成一致，那就是缺乏卫生检疫、来源不明的野生动物展示，基本被所有人否定。这类动物展示的监管，既是对消费者负责也是对动物负责。

　　以上只是调查的初步结果，进一步分析需要更细致的研究。从这些初步结果我们至少可以看到两点：首先，这次疫情掀起了SARS之后又一轮全民探讨野生动物管理的热潮，有更多人了解了野生动物的知识，也希望有更多人了解关于野生动物的法律法规。其次，任何一个政策的制定都需要在执行成本和社会收益间寻求平衡，而整个决策过程也是社会治理的一部分。无论如何，希望这些对公共事务的讨论和关注，最终能促进我国野生动物的管理进一步朝正面的方向发展。

我有吃野味的童年，不想再有吃野味的下一代了

黄巧雯

新冠病毒所致的疫情被世界卫生组织认定为"国际突发卫生事件"。疫情带来的变化和影响已远超人们最初的想象：一线医护人员竭力奋战；各地围城防控；所有人，甚至连宠物的正常生活都遭遇了前所未有的挑战。

距离原定轨道越远，我们越是迫不及待地追根溯源。从开始到现在，科学家们仍在不懈寻找这一次冠状病毒变异传播的中间宿主，果子狸、貉（图6.8）、獾（图6.9），甚至于水貂和蛇都在怀疑之列。

今天，我想以一个南方姑娘的身份，从童年以及现在的故事说起。

图6.8　北京怀柔的一只貉（来源/猫盟CFCA）

图6.9　猪獾和它的孩子（摄影/王放）

一、它们，都是我们的动物邻居

除了在国内养殖的水貂，前面提到的其他几种动物我后来都在野外见过。

第一次见果子狸，那是在新龙的一个瓢泼雨夜，100米开外，峭壁的果树上趴着一只躲雨的果子狸。从它移动的身影看，那只黑黢黢的小动物，很羞涩。

第一次见貉，是从京郊回市区的路上，一辆油量将近为零的越野车以滑行的速度穿过一座铁路桥。车灯的光影里，一只屁股圆滚滚的长毛动物颠颠地在车前跑，似乎正要从一个垃圾箱移动到另一个垃圾箱。

第一次见獾，严格地说是朋友看见的，是在北京怀柔的山里，接近黄昏，两只猪獾站在落叶里与朋友短暂对视，听见我们下山的声音，就窸窸窣窣逃走了。

而蛇（图6.10），我见过有毒的、无毒的和微毒的，它们有的喜水，有的爱滚烫的水泥路面，有的喜欢草上飞。体色艳丽的就像被风掠过的野花，在草中转瞬即逝。

图6.10　北京郊区的赤链蛇（摄影/宋大昭）

　　看见它们的时候，我没有一次将它们和"中间宿主"这个杀伤力巨大的词联想起来。相反，每次我都希望它们能不能别这么羞涩，能不能让我再多看一会儿——它们呆住、警醒、溜达着逃跑的表情实在太有意思了。

　　这些久违的自然课真真正正地让我明白什么是生命的平等，为什么不该吃这些生命——它们那轻快的脚步就像它们是悄悄搬到你家隔壁的邻居，不，可能在你我还没来之前就已经是这里的原住民。它们不是食物，而是我们的动物邻居啊（图6.11）。

图6.11　有大仙之称的黄鼬，是北方常见的动物邻居（摄影/宋大昭）

现代社会，让它们从邻居变成食物，这其中有迷信和传统、也有人类凌越一切的优越感和自大。

二、野味是我童年记忆的一部分

我懂，因为野味也是我童年记忆的一部分。

我的家乡在广西，一直以来，这里都是捕猎、消费野生动物的重灾区。在老家，海里游的统称"海味"，山里会爬的、会飞的、会跑的，统称"野味"。甚至，来源不明的猫、狗和鼠，也曾出现在大人们的菜单里。倒也不至于啥都不挑就吃。比如河豚，大家就比较忌讳。只要不彻底煮熟，就会一吃毙命。尽管如此，我仍然听说过不少人挑战，并以此炫耀自己的勇敢。我爷爷长在农村，在以前食物缺乏的困难时候，都杀过动物取食。以至于现在听到SARS和果子狸的关系，92岁的他，第一反应依然是，果子狸，好吃啊。我爸是开始收敛的一代，但是上山下乡的时候，也跟其他青年一起用火把追过地里的狐狸，吃过野鸡（图6.12）。他说，现在在广西都没怎么听说过狐狸了。

图6.12　人们口中的野鸡——环颈雉（摄影/武阅）

我身边，还有六七十岁的各种姨，会把蝙蝠叫"飞鼠"。李姨说，以前他们最讨厌蝙蝠，所有山洞里都有密密麻麻的一大群，他们村里的人就会拿火把去烧，能烧掉不少。三姨则说，以前他们会去山洞里捡蝙蝠的粪便做肥料，满地都是，厚厚一层。那些都是住在村里时的往事了。后来我家定居城市，再没碰过野味，只剩宣称能滋阴补阳、具有保健奇效的各色蚂蚁酒、蛇酒和其他各种中药酒（图6.13），大瓶小瓶的，堆了不少。

图6.13　被用于泡中药酒的纵纹腹小鸮（摄影/熊吉吉）

印象中，少年的我对"该不该吃野味"这件事，没什么判断。小学自然课和科学课，基本都会变成自习课和阅读课，能记住的课程就只剩下拿种子回家泡种，以及看看铁钉在水里和油里的生锈速度。而祖祖辈辈传达的有关于它们的知识，也只有"地上两斤不如天上二两""以形补形"，以及它们有多重，滋味如何。

如果当年它们出现在餐桌上，被大人夹到我的碗里，我会不会坚定拒绝？

在某种程度上，"果子狸营养丰富"和"多吃葱能聪明"的说服力是一样的，长辈的关爱加上我的无知，我实在没有动力拒绝。

回想起来，在童年的迷思和现在波及全国的疫情之间，我总觉得有千丝万缕的联系。那些野味的消费者，不就是童年时代所遇的叔伯姨婶吗？而吃野味的迷信和传统，就是我童年记事的一部分啊。

如果将全国的野生动物非法贸易（图6.14，图6.15）比作大江大河，那如我家乡一般的小城、小镇、小村落就像毛细血管一般的细流，既是产地也是市场。无论饭店、小馆，抑或是私家厨房，以及潜藏其后的文化传统和消费习惯，便是根源之地，都曾助长野生动物非法贸易这种无知狂妄的罪。

图6.14 飞过山丘的灰脸鵟鹰，曾经也是盗猎的目标（摄影/宋大昭）

图6.15 短耳鸮也是非法贸易的对象（摄影/黄巧雯）

三、我们造就了野生动物的绝境

据网上披露的三份许可证统计，在广东清远某农贸批发市场，仅2017年6月至2018年6月一年，就陆续授权销售野猪3万头、小麂1万只，猪獾2万头，野兔6万只，斑鸠10万只，竹鸡10万只，眼镜蛇3万千克，王锦蛇10万千克，乌梢蛇10万千克（图6.16）……

按其市场售价，全数销售所得可过百亿元。联想到背后的市场需求，我已不寒而栗。

而批发销售的动物来源渠道更让人疑窦丛生。尽管每份许可证中都命令不得收购、出售无合法来源的野生动物及其产品，但多少家、什么标准的大规模养殖场能满足如此巨额的市场供给？对于同一个贸易公司在1个月内提出3份数量如此惊人的批发销售申请，其来源以及所需的防疫检疫证明真的经过充分审核了吗？

图6.16　清远某农贸批发市场上贩卖的各种蛇　（来源/天地自然保护团队）

全国上下，如这样"兴旺"的农贸批发市场不止一两家。它们既是驯养繁殖经营个体的合法销售渠道，也是野生动物非法贸易的黑色终端。

在许可证的有效期内，志愿者在该清远农贸批发市场调查时发现，"野生动物都是一车车拉到那个地方，收完了以后再分流，批发继续往外地走，不散卖，以鸟类为主，各种野鸭子。更野的东西必须是熟人才能购买。"

同据《三联生活周刊》调查，湖北省森林公安局也"曾经查获一辆从安徽出发，途经江西的运输车，车门打开的一瞬间，执法人员都呆住了，黄麂、猪獾、狗獾、白面狸、鹭鸟……满满一车全是野生动物，一只只数下来竟然超过4000只，同时另有眼镜蛇、五步蛇、乌梢蛇等爬行动物600余千克"。仅2018年，仅湖北省全年便累计侦办涉及野生动物类刑事案件250起，查处行政案件494起，查获非法捕猎的野生动物16 123只。

其他省份，比如我的家乡呢？同样是2018年，在9—12月开展的"绿网"专项打击行动中，广西森林警察仅约两月就抓获违法犯罪嫌疑人186人，收缴野生动物近万头（只）……

回想起我曾在山里见过的羞涩动物，今天我们因疫情和恐慌所致的绝境，竟是野生动物每天都在面对的。我们的口腹之欲，造就了它们的绝境（图6.17）。

图6.17　数百只铁爪鹀就像一颗颗小手雷，落入华北的荒草地。而在南方位于同等生态位，也曾数量巨大的黄胸鹀却以"禾花雀"之名被吃成了全球极危物种（摄影/黄巧雯）

作为数十年来最直接的受害者，数以亿计的野生动物从未发声。它们出生、长大、被抓、被杀，像一部黑白默片。最后，动物被端上餐桌（图6.18），客人咀嚼的声音，肉块经口腔滑入食道的声音为默片配了音。

没有微信、微博、朋友圈、公众号的野生动物们无处申辩，和无告的大自然一样，在静默中凋敝。直到，它们从蓬勃灵动的动物邻居变成乌糟哀怜的困兽，又从待宰的困兽变成传染病毒的中间宿主。

图6.18　小麂是不少人喜欢的野味（来源/猫盟CFCA）

那仿佛是一系列巧合的叠加——不管是它们住进了未经清洗消毒的笼舍，还是病源动物的粪便沾染了它们入口的食物，总之，病毒在它们身上变异得恰能制伏人类，经由现代发达的交通路网，沉默发酵，沉默传播，一旦暴发，整个社会都被迫按下了暂停键。

即便如此，你若问我，时至今日，那些习惯吃野味的人会转变吗？我依然无法给出乐观的答案。

四、立法、执行、监管？

2020年1月，市场监管总局、农业农村部和国家林草局联合发布《市场监管总局　农业农村部　国家林草局关于禁止野生动物交易的公告》（以下简称《公告》），我们要思考如下问题：一是疫情结束之后会不会就解禁了？二是这份《公告》的出发点也如《野生动物保护法》的执行一样，是不是缺乏对野生动物的体认和关照？当野生动物有重要经济价值、科学研究价值的时候，便对其繁殖驯养开绿灯；当野生动物有疫源之险的时候，便一刀切、拒之千里。

恰恰是因为人的利益总因时势而变，想养就养，只关心规模、效益，不关心福利、死活，甚至养不了就或宰或弃，才让野生动物有了成为中间宿主的机会，让人畜共患的病毒、细菌有了繁殖变异的温床。

　　换句话说，如果不将野生动物作为人必须依存、必须尊重的生命体，我们如同在钢丝绳上跳舞（图6.19）。

图6.19　红颈苇鹀能在苇杆上轻松起舞，但人类不应在钢丝绳上跳舞（摄影/黄巧雯）

　　由出发点，再看执行。由SARS到新冠病毒感染，疫情再次暴露出关键问题——相应的动物防疫、检疫工作仍然缺位；来源不明的野生动物混入市场的乱象依然难以监管。

　　背后的执行难或许还存在这样一些问题：如何识别野生动物，不同物种在驯养、繁殖、运输过程中有哪些防疫检疫工作的原则和标准？我们准备好精细化管理了吗？

　　吊诡的是，回答好这些问题恰恰需要人们放下利益准绳，从生命本身去看待野生动物，从生态系统的角度看待它们的生存和繁衍，才能做到科学并长久有效的保护（图6.20）。

　　这些答案正是执法和管理能力最重要的组成，恰似大厦的地基。遗憾的是，我们现有的大厦所缺的似乎正是这样一块坚实的地基。

图6.20　灰鹤在官厅水库越冬。科学的保护从正视人与自然必须和谐共存开始
（摄影/黄巧雯）

五、一切都为时不晚

亡羊可以补牢。但是，若指望仅靠一两次疫情的阵痛来夯实大厦的地基，扭转乾坤，也无异于痴人说梦。但经此一疫，在所有人都饱受其困之后，我们能意识到自己的力有不逮，并愿勉力补足，就能事半功倍。

显然，我们已经达成很多共识，其中包括，在新的社会共识稳固之前，严执法、严监管仍是唯一的出路，不论时限。否则，中间宿主只会轮流坐庄，我们仍将难逃自然的审判（图6.21）。

对于未来，我仍抱有期许。因为现在的年轻人和未来的小孩，已有充分的信息去澄清我童年时的迷思。自然与人的关系，野生动物与食物之间的关系，他们该有明确的答案了。

2020年的开局，像是一堂大课。身处其中，唯愿事不再来。

图6.21　疫情恰如上帝之眼，检视着一切行为举止。同样看着你的，还有长耳鸮等众多野生生物（摄影/宋大昭）

这个真相你该知道了：
野生动物是邻居，更是人类生存的安全网

李　露

　　谈起野生动物保护，我们总能听到"保护野生动物就是保护我们自己"的说法，这句话听起来像口号，我们总忍不住想问：不保护又能怎样？人类一路走来，无数个物种消失。就在这些年，华南虎（图6.22）、白鱀豚、长江白鲟……都已在野外不复存在。"灭绝"两字出现的次数多到几乎麻木，我们道一声可惜，便继续生活了。

　　许多人不在乎，在乎的人也不免疑问，它们的存在与否，究竟对我们有什么影响？

　　多数人会很快想到生态系统（图6.23）。在自然界的一定空间内，生物与环境构成了统一整体，相互影响，相互制约，并在一定时期内处于相对稳定的动态平衡状态。

图6.22　我们还有可能在野外看见华南虎吗？（摄影/宋大昭）

图6.23　生物多样性丰富的湿地生态系统　（摄影/宋大昭 ）

　　在这个系统中，每个物种都有着不同的作用。有的是传粉者，被子植物中有80%为虫媒传粉，剩下的19%曾经是虫媒传粉，因为环境改变而转变为风媒传粉。

　　传粉者与植物至少在3亿多年前就已生活在一起，共同进化，构成了整个生态系统的基础。这其中包括我们熟悉的蜜蜂和蝙蝠。

有的动物是建筑师，比如啄木鸟啄出的洞，为许多洞巢鸟提供了巢穴；河狸（图6.24）建造的水坝，也会成为鳟鱼、青蛙、蝾螈、水獭等多个物种的生活场所；由珊瑚虫尸体堆积成的珊瑚礁，以占海洋0.17%的面积养活了25%的海洋生物。

图6.24　我国仅有的河狸：蒙新河狸（摄影/初雯雯）

还有的动物是改造者，大象啃食树叶、推倒树木可防止森林和灌木丛侵占草原，它们为羚羊、斑马等食草动物开辟了空间，进而影响了狮子、猎豹等肉食性动物的生存。

山区中的野猪有着类似的作用，野猪（图6.25）通过建窝、拱地和采食植物种子来影响林下层植物的生长。在冬天里，野猪清理厚厚的雪层，暴露的地面使得鸟类、狍子、马鹿及小型哺乳动物更方便取食。

这和人类有什么关系？

我们总忘了自己是生态系统的一部分。

如果没有传粉者，地球上的大部分植物无法繁衍，野生动物自然随之减少。人类比较厉害，没有了水果和蔬菜，一小部分人靠种植水稻、小麦活了下来，只是要应对频繁的自然灾害，存活非常勉强。没有珊瑚虫，人类将失去15%的渔获资源，海岸线更容易被侵蚀，台风、海啸也失去屏障。

图6.25　花纹小野猪跟着妈妈在找吃的（摄影/宋大昭）

更不用说仿生学、杂交与转基因这些我们从大自然中学习和攫取的内容。

这些终究是大自然免费给的，免费的东西我们不珍惜。我们知道生物多样性的价值，但总觉得似乎离我们太远，并幻想着人定胜天：鸟类可以控制虫害，农药也可以啊；没有海鱼，我们可以养啊；没有蜜蜂，可以靠科技造啊。

但野生动物的持续减少，也会带来另一个我们已经看到的威胁：疾病肆虐。

我们认为病毒传播是因为人食用了野生动物，因而对野生动物敬而远之，甚至产生了仇视心态，希望能"生态灭杀"。但事实上，野生动物及其栖息地的保护也降低了病毒传播到我们身上的可能性。

研究表明，物种多样性越高，人类感染人畜共患病的概率就越低。因为野生动物会对疾病的传播起到缓冲和稀释作用。

比如莱姆病，因1975年在美国康涅狄格州的老莱姆地区（Old Lyme）首先被诊断而得名，在我国东北林区是常见的地方传染病。

莱姆病病菌来源于鼠类，主要通过蜱虫传播。蜱虫叮咬携带螺旋体病菌的老鼠，感染后叮咬人时，病菌侵入人体，引起人体多器官病变。

科学家通过模拟发现，脊椎动物的多样性可以降低莱姆病的发病率。如果一个地区脊椎动物种类较多，蜱虫可选择的食物很多，叮咬带病老鼠的概率就会降低。这种宿主也被称为"稀释宿主"，松鼠就是一种很好的稀释宿主，它们比较吸引蜱虫，但又不会让蜱虫携带病菌。

与此同时，生物多样性高的区域，像老鼠这种扩散性宿主所占的比例更小，与人类接触的可能性也会减小。而且，随着生物多样性的增加，老鼠的天敌和竞争者也会增加，直接降低了老鼠的密度，病菌的传播自然也就少了。

印度人认为牛是神圣的，有可能与他们的祖先受到过牛的恩惠有关：睡在离家畜（尤其是牛）很近的地方，被蚊子叮咬的概率比较小，从而降低感染疟疾或其他病原体的可能性。

牛可能没想到，跟人合作不仅要任劳任怨地吃草挤奶，还得作为蚊子滋生地和人类住区之间的屏障，为人类疾病防御做出巨大贡献。

还有我们比较熟悉的禽流感。对于禽流感的暴发，我们一直归咎于迁徙水鸟（图6.26），吸引野生水禽的湖泊和湿地被认为是疾病的热点地区。但2017年的研究发现，禽流感的暴发确实与野生鸟类与家禽的接触有关，但只限于范围较小的稻田区域，湿地湖泊反而会降低禽流感的传播。因为随着湖泊或湿地面积的增加，野生鸟类与家禽接触的可能性大大减小。

图6.26　北京温榆河的针尾鸭，一种迁徙水鸟（摄影/宋大昭）

保护候鸟栖息地，会对人类和家禽的健康带来意料之外的好处。

我一直担心有人说，那把野生动物杀光会不会更有效？非常遗憾地告诉你，最容易传播疾病的家鼠和蚊子，一直就处在越灭越多的状态中。

人为有意无意地"消灭"野生动物以及对土地的过度利用，导致生物多样性丧失，物种均质化反而让病原体变得越来越"通吃"。许多原本并不传染人的病毒，竟也频繁地在人类中引起疫病的暴发。

人畜共患病的种间传播在很大程度上是由人类活动引起的。

埃博拉病毒导致的疫情往往发生在人类猎食野生动物的区域。随着野生动物栖息地被转变为农业用地或城市，人类对食物和基础设施的利用得到了改善，但同时也可能降低自然系统防御疾病的能力，使我们暴露在新的传染病风险面前。因而在国际上，One Health（同一健康）的概念越来越流行，我们越来越意识到，人类的健康离不开动物群体的健康和环境的健康。

《自私的基因》里说，所有的利他行为，最终不过是在利己。动物保护也一样，禁食野味的话题因新冠疫情火爆起来，是我们终于意识到人类敌不过大自然。

如果我们破坏了生态平衡，大自然会停留在新的平衡上，这个新平衡中会不会包含人类，不太好说。所以无论愿不愿意，为了智人的后代能够在地球上存活得更长久一些，我们不得不选择保护。但把保护推到"不得不"的境地才去行动终究是可惜的，它意味着我们的损失已经到达了临界值。

大自然以其高深的智慧创造了每一种生物（图6.27～图6.32），每一朵花、每一种昆

图6.27　长耳鸮（摄影/宋大昭）

虫的消失，便使我们渐次失去了探索造物之美的可能。

　　生物多样性之美，远超我们的想象

　　而它，恰是我们最强的生命屏障

　　经此一疫

　　希望我们真正懂得尊重、善待身边的动物和荒野

图6.28　一支绿绒蒿（摄影/熊吉吉）

图6.29　喜马拉雅旱獭和绿绒蒿（摄影/熊吉吉）

图6.30　大鵟和鼠兔，这是自然界的平衡（摄影/宋大昭）

图6.31　石渠，野驴坡（摄影/宋大昭）

图6.32　红日将出，雪豹巡游山脊（来源/猫盟CFCA）

1992年后，我再也没见过成群的雁鸭南飞

吴　昊

我是江苏人，从小就喜欢动物。

因为我的祖母认识很多动物，我早期的动物知识就来自祖母，这在改革开放前的江苏是比较罕见的，那时候大部分地区还没有动物园。祖母并非江苏人，而是浙江淳安人，她的家就在现在的千岛湖水下。祖母的父亲是一个富有的山民，当年曾拥有自己的山场、竹林、茶场和橘园。他最大的爱好就是狩猎，家里有几杆土枪和一群猎狗，每到秋冬季，就和朋友进山打猎。

在那个年代，浙江山里的豺狼虎豹并不罕见，所以，祖母对动物的认识比一般人要丰富得多。并且，祖母是浙江大学毕业的，她不但知道很多动物的俗名，还知道它们的中文正式名，这又是一般乡民所不具备的。记得有次我去上海动物园玩，第一次见到豺（图6.33）。回去后告诉祖母，我还没描述完，祖母就平静地说，山里管它叫红毛狗，尾巴尖是黑色的，不怕人，野猪最怕它。

图6.33　豺（摄影/吴昊）

后来祖母告诉我一句很多书本上都没有的话：豺虽然会吃牛，但是不伤人。我至今也不知道这是不是事实。祖母还给我讲过很多她见过的动物和有关狩猎的事情，比如，打着火把走夜路遇见了老虎，狼群在冬天进村吃狗，野猪（图6.34）受伤后反击咬断猎人的腿，麂子只会按固定的路线走等。

图6.34　野猪（来源/黄山景区管委会）

　　祖母的父亲曾经猎到一只金钱豹，这是她常说的事。由于这样的背景，祖母自然有吃野味的习惯，她不但知道如何处理野味，也知道如何烹饪，所以吃野味的习惯也传给了我们全家。小时候我体弱多病，父亲甚至从动物园的朋友那里搞来鹿血给我喝。那时候，人们没有保护意识，一到秋冬季，市场上野味和其他农产品一样普通。

　　江苏野生动物种类并不多，市场上无非就是野鸡（图6.35）、野鸭、野兔（图6.36）、大雁、斑鸠等，偶尔有些獾和獐，至于蛇、刺猬之类的并没有人吃，自然也看不到。说实话，在那个物质并不丰富的年代，野味并不贵。比如野鸡的价格就比母鸡便宜，因为野鸡的肉硬又不能炖汤，如果烹饪不当，肉如同木柴一样难以下咽，而且当时的野味几乎都是枪猎的，吃的时候还要小心里面残留的铁砂弹碎片硌牙。

　　到了20世纪90年代初，野味市场有了变化，由农民提篮叫卖变成了野味店铺专营，从季节性经营变成常年经营，品种也越来越多，很多野味从外省运来。走进这些店铺如同进了动物园，只不过大部分动物是死的，其中很多20年后我才在各种媒体上见到了活体影像。所吃的野味也从自家厨房中单一的种类变成饭店里的各种野味菜肴。

　　那时候我手里有一本动物百科全书，每次走过野味店，看到不认识的动物，就回去翻书对照图片识别。

图6.35　白鹇，野味市场上的一种野鸡（摄影/吴昊）

图6.36　华南兔，野味市场上的一种野兔（来源/黄山景区管委会）

但是我越翻，心里越难受，因为很多售卖的野味都是受国家保护的动物。野味店越来越多，价格越来越高，周围看到的野生动物也越来越少。

当年，在每个秋高气爽的日子里，我都能听见天空传来雁鸭的鸣叫。即使在城里，只要走出房子抬头仰望天空，就可以看见成群的大雁、野鸭排成人字形或一字形从空中飞过，甚至在夜里的月光下也能看见它们向南飞去的身影。

可是在1992年以后，我就再也没有见过成群的雁鸭南飞（图6.37）。

图6.37　迁徙的大天鹅群（摄影/宋大昭）

　　1993年春节前，我帮家人去我们当地最大的农贸市场买年货，这次经历让我决心不再吃野味。市场门口是我们当地最大的野味店，这家店进了一大批野味，据说是从江西、福建和安徽送来的。我至今记得：一个大筐里有几十只死去的豹猫，另外一个大筐里都是果子狸（图6.38）、鼬獾、猪獾（图6.39）和狗獾，都是满口血污，地上的塑料布上堆着的野兔、野鸭、野鸡有上百只，店里的笼子里有上百只活的野鸭、大雁，甚至还有两只雕鸮，案板上摆着十多只小鹿和獐子。

图6.38　果子狸（来源/黄山景区管委会）

图6.39　猪獾（来源/黄山景区管委会）

但最吸引人眼球的是店门口大树上挂着三头棕黑色的水鹿（图6.40），一公一母，还有一只尚未成年。那时江苏还没有哪家动物园展出过水鹿，很多人在围观。

图6.40　水鹿，上为雄性小鹿，下是雄性成年鹿（摄影/吴昊）

雄鹿头上有一副很大的鹿角，胸口上有一个拳头大的弹洞。因为是冬季，棕红的血已经凝固在伤口上。所有的鹿都是睁着眼睛，死不瞑目。

我实在看不下去，扭头走开。回家的路上我和母亲说："这太残忍了，这是在灭绝动物，中国的野生动物太少了，我们不能吃了，再吃就绝种了！"到家后，我把所见告诉了祖母，她说了一句话："过去猎人也是有规矩的，打老留小，网开一面。现在这样是涸泽而渔，焚林而猎，贪得无厌！"

从那个春节起，我家再也不吃野味了，不但在家里不吃，在外面也不吃。至今我家拒食野生动物37年了，祖母离开我也有22年了。

我确实曾经吃过很多野味，但是我要告诉大家：野味不是什么灵丹妙药，也没有那么美味，它带来的只有贪婪和生态灾难。2003年我经历过SARS，2020年我的女儿也和我当年一样在经历病毒的肆虐，这一次传染性更强，孩子已经停课在家一个月了。

借此机会，我呼吁大家：为了我们的子孙后代，从现在起，全社会禁食野生动物！

"报警没有用"，希望这句话以后渐渐消失

猫盟CFCA

"报警没有用。"

这是很多志愿者、网友在跟我们说起看到盗猎、贩卖野味等现象时常说的一句话。在法律意识日渐深入人心的今天，为什么在面对动物时大家却往往感觉法律力有不逮呢？

新冠疫情暴发，《野生动物保护法》修法便被激昂的舆情迅速推上台面——目前的野生动物管理跟不上公共卫生的要求已经跃然纸上，在全社会都在用利益甚至代价为其买单的时候，修法的诉求便成为亡羊补牢的首要共识。

我们与野生动物之间的利用关系，我们对自然的予取予夺，我们的饮食、消费、监管、法制……疫情就像放大镜，将每一个深藏于现实中的灰色细节放大到极致。

与反思并行的，是行动。

北京大学自然保护与社会发展研究中心和山水自然保护中心团队迅速锁定公共卫生安全风险的源头，其管控的关键就在野生动物保护。于是便开始组队征集公众意见，分析、研判，找到法律和现实需求打结的地方，条分缕析，衡量利弊，试图提出更完善的法律建议。

北京自然之友公益基金会的法律政策倡导团队、昆山杜克大学团队也很快加入。与此同时，还有许多环保公益组织都迅速响应人大常委会法工委的修法建议征集。

在这个过程中，我们不是主力。和正在看这篇文章的你一样，我们在这个过程中，第一次感受到法律对我们每个人的影响是如此潜移默化，如此庞大而难以量化。

每一部法律都是我们的价值观、社会发展程度以及法治需求的凝结，反过来也影响了我们对事物的看法以及是非判断。

《野生动物保护法》的范围和出发点，三有动物命题的时代背景和矛盾之处，上位法与配套政策的摩擦之处，这些命题从未得到如此深入、广泛的关注和讨论。

从这个意义上讲，我们实实在在地看到了进步。

首先，从生态系统保护的角度出发，修法提出的第一个焦点就是：强调生态系统，把野生动物分成亟待保护的（濒危的）和一般保护的。

《野生动物保护法》几经改动，虽然已经成了强调保护优先的一部法，但仍然脱离不了旧有的、依据动物利用价值来评估保护价值的评价体系。简单地说就是啥动物少了、快没有了就提高保护级别——因此在描述里依然有"珍贵"这样的词汇。很显然，这是脱离生态系统思维的一种评价体系。

有些动物就不能少，譬如鼠兔、野兔、麂子这样的基石物种（图6.41），它们要是少了会让食物链上层的狐狸、豹猫、豹子、金雕、猎隼等没饭吃，因此只保护金雕、豹子、猎隼而不同等保护鼠兔、野兔是违背科学原则的。

图6.41　高原兔（摄影/熊吉吉）

更何况，《野生动物保护法》里还把很多种动物划出了保护动物的范畴——比如蝙蝠。蝙蝠是由多个种构成的一大类，中国有160余种，约占我国现有兽类种类的26%。这么重要且广泛分布的基础物种竟然被排除在保护范围之外，很显然是会出问题的。

对于大自然来说，每个物种的存在都不是独立的，都是有其生态价值的。我们要保护的是这个系统，而不是为了保证人类的经济利益来保护某些动物。至于"三有"（过去是：有益的或者有重要经济、科学研究价值的，现在是：有重要生态、科学、社会价值的）这种完全脱胎于人类经济利益诉求的定义，可以让它消失了。

其次，栖息地的重要性。

动物都生存在适应的环境里，这就是它们的栖息地。目前的《野生动物保护法》对于栖息地的重要性强调不够，这依然是过去只注重动物价值的价值观的体现。

对华北豹种群来说，一个300平方千米的保护区不够大，还需要周边的林子都足够好；对北京雨燕来说，城市里足够的屋檐是它们繁殖所需的，这就是它们需要被保护的栖息地；对北京的长耳鸮来说，一个长有茂密油松、侧柏，地上有杂草、灌丛并且盛产老鼠的公园就是它们理想的越冬栖息地，它要的其实并不多。

如果我们忽视这些栖息地的保护，光提物种保护是没有意义的。

比如说已经灭绝的白鱀豚，光保护它有什么用呢？它的栖息地里没有了足够的鱼，却有太多的船及噪声和各种污染，这种不具备生态系统观念的保护最终只会使我们失去更多的物种。

此外，我们的修改建议还针对一些职能划分，以及一些争议性的话题进行了明确的定义。

比如，养殖、驯化与野生动物的关系到底应该是怎样的？小龙虾、带鱼、鹌鹑蛋、巴西龟该怎么定义，是否属于野生动物？

事实上正是由于之前定义上的模糊和边界不清，才导致在法律落地和执行上遇到了很多问题，无论是群众还是基层执法人员都感慨：不好管，没办法。

其实没有什么问题是解决不了的，拖了这么多年，说到底无非是三个字：不重视。也是，自古以来，人们什么时候很在意过大自然和野生动物呢？自然科学远不及应用技术有市场。然而，大自然终有它的办法让我们重视起来，希望因此能够学会善待自然，并且明白这一切其实是为了我们自己。

自2020年1月下旬开始，北京大学自然保护与社会发展研究中心、山水自然保护中心、昆山杜克大学、北京自然之友公益基金会、北京大学生态研究中心、广州绿网环境保护服务中心、乌鲁木齐沙区荒野公学自然保护科普中心、桃花源生态保护基金会和猫盟CFCA等几家机构紧密合作，结合各自在自然科学、法律、公共政策、公众倡导等多个领域的专业知识和一线经验，结合大数据分析、国外野生动物保护立法政策比较研究、一线保护行动案例分析以及来自超过10万名公众的问卷调查结果，经过近一个月的紧张工作，完成了关于《野生动物保护法》修订的意见和建议，并已正式提交全国人大常委会法工委。

以下是我们九家不同机构共同出具的法律建议，希望你有耐心读下去，并畅想它们会对你产生的影响。

（1）完善野生动物保护的立法目的。

立法目的决定立法思路。现有立法目的仅着眼于野生动物，而未包括对其栖息地的保护。事实上，野生动物保护的成效在于物种的野外种群是否健康稳定，这不仅取决于动物个体的保护，也包括其栖息地的保护（图6.42）。

图6.42　栖息地对野生动物的生存至关重要（摄影/赵纳勋）

因此，我们建议把栖息地保护的重要程度提到更高的等级和立法目的上来。同时，野生动物保护工作与生态安全和公共卫生安全直接相关，因此立法目的也应指向更高层面。

总之，我们希望立法思路能够回归确保生物多样性及生态系统的完整与稳定，从而保障生态安全及人类的可持续发展的目标。

（2）明确"野生动物"的定义，扩大《野生动物保护法》适用范围至所有野生动物；厘清《野生动物保护法》和其他法律之间的关系，将一部分野生动物纳入其他相关法律的规定范围；不再保留"有重要生态、科学、社会价值"的"三有"概念。

扩大保护范围，废除"三有"概念。所有物种都是生态系统的组成部分，它们相互制约平衡。某些物种的丧失及减少，会导致生态系统失衡，造成病虫害增加、动物源疾病增加。

根据现有规定，仍有大量野生动物未被纳入保护范围，它们既不属于重点保护物种也未列入任何名录，造成了监管空白。

因此，建议扩大《野生动物保护法》适用范围。同时，三有动物是我们长期沿用的以可利用价值划分保护类别的老思路，已不再适应当下的保护工作，应当废除。

（3）根据名录和许可，对野生动物利用进行分类管理；依照科学原则，及时制定和更新名录。

我们建议将野生动物分为国家和地方重点保护野生动物及一般保护野生动物，同时对其利用形式和利用目的进行严格限制。对人工繁育陆生野生动物，明确划分商业与非商业目的，并进行区别管理。

另外，鉴于《国家重点保护物种名录》自1989年制定以来没有做过大的调整和更新，致使众多已经濒危的物种没有得到应有的保护，我们在此呼吁尽快启动《国家重点保护物种名录》的更新工作。

（4）禁止食用《野生动物保护法》所规定的野生动物及其制品制作的食品，包括特种繁育动物及其制品制作的食品。加强野生动物执法和对非法贸易的打击。

鉴于食用野生动物给公共卫生安全带来的巨大隐患，应明令禁止食用、生产、经营、以食用为目的非法购买野生动物及其制品制作的食品，包括特种繁育动物及其制品制作的食品。

（5）尽快建立和落实野生动物专用标识制度和检疫标准，严格监管野生动物交易的每一个环节。

建立人工繁育陆生野生动物的追溯和标识制度，以动物检疫标准作为商业性人工繁育许可的前置条件，严格监管野生动物交易各环节。

现有的人工繁育许可制度过于粗放，建议包括特种繁育野生动物种群在内的野生动物应当使用人工繁育子代种源，建立物种系谱、繁育档案和个体数据。

长期以来，商业性人工繁育野生动物缺乏有效监管，为了从源头上控制其公共卫生风险，建议对其采取许可制度，人工繁育所涉及物种的动物检疫标准作为许可审批的前置条件。

（6）明确国家对野生动物实行严格保护、有效监管、公众参与和损害担责的原则，依法保障公众获取信息、参与和监督野生动物保护的权利。

　　依法信息公开，保障公众参与和监督野生动物保护的权利。现行的《环境保护法》将公众参与确立为环境保护工作的基本原则，《环境保护法》实施之后的实践经验也表明，公众的理解、支持和积极参与是保护工作的有益补充。

　　因此，我们建议《野生动物保护法》明确保障公民、法人和其他组织依法获取野生动物保护信息、参与和监督野生动物保护的权利。

　　（7）调整野生动物保护的管理体制，建议在自然资源部设立野生动物保护局，同时明确生态环境主管部门对野生动物保护工作的监督职责。

在中国，被吃掉的悲催野味

宋大昭

　　在我国，被吃的野生动物主要有哪些？

　　禁食野味的话题已经持续好多年了，呼声愈烈，反对的声音也随之而来。说存在即合理的有，说要体谅养殖户利益的有，说吃了几千年野味的传统不能丢的也有……猫盟CFCA作为一个关注生物多样性保护的机构，其实不大从人类的角度看问题。瞎吃瞎造已经导致中国的生态出了不少问题，平时喊这些没啥人听，两次疫情之后可算是全民关注了。

　　我们这里介绍一下典型的中国野味，不过是从生态的角度重新介绍。需要说明的是，这里说的野味是正儿八经从野外非法打回来的野味（陆生脊椎动物），成熟养殖的，比如鹿、鹌鹑、大闸蟹、小龙虾之类，我们认为应当划分为家畜、家禽和水产。

　　先从兽类开始。兽类的特点是地域性强，它们不像鸟类那样会迁徙。

　　一群鸟在北方繁殖地可能没啥事儿，去了越冬地就会惨遭屠戮，比如黄胸鹀（禾花雀），情况比较复杂，我们以后再说。

1．野猪

虽然现在有养殖的经过和家猪杂交的商品野猪，但是野猪被盗猎并在市场上销售在全国都是个普遍现象，而且近年来野猪肉价格水涨船高。

这说明：野猪是一种全国广泛分布的物种。据说除了山东，别的所有省区市均有野猪分布。分布这么广的一个物种，一方面说明其适应能力强，另一方面说明它对生态系统很重要。而野猪的一个重要作用体现在：它是大型猛兽的粮仓。从虎豹到豺狼，分布广泛数量众多的野猪是它们重要的食物来源。

野猪被严重盗猎会导致森林缺乏管理，没有野猪松土、犁地以及开荒，森林无法有效更替、其他动物缺乏林间活动的通道，而且虎豹豺狼这些顶级物种的生存也受到影响。

常听到有人说，我这里野猪成灾了，不打不行。但，你知道有多少野猪吗？野猪群体活动范围大，动静也大，一夜之间能拱掉几亩地，会给人造成"多"的印象，因此，在缺乏调查的情况下就说成灾，是不恰当的。

2．小麂

小麂（图6.43）在野味菜单里排名是非常靠前的。中国有明确记录的麂有四种：小麂（黄麂）、赤麂、黑麂、贡山麂，此外还有几种

图6.43　小麂（来源/猫盟CFCA，黄山景区管委会）

可能在中国有分布的，比如，罗氏麂、叶麂等。还有一些中小型鹿科有蹄类动物在某些地方也会被叫作麂子，比如毛冠鹿、獐等。它们都会被当作野味吃掉，其中某些被吃得很厉害。

这里面首当其冲的就是小麂。

小麂是中国特有的物种。在中国分布比较广，往北可及宁夏、河南，往南可达广西、广东和云南，但往西被青藏高原挡住，青海和西藏没有它们的身影。

然而，主要分布的几个省都是吃野味的重灾区，使得小麂常年来都是南方最普遍的一种野味。这也和小麂的生态位有关。

小麂10～15千克，个子不大，它的适应能力很强，繁殖能力也不错。它并不需要很大、质量很好的森林，例如，我们在重庆江北区的明月山都能拍到在活动的小麂。

这些特点让小麂的种群数量相对较多，也成为被盗猎比较严重的物种。然而小麂的生态价值非常显著，它是构建南方森林生态系统的一种很重要的基石物种：它是虎、豹、云豹、金猫、豺、狼等大型和中型食肉动物的食物，甚至连黄喉貂这样的大型鼬科也会以它为食。

过去中国南方的生物多样性指数很高，物种丰富，种类众多，这和小麂的数量息息相关。当然，南方森林里的大中型食肉动物在民众多年的围追堵截、吃喝利用下，已经基本"全军覆没"了。

3. 赤麂

赤麂体型比小麂大，跟狍子接近，25～30千克。赤麂的分布更靠南，主要分布在云南、海南、藏东南以及广东、广西的一些地方。

赤麂在野味市场上也被叫作黄猄。它们的生态特点和小麂很像，也不怎么挑环境，按说数量应该非常多才对，然而，它们的现状却很惨烈。

我们在老挝做调查的时候，在一个山坡上能同时听到两三只赤麂在吠叫。在我国云南的森林里，赤麂的叫声本也应此起彼伏，就像在有老虎的时候，它们吠叫着警告天敌的接近一样。然而，如今的森林里却安静了许多。它们被作为野味大量吃掉，在当地的很多农家乐小饭馆都能看到赤麂做的菜肴。

如果说小麂对于老虎而言小了点，那么赤麂对于印支虎、孟加拉虎来说就是比较重要的猎物了。至于豹、云豹、金猫、豺这些体型略小的食肉动物，赤麂更是它们不可或缺的食物来源。

4. 狍子

说完南方的两种鹿科动物，终于轮到北方的了。

如今狍子已经是北方大部分地区硕果仅存的鹿科动物了。狍子的适应力和繁殖力都很强，北方的山地大都能看到狍子的身影，即便到了内蒙古的沙地草原矮丘地带，依然能看到不少狍子。

狍子对森林和豹子比较重要，我们更应该学会欣赏它而不是吃它。从生态位上来说，狍子基本相当于赤麂。一个健康的生态系统里，一种具有数量优势的中型鹿科动物必然要对应几种大型猫科动物。无论在南方还是北方，赤麂和狍子都是豹非常重要甚至占据主要地位的猎物。在东北，甚至东北虎也会经常抓狍子来打牙祭。

东北有句老话"棒打狍子瓢舀鱼"，形容的就是健康的北方森林应该有的样子。否则哪里能够养得活东北虎、东北豹、猞猁、狼、豺等一众胃口好的猛兽？

不幸的是，狍子也属于被盗猎大户。

如果说云南的小饭馆动辄可见赤麂、华东的小饭馆动辄可见小麂，那么北方的小饭馆动辄可见的就是狍子肉。在很多山区的景点、县或乡镇的小饭馆中都能找到狍子肉，就连山西和顺这样打猎吃野味不严重的地方，每年也能查获一些盗猎狍子、野猪的案子。

5. 猪獾

之所以把猪獾放在狗獾前面介绍，是因为猪獾主要分布在南方，而南方吃野味比北方厉害。作为鼬科家族里的大家伙，猪獾是一个外表憨厚内在也憨厚的动物。它比较温和，会像野猪一样在泥巴里拱来拱去找吃的，植物性食物吃得比较多。山里猪獾的粪便也是以土为主，是一种比较能吃土的动物。

我也搞不懂为啥人要吃猪獾，因为它身体脂肪含量很高，油腻得很。很多地方抓獾主要是为了獾油，据说可以治疗烫伤。但是吃肉也是普遍的，流传甚广的武汉华南海鲜批发市场的菜单图上赫然就有獾子肉，应该就是猪獾。

像猪獾这样的动物在大自然中起到的作用我还不是特别了解，但是一定是多样化的。它既能像野猪一样，管理优化森林植被，又能对昆虫、小型动物等进行一定的调节，本身还会成为大型食肉动物的美餐。有时候我们会在山西的森林里看到猪獾的残骸尸骨，想必是被豹子吃掉了。

6. 狗獾

狗獾主要生活在中国北方，青藏高原上也有分布。虽然看上去与猪獾有点像，但是它们不是一个属。

狗獾的体型更加流畅，不像猪獾那么肥嘟嘟的，它和猪獾在外观上最大的区别在于鼻头，一个像狗一个像猪，此外它们脖子下面的斑纹也不一样。

狗獾肉食性比猪獾强，它们会更加主动地袭击一些小型动物，如虫子、两栖爬行类、老鼠等。狗獾在大自然里起到的作用和猪獾类似，而且狗獾由于经常偷吃庄稼而遭到农民的敌视。我们每年都会接到数起狗獾在玉米地里被夹死的消息。

除此之外，秋季农忙之后，穷极无聊的人们也经常会上山拉獾子（抓狗獾的俗称），手段包括挖洞，放狗咬，下夹子、套子等。

很少有人懂得欣赏狗獾的魅力。当我们热炒非洲平头哥——蜜獾、谈论欧洲人钟爱着花园后院的欧洲狗獾的时候，为什么不把我们的注意力放到狗獾上呢？

7. 野兔

中国分布有好几种长耳朵的野兔，常见的包括华北、华中的蒙古兔，华东、华南的华南兔，东北的雪兔，新疆的塔里木兔，云南的云南兔，青藏高原的高原兔等。被吃得比较多的主要是蒙古兔和华南兔。

兔子的重要性不言而喻。小到豹猫、狐狸，大到豹子、金雕，都会抓兔子吃。某些地方，兔子是某些食肉动物最主要的猎物。比如青藏高原上的猞猁就很专注地抓兔子吃；在山西，我们也多次拍到母豹叼着兔子回家喂小豹。

在北京的山里，我已经记不清多少次走着走着就被一个小钢丝套套住脚，这些都是套兔子的，成本低廉、安装简便、效率很高。这种毫无节制地捕杀导致很多地区生态失衡。

内蒙古草原上甚至还有专门猎捕兔子运往内地销售的盗猎分子——这就是在和草原上的狼、狐狸、金雕、草原雕、雕鸮等争夺口粮。更不用说兔子还可能传播疾病。2019年底，北京发现两例鼠疫患者，据报道他们在内蒙古私自捕杀和吃野兔导致自己得了病。

8. 豹猫

豹猫是一个令人心痛的话题。

在过去，它因为美丽的毛皮而被大肆捕杀。今天，吃肉和非法宠物养殖依然在破坏着这种小型猫科动物的野外种群——我没看到今天还有其他国家会对这样一种漂亮的小型猫科动物痛下杀手。这么说是因为，我们发现在很多地方豹猫可能真的没有了。

过去我从未想到，适应力如此顽强、分布如此广泛的一种小型猫科动物会在某个区域彻底消失。然而当我们在江西宜黄、井冈山、安徽黄山等地做过调查后，才惊讶地发现，原来豹猫真的是可以被打绝的。

在某些网站上关于非法养殖豹猫的消息一搜一大堆（在网上，豹猫一般叫作亚豹）。诸多信息显示，广西目前是非法猎捕豹猫的重灾区，不但吃肉，也当宠物捕捉和贩卖。

有时候不禁感慨，有的人对待野生动物真的是可以没底线的。所以国家说吃野味是陋习，一点都没错。

9. 果子狸

果子狸是中国分布最广泛的一种灵猫，目前我们知道它的分布北界一直到达北京。这在南方的灵猫大家族里可是个很厉害的记录，这充分说明果子狸的适应能力很强。这种适应性往往是基石物种的关键能力，也使得它分布很广、数量很多。

实际上，果子狸是一种非常羞涩、优雅、漂亮的动物。在四川，很多次夜巡我们都与果子狸不期而遇。它往往在树上大快朵颐，如果和我们距离较远，它往往不在乎我们的注目礼。

事实上，我并不知道果子狸在多大程度上被食用，因为很少在饭馆的菜单上看到果子狸；也不知道被渲染得很大的果子狸养殖产业究竟给多少人带来财富，又给多少人带来了必需的营养。我只知道我从来没吃过这种动物，身体并没受到什么损失，也不觉得错过了什么美味佳肴。

10. 鼠

在这里，鼠是个泛指。在常见的野味菜单里面，它可能是大个头的豪猪，也可能是南方常见的白腹鼠，或者是别的大个子鼠类。关于吃鼠这件事情我一直是难以理解的，因为想想就觉得没胃口。

但是我们在黄山做调查的时候，一名向导发现我们在山脊上的红外相机拍到了不少豪猪照片的时候，那表情就是"原来藏这里了啊！"的惊喜样子。

鼠的重要性也无须多说。猫科、犬科、鼬科、鸮、鹰隼雕……几乎所有的食肉动物都会吃鼠，它是自然界食肉动物的名副其实的"大米饭"。鼠如此重要，受到的关注却非常少。

我们国内只有一家做鼠类保护的机构——新疆的瞳之初自然保护协会，他们一直在保护我国最大的鼠：河狸（图6.44）。

图6.44　蒙新河狸（来源/瞳之初自然保护协会）

以上就是我们根据野外经验所列的十大常见野味：野猪、小麂、赤麂、狍子、猪獾、狗獾、野兔、豹猫、果子狸和鼠。

总而言之，野味是中国生态保护中必须面对的一个重要问题。

（1）这些常见野味的普遍特征是：分布广泛、具备重要的生态功能，属于基石物种，多数为三有物种，但是没有足够的保护级别，或者没有任何保护级别。

（2）这些物种或多或少都存在合法养殖的情况，而非法猎捕的现象更是司空见惯，对它们的猎杀、食用的违法成本较低，违法面积大、执法难度高。

（3）这十大野味彰显了我国野生动物保护所面临的现状：生态基础被破坏、观念和管理均有较大提升改善空间。

我们可能改变不了这一集，但大结局的剧情已经不同

雷打石

大学开班会时，让每个人聊聊自己未来想做的工作，当时我的回答是"守山"。守好一片山、保护好那里的野生动物，那时的我内心笃定。但之前我并不是一个动物保护者。我是个四川人，在老家，吃青蛙非常普遍（回忆起来应该是黑斑侧褶蛙）（图6.45）。住家饭、宴席中都经常会有蛙类菜肴。

图6.45 黑斑侧褶蛙，有些地方称为田鸡，是曾经被滥捕的野味

小时候什么都不懂，觉得蛙类不过是同鸡鸭鱼一样的普通食材，于是跟着大人开心地吃着。到现在，我的脑子里还依稀有自己帮忙处理青蛙、残忍地扭断蛙脖子的画面。临近高考时，看了一期野生动物纪录片，被片中画面震惊了。人类拿着大棒追打海豹，冰原染得一片血红；割去鲨鱼的背鳍后，人们将之扔回海洋任其慢慢死亡。在一顿稀里哗啦地哭泣后，我决心成为一名动物保护者，高考的志愿都填了环境保护、动物保护类专业。

　　我所学的专业是野生动物与自然保护区管理，毕业后顺利来到华南某国家级自然保护区工作，这里也是著名的旅游景区。

　　和每个年轻人一样，进入社会后都免不了接受现实的锤打。虽然在保护区工作，但大多数同事只当是一份普通工作而已，并没有太多动物保护意识。

　　我在林政科工作，好几次收缴了盗猎的蛇、林蛙（当地人叫黄拐），都被拿去饭店做菜。每每有饭局，大家都关心是否有什么野味。水鹿、麂子、白鹇、各种蛙类都是他们津津乐道的菜品。哪种野味当季或有很久没吃到哪种野味了，会想尽一切办法、利用一切关系去找来。景区里几乎每家饭店的菜单上都有山牛（即水鹿）、麂子（即赤麂）、石鸡（即棘胸蛙）等野生动物选项；很多店家门口，笼子里还关着猪獾、小灵猫等动物以供游客挑选。

　　景区官网上推荐的特色菜也是石鸡、竹鼠之类的，政府接待也都会为客人提供野味，作为特色以表诚意……

　　林政严打行动时，我们上山清查盗猎情况。漫山遍野的夹子和绳套，几乎花不了盗猎分子多少成本，却杀害了无数的生命……但这单是盗猎者的错吗？

　　来景区想吃野味的游客、在接待宴请中奉上特色野味的地方官员、从事保护工作但会到餐馆吃野味的保护区一线人员没有错吗？在巨大的利润刺激下，一两次严打又有什么用呢？

　　改变人们吃野味的观念才是治根之法。

　　我曾在保护区管理区的公示墙上贴过拒食野味的倡议书；曾向世界自然基金会华南办公室申请到一批拒食野味的折页，向领导建议去景区宣传；也曾在餐桌上与同事争执……然而这一切除了让自己显得很另类外，并不会改变什么。

　　我的生日刚好在每年春节前后，到保护区工作后的每一年生日我都很悲伤。想起又过去一年，然而我还是什么都做不了。到第六年时，我灰心了，辞掉了工作编制，做了一名"逃兵"。

　　到了竞争激烈的城市环境，一个需要生存的底层打工者只能拼命工作，无暇思考太多。

远离了保护一线，远离了那些理想与现实的冲突感和无力感，我好像没有那么难受了。只是这种选择捂住耳朵、闭上眼睛所获得的平静，每每在看到保护圈内的一些文章时就会泛起涟漪。我只是一个不能坚持下去的"逃兵"，泪水总是不争气地落下来。这个世界真的会改变吗？ 我们总是好了伤疤忘了痛，历史总在不断地重演。

疫情过后，总会有"难道有禽流感就永远不要吃鸡？有猪流感就永远不要吃猪了？""煮熟了就没关系。"的言论出现，很多状况可能还是与之前没有多大区别。

过去发生的都无法改变，未来也不知道会不会改变，我现在能做的也只是日拱一卒。在这里讲出我与野味的故事，也算是今天的一小步。

原谅我没有写出具体的保护区和景区名称，说真话可能会带来严重的后果。其实在华南，大多数保护区和景区都存在着类似的野味问题。很多游客到山区总是热衷于猎奇"山珍野味"，而当地人因野味的高利润总以"地方特色""城市少有"引诱食客。在这个各得其所的利益链条中，受损害的远不只是野生动物和生态系统。

希望野味故事能唤起更多人对自然和生命的敬畏和尊重。

知道真相的我，再也没吃过小河鱼

猫盟CFCA

草拟中国野味红色名录滥食版[①]（图6.46）时，我们专门把淡水和海洋鱼类等列了进来。

相比鸟兽来说，鱼可算是社会的盲区和痛点。它们的威胁因素太多，逃生能力有限。开发因素如水电站、采矿挖沙，污染因素如农药、工业排污，气候因素如全球变暖、区域大旱，都能使它们命如危卵。相比之下，滥食的威胁显得并不惊心动魄。但正是在这样的多重

---

① 中国野味红色名录由猫盟CFCA发起，是根据一线自然观察及保护机构的野外调查及其他机构的市场调查，挑选出一些常被当作野味的中国本土物种，由这些物种组成的名单。这些动物并非明星物种，大部分的中文学名并不为普罗大众所知，但它们分布广泛，是与我们共生的生态系统里的基石。

困境之下，滥食往往会成为压倒骆驼的最后一根稻草。

ONE EARTH
ONE HEALTH
同一个球儿 同一口气儿

中国野味红色名录滥食版

本名录所列物种均指野生个体

淡水鱼类：（31）

鳗鱼（日本鳗鲡、花鳗鲡）、松江鲈鱼、刀鱼、鲥鱼、

大头鲤、胭脂鱼、鲟鱼（中华鲟、达氏鲟）、

江团（长吻鮠）、长臀鮠、鳇鱼、黄颡鱼、

鲶鱼（大口鲶、土鲶）、细鳞鲑、鳤鱼、大刺鳅、

黄鳝、雅鱼（裂腹鱼属）、桂鱼（鳜鱼属）、

军鱼（倒刺鲃属）、鳢属、

小河鱼（条鳅属、光唇鱼属、鱲属、马口鱲属、

异鱲属、墨头鱼属、白甲鱼属）

海洋鱼类：（14）

黄唇鱼（主要用于制作花胶、鱼肚）

鲨鱼（主要用于制作鱼翅，种类如镰状真鲨、长鳍真鲨、

路氏双髻鲨、锤头双髻鲨、无沟双髻鲨、长尾鲨、鼠鲨、

鲸鲨、姥鲨）

苏眉（波纹唇鱼）、海马、中国鲎、窄脊江豚

图6.46　猫盟CFCA制作的中国野味红色名录滥食版（部分）

　　且不论农家乐中一碟常见的小河鱼（图6.47～图6.49），祸及者众。更糟糕的是，在人们面对野生鸟兽时，起码还能想想吃野味对不对。但面对鱼，无论是海洋还是河流中的，都基本不做二想。

　　如果说兽类是按种来区分命运的悲惨程度，那鱼类就是按属来区分的。甚至我们都不知道它们的姓名，它们就被遗忘在了时间里。正因如此，我们希望可以有更多人看见它们的处境。

　　以下是我们根据滥食程度所列的中国野味红色名录，名录得到了智渔、潜爱大鹏、美境自然等机构以及闻丞博士、陈辈乐博士等的帮助。

鮠[wéi]、鲶[nián]、颡[sǎng]、鳅[qiū]、鳜[guì]、鲌[bà]、鳢
[lǐ]、鬣[liè]、蠵[xī]、鱀[jì]、鲎[hòu]。

这个名录也许会让一些爱好者心生质疑：什么！这些鱼濒危了
吗，为什么被列进来？

在此需要重申中国野味红色名录滥食版的筛选标准：

图6.47　光唇鱼，小河鱼的一种

图6.48　长鳍马口鱲，小河鱼的一种（摄影/万绍平）

图6.49　马口鱼（摄影/万绍平）

不以濒危与否，以及受保护级别为考量。而是结合野外调查，以其野生种群是否因广泛滥食而遭受严重威胁作为主要理由。

基于此，入选的大多数都是分布广、数量多的基石物种。

有一些鱼类已发展出较为成熟的养殖业，但野生种群仍被逼入困境。比如俗称的雅鱼、江团、桂鱼、军鱼等。对于入选的物种，我们以后要避而远之吗？

不必。

但是对于那些农家乐、餐馆的野生噱头，请果断说"不"。不要因对野生动物的口腹之欲，让它们失去未来。也请果断对"小河鱼""小河虾"说不，每个地方的每盘小河鱼、小河虾都意味着对它们一次又一次地小规模"团灭"。不是一个种，也不是一个属，而是当时生活在那儿的所有。鱼群稀少时，水将不复活力的清澈；以鱼为主食的鸟兽也将不再流连逗留。河流的奔腾也将是寂静的。

如果你想重新认识这些水生动物，可以搜索"吃鱼有范"小程序。里面介绍了很多从来没认真看待过、也没被介绍过的鱼类：

1. 海马

海马是一种小型鱼类，体型奇特，似披着铠甲的战马；生活在近海海藻丛或珊瑚礁丛非常繁茂的地带，以毛虾等小型甲壳类动物为食。海马属的各保护物种在过去10年逐年减少，种群数至少减少50%（2012年统计数据）。2010年突破克氏海马的人工繁育技术。我国主要的海马养殖品种是北美引进的线纹海马；但捕捞的野生海马依然在市场上贩卖。冠海马、刺海马、日本海马、克氏海马（图6.50）、管海马和三斑海马都是国家二级保护动物。目前没有科学证明海马的"神奇药效"，鼓吹的其体内的激素含量其实和大豆差不多。

图6.50　克氏海马

2. 花鳗鲡

花鳗鲡（图6.51）属鳗鲡科。为肉食性降河洄游鱼类，生活在淡水河流中，性成熟后游到海里繁殖，幼体从海洋返回淡水河流中发育生长。性情凶猛，主要以鱼、虾、贝类等动物为食；只要食物充足，环境水质良好，花鳗鲡可以一直生长，据记载，最大的花鳗鲡有两米多长，30多千克。因很像硕大的鳝鱼，所以俗称其为"鳝王"。我国花鳗鲡种群数量日渐减少，《中国物种红色名录》将其评估为濒危物种；虽有人工养殖，但人工繁育技术尚未突破，苗种来源依靠野外捞取，因此使种群数量面临危机。

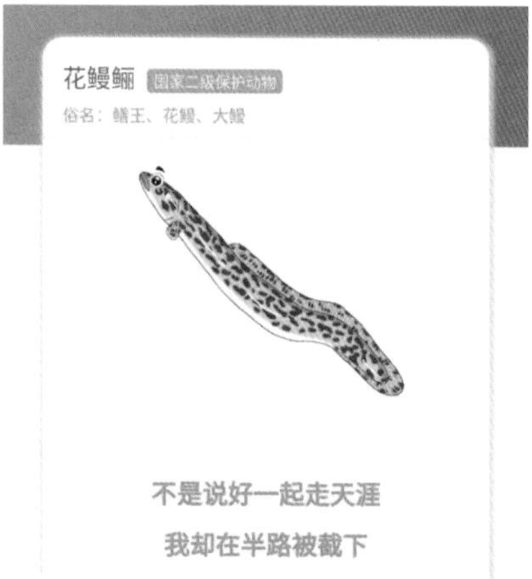

图6.51　花鳗鲡

3. 日本鳗鲡

日本鳗鲡（图6.52）属于鳗鲡科。为肉食性溯河洄游鱼类；常以小鱼、甲壳类、贝类等水生生物为食，栖息于江河、湖泊、水库等水域；为我国重要名贵鱼类。我国沿海均有养殖，但人工繁育技术未商业化，苗种来源依靠野外捞取。日本鳗鲡是一种贞烈又害羞的鱼，绝不在人类面前交配；小日本鳗鲡极其挑食："饭菜不合口，我就绝食，死给你看！"

4. 胭脂鱼

胭脂鱼（图6.53）属胭脂鱼科。为杂食性底栖鱼类，栖息在河流、湖泊等水体的中下层，以底栖无脊椎动物和泥渣中有机物质为食。因为水利工程的建立阻断其洄游路线以及过度捕捞等因素的影响，20世纪70年代种群数量下降至2%；80年代突破人工繁育技术，开始繁育放流，以补充野生资源。胭脂鱼是跨太平洋分布的古老类群里，我国拥有的唯一代表种；亚洲仅残存胭脂鱼一个物种，其近亲分布在北美。胭脂鱼小时候不是红色的，有黑白相间的宽条纹，还自带"黑眼圈"，妥妥的熊猫配色。

虽然我很好吃
但请你口下留情

图6.52　日本鳗鲡

想去下游探个亲都难

图6.53　胭脂鱼

5. 大头鲤

大头鲤（图6.54）属于鲤科。主要以大型浮游动物为食；体长形，侧扁；头大而宽，头长大于体高，无须；尾柄细长，尾鳍呈深叉状；体背部橄榄绿色，腹部银白，尾鳍下叶略红。为我国特有种，仅分布于云南星云湖、杞麓湖；20世纪50年代曾是当地主要经济鱼类，后来资源量锐减；70年代突破人工繁育技术，开始繁育放流，补充野生资源；现在数量非常少，可能已经灭绝。据1963年统计，大头鲤在星云湖占鱼类总产量的70%，在杞麓湖占30%；而现在产量占鱼类总产量不到0.5%。

6. 中华鲟

中华鲟（图6.55）属于鲟科。体呈纺锤形，头尖吻长，口前有4条吻须，体被覆五行大而硬的骨鳞，背面一行，体侧和腹侧各两行；体色在侧骨板以上为青灰、灰褐或灰黄色。因葛洲坝的建设阻止了该物种的产卵洄游路线，使其无法到达河流上游的产卵场，影响种群繁衍。1983年突破人工繁育技术，1983年至2007年期间，超过900万尾半成年鱼（包括幼鱼）被释放到长江以增加其种群数量，但对野生种群的贡献被认为不到10%，种群处于下降趋势。中华鲟是15 000万年前中生代留下的稀有古代鱼类，它们的祖先可以追溯到白垩纪，与恐龙并存。

图6.54　大头鲤

图6.55　中华鲟

负责任的消费者，力所能及的保护者

李添明

在成为中山大学的教授之前，我在美国待了好几年，拿了博士学位，打了几年工。我住在纽约市，一家四口经常去美国自然历史博物馆参观。这是一个世界级的博物馆，在生物多样性展厅中有很多生物标本，我的两个孩子对这些标本特别好奇，想知道这都是些什么物种，展厅里也有关于保护的内容，讲到世界上有很多濒危物种面临人类活动的威胁。在这种时候，孩子都会问，它们为什么濒危了呢？我的很多课题就是为了解答这个问题。

我们人类就是生物多样性的一分子，我们都生活在同一个网络中。新冠疫情也让我们意识到，我们所有的活动都可能对生物多样性产生很大的影响。

这里是三个与自己相关的故事。大家看完之后可能会发现，这些可能也是你们的故事，因为这三个故事都与公众消费有关，你我都是公众消费者，我们的行为都会影响到这些物种。

一、羚羊水

高鼻羚羊分布在中亚，被IUCN评为极危动物，种群层面上还有几十万只，最新数据还在统计。它们分布区域狭窄，主要集中在哈萨克斯坦，如果受到环境和人类的影响，种群会面临很大的生存压力。

据《本草纲目》记录，高鼻羚羊的羚羊角有一定药用价值。我是新加坡华人，祖父母来自福建，他们很相信羚羊的药用价值，比如羚羊角可以解热，服用羚羊水和羚羊粉可以缓解高烧，老一辈特别相信这些。羚羊水在市场上也特别容易买到，尤其是在一些中药小店，他们卖5新币，折合25元人民币，羚羊水的价格很合理，也是合法的。动物贸易中，高鼻羚羊属于控制贸易的物种。我从小一直对羚羊制品有所接触，但我不知道高鼻羚羊的情况处于危险当中，老一辈买药后我就吃，也没有多过问，当然服用后也有效果，一吃就是好几年。

后来我接触了野生动物，在20世纪80年代，高鼻羚羊可能还没有这么濒危，在新加坡有些人在关注这些问题。我们这些关心保护的朋友们都特别关心这个物种，在几年前我们开始做些调研，想从科学的角度去研究到底有多少人购买羚羊水，是自己还是亲戚朋友用了羚羊水，他们为什么要喝羚羊水。将近一半的人都是因为觉得羚羊水有用才喝的，或者是朋友推荐喝的。在这些人当中，超过一半的人都是家人推荐喝的。相信大家在小时候大多数都是服从父母的决定，我们晚辈只负责听话。所以在新加坡，很多情况下都是因为家里人的推荐，爷爷奶奶决定后在药店买羚羊水，他们用过觉得好就推荐给我们的爸妈以及我们，那时候很多新加坡人为了退烧都会使用羚羊水。

高鼻羚羊面临的危险就是和药用有关，尤其是新加坡华人的使用。我们无法确定做羚羊水的原料一定是用高鼻羚羊。大家都信任药店是合法售卖的，所以大家会尽情地去买，而且羚羊水不是很贵，所以需求一直很高。很多国际团队来新加坡做调研，想了解人们在什么情况下不会使用羚羊水，其中有很多原因：包括物价的问题、禁用的问题、濒危的问题、残忍的问题（取羚羊角的时候有时会把羚羊杀了），这些都是人们不用羚羊水的理由。如果不喝羚羊水，消费者会使用替代品，比如草本药和合成药。其实很多时候我们看到，并不是说很多消费者必须要用羚羊水，他们的消费还是以药用功能为主。不同的消费人群对羚羊水有不同的观点，如果我们想了解消费者的行为，我们首先需要了解这些消费者到底是什么样的人。

2015年，在哈萨克斯坦，两个月里突然死了20万只高鼻羚羊，这在当时轰动了整个保护圈，如果高鼻羚羊的减少不受控制，那将会影响很多其他物种。跨学科、跨国界合作的人尝试寻找造成高鼻羚羊突然大量死亡的原因，因为对于一个种群特别小、分布范围特别狭窄的物种，如果发生突然死亡的案例，很容易面临灭绝的威胁。经过将近一年的研究，他们发现造成大量死亡的原因是一种菌，这种菌其实一直以来都生存在羚羊的嘴里，在平常是没有问题的。学者统计了从

20世纪80年代到2015年的羚羊死亡数据，并且与气候数据对比。他们发现大多数时间羚羊没有异常，而在1981、1988、2015年发生了三次大规模死亡，这三年的气候指标和以前不一样，可以推断气候变暖影响了这种菌类在羚羊嘴里的生存情况，进而造成了大规模死亡。所以，高鼻羚羊分布区域狭窄，气候变化和其他不能控制的因素都会影响它们的生存。我们消费者因为有需求，导致盗猎和非法贸易问题，如果这个种群再遇到极端气候变化，那么种群会受到更大的影响。

幸好到2018年，高鼻羚羊种群开始慢慢恢复，可是我们并不知道下次极端气候变化会如何影响种群。如果新加坡人认识到这个问题，他们应该会减少对羚羊水的需求。我的亲妹妹虽然受过大学教育，很聪明，但还是特别信羚羊水的功效。当我从专业角度谈起这个事情，她就不愿意和我交流，甚至争吵。说服家里人都是个难题，又如何去说服别人呢？所幸我的妹妹最近意识到了这个问题，并且决定少买羚羊水，她的决定会为保护高鼻羚羊做出一些贡献。目前社交媒体上有各种各样的宣传，公众的意识也在慢慢提升。

二、鱼翅

第二个故事是有关鲨鱼的，这个故事对我影响很大。在新加坡，大多数华人对鲨鱼，尤其是鱼翅都比较熟悉。2004年我结婚了。华人都很喜欢摆酒席，酒席中不可缺少的一份菜是鱼翅汤，我去过的所有婚宴都有鱼翅，如果没有的话主办方就会被认为很吝啬。我那时开始读自然保护硕士，开始认识到鱼翅的问题，很多鲨鱼都在面临灭绝。所以当时我和我的太太做了决定，我们不吃鱼翅。我在婚宴上花了15分钟的时间做了个宣讲，说明没有鱼翅，但是大家都很不高兴，我就很不受欢迎。但我没有后悔16年前做的这件事情，我觉得这是我的本分，是我负责任的行为，也希望能影响到一些亲戚朋友。2014年，中国政府禁止在宴席里提供鱼翅汤，也有很多明星参与了很多宣传，从那以后，我们看到中国消费的鱼翅在减少。然而一些华人还是很喜欢吃鱼翅，尤其是因为吃鱼翅是一个身份地位的象征，能请别人吃鱼翅对华人来说是一件很有面子、需要做到的事情。我们曾通过分子测试发现，世界各地的鲨鱼都跑到了美国的餐桌上。因为消费者吃了鱼翅，所以很多消费者都直接影响到了鲨鱼的保护。

在中国这些行动很有效，但很多时候一个国家的需求虽然减少了，其他国家的需求却在增加，比如在中国需求减少的时候，泰国、马来西亚的鱼翅需求在增加。从2014年起，我们对鱼翅问题的认识越来越清楚，也有越来越多的人去宣传、去影响周边的人，所以售卖鱼翅的企业越来越少，甚至不再售卖鱼翅。

2018年有人提出在新加坡禁止售卖鱼翅。他们发动了5万人的签字申请，然而至今新加坡政府也没有禁止鱼翅交易的打算。我们通过数据发现，新加坡是鱼肉和鱼翅的进出口大国，经济贸易可能是很大的因素。每个人都是消费者，每个人都有选择的权力，而他们的决定可以直接影响到政策。

三、巧克力与棕榈油

你可能不喝羚羊水、不吃鱼翅，但最后一个故事和所有人都有关系，那就是有关巧克力的问题。2008年开始，由于严重的空气污染，新加坡人开始戴口罩。大家对新加坡的普遍印象是很干净，没什么污染，然而从那年起，每到八九月份，一股烟雾会从别的国家飘来。这个烟雾导致很多老人、孩子得了哮喘。造成这些烟雾的原因是巧克力。

20世纪90年代，印度尼西亚的农民每到9月会焚烧雨林，在焚烧后的地上种植农作物。如果起风的话，烟雾会弥漫到整个东南亚，这造成了很严重的空气污染。人们破坏了原始森林去种植经济作物油棕，油棕对野生动物栖息地、物种（尤其是红毛猩猩）、树木砍伐、气候变化、水资源都有着很深的影响，是一种不可持续发展的农作物。

油棕有多大的影响？作为可口可乐、冰激凌、巧克力、快餐甚至各种化妆品中都会用到的原料，油棕在全世界有着很高的需求量。棕榈油对身体虽然不一定有很大的影响，但是这背后有一个不可持续发展的供应链。所以很多非政府组织要求每个公司、企业在油棕原产地购买原料时要考虑发展的可持续性，要求尽到一些社会责任，减少对环境、生物多样性的影响。很多公司受到消费者的压力，也开始做些改善。久而久之，种植油棕的公司也开始改变，变得更加有可持续性。正是因为消费者的选择，他们拒绝使用不利于可持续发展的油棕，促使企业为了避免流失更多消费者而有所进步。为了让棕榈油变得更有可持续性，中国也开始与国际保护组织合作，近些年来，油棕也得到了企业、消费者的关注。

近年来，中国开始进行垃圾分类。很多人觉得垃圾分类是很烦的事情，因为以前大家都习惯把垃圾放一起丢掉。然而很多学者认为改变大规模的消费者行为可以先从垃圾分类开始。所以有非政府组织对不同类型的消费者进行了调查，将消费者分为不同人群：环保行动派、环保信念派、环保考虑派等。环保行动派会行动起来，会很注重去做如垃圾分类等与环保有关的事情，也会督促周边的人。环保考虑派是知道了但不去做，或有可能以后做。

如何影响他人让全部人变成行动派，是个值得考虑的问题，也是个挑战。近几年来，中国在可持续发展方面有很大进展，越来越多的中国人开始关注环保问题，甚至有七成的人表示愿意为更环保的东西付更多的钱。虽然人们在态度上发生了改变，但在行动上的改变还需要一点时间。同时，有超过八成的新加坡消费者表示他们会看重自己所购买的品牌是否明确地承诺会"致力于让社会更好"，这已经超过了全球的平均水平。所以消费者越来越愿意促使企业担负起保护环境的责任。如今在世界范围内，人们也对消费与环境保护有了新的认识，联合国《2030年可持续发展议程》的第十二个指标是关于消费的，即负责任的消费和生产；此外，还有十七个指标都是与生物多样性有关的，无论是海洋还是陆地的生物多样性，都和我们的消费有关。

我们公众的消费行为，与生物多样性的保护有直接联系。我们的同仁都知道保护生物多样性有多么重要，可是我们也要考虑到我们周边的亲戚朋友，对于行业外的人，我们也有责任跟他们谈论生物多样性。如果多数人都不支持这些事的话，这势必会影响生态文明社会建设的指标。这是全世界都应思考的问题。

第七章

同一健康，同一未来

比战争更让我们恐惧的病毒^①

李泓萤

从我开始接触传染病的研究起，就时常有学者提到，《血疫：埃博拉的故事》（*The Hot Zone*）这本书引领他们走进了病毒和传染病研究的领域，并终生以此为事业。直到2017 年10 月，我有幸在华盛顿见到了该书的作者，也在3天之内看完了这本书。

《血疫：埃博拉的故事》是理查德·普雷斯顿（Richard Preston）在1995 年出版的一本记录埃博拉（Ebola）病毒真实故事的书（著书时间可追溯到1992 年）。很遗憾直到2016 年，此书才被翻译为中文出版，这21年间，非洲国家不断暴发埃博拉疫情，并于2014年在多个西非国家达到了"顶峰时期"。书的中文译名为《血疫：埃博拉的故事》，听起来更具体，却不如原文形象。Hot意味着危险和警戒，当埃博拉病毒在疫区肆虐，疫区就好比战场，里面的人在挣扎和斗争，踏入疫区就有失去生命的危险。1976 年，埃博拉疫情第一次被发现，人类对埃博拉一无所知，那时不知道这是一种病毒，也没有"埃博拉病毒"这个名字。如今我们常用 Hot Spot（热点地区）来形容一些可能暴发传染病疫情的区域，想必也是由此而来。

故事从一名在肯尼亚工作的法国人开始，他在一个假日同女伴造访了当地著名旅游景点中的一个洞穴（Kitum Cave），几天后便开始出现发烧、肌肉酸痛、乏力等与感冒类似的症状，这些症状并没有引起重视，于是几天后越发严重，腹泻、呕吐、呼吸困难、意识下降等症状让他几乎不能正常工作。于是他决定到医院就诊，却最终治疗无效，全身内出血而死。这期间，他乘坐了一架满载乘客的飞机到内罗毕的医院，负责他的医务人员也被感染，几天后出现类似的症状。病例的样本被送到美国国家疾病预防与控制中心，研究鉴定为一种叫作马尔堡病毒的丝状病毒 。而在此3年前，马尔堡病毒在德国导致了7 人

---

① 本文原载于《中华环境》2018年第1期，稍作修改。

死亡，1998—2000年间在刚果夺去了123人的生命。作者仿佛身临现场，将病毒"捕食"人类的残酷细节——呈现在我们眼前。

同为丝状病毒家族的埃博拉病毒更加无情。第一个被确诊埃博拉出血热的案例是在1976年的苏丹，当地一家棉织厂厂主6月27日发病，3天后入院，7月6日死亡。人类意识到自己正面对一种新的疾病，对病原却毫无所知。1个多月后同样的病原在刚果夺去了280人的生命。科学家最初怀疑是马尔堡病毒，但最终发现是一种新病毒，并以该病确认的最早暴发点附近的埃博拉河为其命名为"埃博拉病毒"。

虽然1976年的疫情得到了控制，但埃博拉病毒从没有停下脚步，1979年死灰复燃，在非洲撒哈拉以南地区间歇性暴发，并于2014—2016年在西非出现了最严重的疫情。1989年末，从菲律宾进口到美国的食蟹猕猴种群中发现新型的埃博拉病毒种——雷斯顿病毒，所幸的是，此埃博拉病毒种虽然对灵长类致死，但目前尚未对人类造成影响。至此，我们已知引发埃博拉出血热的病原体为5种埃博拉病毒属的成员：本迪布焦病毒、雷斯顿病毒、苏丹病毒、塔伊森林病毒及旧称"扎伊尔埃博拉病毒"的埃博拉病毒，最后一种最具危险性。

疫区充斥的血色和恐惧在作者的描述下跃然纸上，同时，每一个人的心理活动都那么真实。在踏入热点地区（hot zone）之前，有的科研人员在未知危险面前退缩了；当实验室人员发现手套破洞暴露于病原中时，便自然想到了死亡；当政治家得知疫情暴发的可能性时，便如临大敌般紧张不安。作者也花了一定的篇幅对某些病患的生活史进行了详细的描写，正如我们在追踪病原的过程一样，要了解病人去过哪里、做过什么、患病的人都有什么类似的地方。为了控制和预防病原的传播，我们也需要知道与该病例接触过的所有人，并对他们及时采取隔离观察和治疗措施。

然而，我们目前对埃博拉病毒的来源并非十分清楚。目前的研究表明果蝠很有可能是埃博拉病毒的自然宿主，同时也发现黑猩猩、大猩猩、羚羊携带该病毒。人与携带病毒的野生动物接触导致了病毒从野生动物传播到人，虽然这样的概率甚微，可一旦感染，首批患者便能通过体液传播的方式将病毒在人群中传播开来。而根据不同的病毒种类和不同的医疗条件，埃博拉出血热死亡率从25%～90% 不等，对于危险性最高的埃博拉病毒来说，10个被感染的人中，有9个死亡。"我们并不十分清楚埃博拉病毒从前做了什么，也不知道它未来有可能会做什么。"1995 年书中的这句话同样适用于现在。

作者在书中提到，他采访了很多参与埃博拉病毒研究的学者和官员，在面对埃博拉病毒时，大家却有截然不同的视角：

"大自然似乎在逼近我们，高高举起屠刀，却忽然扭过脸去，露出微笑。这是个蒙娜丽莎的微笑，谁也不明白其中的含义。"

"雨林有自己的防御方式。就像是自然的免疫系统一样，它意识到了人类的存在，于是开始试图应对像寄生虫般的人类带来的（感染）影响。或许艾滋病就是一个自然的清理过程。"

"这种生物有着让人窒息的美。他盯着它，感觉自己脱离了人类的世界，进入了一个道德边界模糊并最终消失的世界。他迷失在惊叹和敬畏中，即使他了解他自己是猎物。"

"90% 感染埃博拉病毒的人都会死掉，埃博拉病毒就像计划用来清除人类的工具。"

通过埃博拉病毒，人们开始思考自然的意图，并反思人类的存在。埃博拉病毒是如此强大，"人定胜天"的论调不可能在它面前成立，它是猎手，我们是猎物，地球似乎受够了我们这几十亿人口。当被总统问及将来十年中最有可能用于恐怖袭击或战争的生物武器是什么时，美国卫生部的官员回应说："尊敬的总统，相比于像埃博拉这样的病毒，我一点也不担心恐怖袭击和战争中的武器。"是啊，这次我们的对手是自然，而我们本不应该是对手。

放下书本，满脑子是书中所描述的实验室、防护服、消毒水、被病毒吞噬的身体，还有死亡的眼睛，转身看到窗外的高楼、繁忙的街道和微风中几棵摇曳的大树。"艾滋病、埃博拉，还有很多雨林中的病原出现在人群中，似乎都是破坏热带生物圈的自然后果"。作者在书的最后提到他访问了位于肯尼亚的那个洞穴Kitum Cave，至今已知有两个人因为进入过此洞穴而感染马尔堡病毒，却尚未知晓具体的感染原因。但作者最终还是踏入了这片热点地区，与千千万万的研究者一样，为这些病毒和它们的能力所着迷，怀着敬畏之心，我们希望能更多地去了解它们，并通过它们了解我们的自然。

"埃博拉并没有消失，它只是暂时躲了起来。"

蝙蝠何时从"福"变成了"祸"？

张劲硕

一、你真正了解蝙蝠吗？

大家对蝙蝠应该都不陌生，可以说有人的地方，基本上都有蝙蝠的存在，除了极为恶劣的环境，例如，北极、南极或者海拔极高的地方。当然它也有一个分布的趋势，由于热带地区的生物多样性非常丰富，因此热带地区蝙蝠种类比较多，随着纬度逐渐提升，其种类会慢慢减少。蝙蝠是一个比较笼统的概念，因为它代表的不是一种动物，而是一大类动物。大家都知道，我们人是哺乳纲的，在拉丁语中，哺乳动物被称为Mammalia，因为不管是哪个国家的婴儿，张嘴发出的第一个声音都是ma，而叫"妈妈"本身有想要喝奶的意思，也就是和奶有关系，所以妈妈的原意就是哺乳。如今哺乳动物已经达到了6500多种，其中有一大类是翼手目，拉丁名为Chiroptera，Chir指的是手，optera是翅膀的意思，所以翼手目动物就是指手是翅膀的动物，也就是蝙蝠，全世界的蝙蝠有1400多种。疫情期间，蝙蝠成为热门话题，有人认为它们是罪魁祸首，但这样说太以偏概全了，并不是所有蝙蝠都携带致病性或高危性的病毒。

先来介绍一下蝙蝠，蝙蝠见证了恐龙的灭绝，它们在8000万～7000万年前就已经出现，甚至有人推测蝙蝠的祖先可以追溯到1亿多年前，但那时的蝙蝠还没有真正意义上的翼膜（翅膀），随着时间的推进，基因突变等原因使得蝙蝠演化出了翅膀这一结构，因此蝙蝠是一类真正会飞行的哺乳动物。

　　蝙蝠和鸟类的食物摄取是有共同之处的。大部分鸟类是昼行性动物，食物主要来源于昼行性昆虫，而蝙蝠是夜行性动物，故食物来源是夜行性昆虫。这样一来，二者就避开了生态位的竞争。特别有意思的是，当年我去天津的独乐寺，寺中有一尊很高的菩萨，我在菩萨肚子里发现了很多蝙蝠——大足鼠耳蝠，而寺顶上则盘旋着许多雨燕。太阳下山后，雨燕开始回巢，肚子里的蝙蝠就会飞出来。

　　在大城市中，例如，北京，最常见到的是东亚伏翼（图7.1），也称为家蝠，飞得比较快，很乖，轻轻捧在手心里不会咬人，就算咬了人，由于咬合力比较弱，也不会造成什么伤害。还有一种蝙蝠比东亚伏翼大一些，黑一些，耳朵比较尖，称为大棕蝠，它的耳朵内侧有一种叫"耳屏"的结构，这种结构直接关系到声波聚集。此外，还有一种比大棕蝠还大一号的蝙蝠称为山蝠，它们体型较大，但飞得不是很快。除了这三种，北京以前还有犬吻蝠和长翼蝠，但现在已经很难见到了。随着城市化的发展与化学药物（例如，杀虫剂）的使用，蝙蝠在城市里越来越少，因为它的猎物——虫子变少了。大部分蝙蝠还是生活在郊区，尤其是喀斯特溶洞里。

图7.1　东亚伏翼（摄影/张劲硕）

　　关于蝙蝠的寿命，有的蝙蝠能活十几年，还有更长的，比如，北京郊区就有一种马铁菊头蝠，根据记载，它的寿命可以接近40年。马铁菊头蝠的体型仅仅相当于一只小家鼠，但老鼠只能活2～3年。这样一看，蝙蝠在哺乳动物中算是一类非常长寿的动物，这可能跟它的冬眠有直接关系，因为冬眠使它的新陈代谢很慢。

蝙蝠还有一个特点，与它的基因突变和身体结构改变有关，那就是它的腿和脚非常细弱，没有足够的力量支撑它站起来。大家都知道蝙蝠会使用超声波，其实蝙蝠的超声波分为两类：一类是CF，也就是"恒频"；另一类是FM，也就是"调频"。调频蝙蝠适合在灌木丛、森林里行动，因为它可以通过调频来了解周围环境的变化。我们知道频率越高，波长越短，当波长和被测物体越接近的时候，探测越准确，所以调频对蝙蝠探测复杂环境是有利的，这类蝙蝠可以爬行。而恒频蝙蝠发出的超声波是恒定的。我们知道，声音在一定情况下具有多普勒效应，而多普勒效应可以帮助恒频蝙蝠探测昆虫的位置和大小，所以它们适合在开阔的树冠层生活。由于它们的脚非常细弱，站不起来，因此和雨燕一样不能着地，平时是倒挂着的。基因突变和身体结构的变化使它们倒挂更有力，更有益处。

以前我们研究蝙蝠的活动节律，发现它们可能有两个活动高峰：第一个活动高峰是天刚暗下来，也就是太阳刚落山的时候，蝙蝠出洞，这个时间节律非常准，因为一年之中太阳升起和落下的时间是不一样的，在这个过程中我们发现它出洞和回洞和太阳的升落有直接关系，太阳落下是一个很重要的捕食高峰。归根结底，这一点还是协同进化的缘故，蝙蝠要吃虫子，所以需要符合虫子的生活节律。夜行性昆虫的活动节律和光照有直接关系，所以蝙蝠会跟着昆虫走，昆虫活动高峰是什么时候，它们的活动高峰就是什么时候。第二个活动高峰是天刚亮大概四五点的时候，但其实一两点时也会出来觅食。

二、蝙蝠与病毒

当人类将流感病毒带到非洲的原始部落，带到南美洲的热带雨林中时，会发现这种普通的流感病毒能杀死当地的老百姓。现在似乎认为蝙蝠身上的病毒会影响人类的身体健康，是因为人类过去是基本不携带这些病毒的，但由于人类和蝙蝠的亲缘关系较近，而自然宿主的亲缘关系越近，感染同源生物所带病原微生物（如病毒、细菌等）的可能性就越高。也就是说，人类过多接触了这一类动物之后，才导致了这些人兽共患病。从本质上来讲，病毒本身不在人类的身上，因为人类通过一些不恰当的方式和病毒的自然宿主有了很亲密的接触以后，才导致了病毒跨界传播到人类身上。

那为什么总是蝙蝠在传播病毒呢？其实有多方面的原因。我们的老祖宗吃了很多各类野生动物，吃了很久之后发现最好吃的就是发展到现在的家禽家畜。在这个过程中，他们也感染了各种各样的疾病然后死掉了，现在的人类，也就是在地球上生存的我们，恰恰是由于适者生存留下来的。到了今天，人类又有了更多途径去接触病毒，这使得病毒有了可乘之机，这是很重要的一方面。而科学家们在研究中发现，蝙蝠是携带病毒比较多的动物，甚至可以认为它就是一个天然的病毒库。同时科学家们也认识到蝙蝠的免疫力很强，虽然它携带了很多病毒，但自身不会发病。我们之前去山洞里观察研究蝙蝠的时候，很少发现有发病的蝙蝠，它们都很爱干净，健康地繁殖。

你可能会问，蝙蝠传播病毒靠的是什么，是吸血吗？其实在1400多种蝙蝠中，真正会吸血的只有三种，且都生活在拉丁美洲的热带雨林里，它们分别是普通吸血蝠、毛腿吸血蝠和白翼吸血蝠，其中真正会吸人血的只有一种，就是普通吸血蝠。而吸血鬼的故事是早年英国到美洲的殖民者见到了会吸血的蝙蝠后，才编出的各种各样诡异离奇的故事。这些故事和早年的探险有关，当时人们缺少科学知识，对蝙蝠不太了解，实际上蝙蝠很少吸人血。

首先，在过去吸人血是一种很困难的事情，蝙蝠不一定能碰见人。其次，人的敏感度比其他哺乳动物要高得多。由于人类离开了丛林荆棘的环境，所以感知疼痛的能力逐渐进化提高，因此吸血蝙蝠一般会接近有蹄类动物而不是人类。

人类对蝙蝠一直以来都有误解。如果生活在中国，完全不用担心被蝙蝠吸血，中国存在的160种蝙蝠没有一种是吸血的。而蝙蝠作为许多病毒的天然宿主，感染到人的环节非常复杂，通常会通过一个或多个中间宿主，在人为的生产生活条件下感染到人。

说到蝙蝠体温与携带病毒的关系，我之前还是研究生的时候做过蝙蝠的测温实验，同时疫情期间查阅了大量资料，蝙蝠的正常体温和人类相近，基本都是36～37℃。在夏天很热的时候，蝙蝠不能像人类一样可以利用空调，因此它们需要蛰伏，把自己的体温降低。在最热的时候，它们的体温只有14～15℃。而到了冬天，它们开始冬眠，生活在温带或亚寒带的蝙蝠的体温就更低了，可以降至1℃，甚至接近0℃。所以，蝙蝠，尤其是北方的蝙蝠的体温大多是很低的。不过蝙蝠飞翔的时候体温很高，经过测量可以达到41～42℃。但你想，人在跑步时体温也会升高，这只是正常产热。所以体温高低，与是否携带病毒是没有直接联系的。

三、如何面对野生动物

疫情刚开始时，大家有恐惧感非常容易理解，而且疫情期间关于蝙蝠的流言蜚语太多。我认为，首先，大家需要具备基本的科学知识，有了知识之后，就可以自我判断信息的正确性。其次，大家碰到任何事情都不能过于惊慌，应先去了解相关科学背景，了解之后才会有一定的态度或者判断力。例如，我们过去对蝙蝠的研究非常少，认识也非常不全面，所以才导致了流言的传播，比如说当时居然有人说蝙蝠身上有4000多种病毒，想一想国际病毒命名委员会命名的病毒可能也就那么多种，怎么可能全在蝙蝠身上呢？经过查询文献，我们可以发现蝙蝠携带的病毒也就几十到100多种。

而真正说到蝙蝠和人类之间的相处，还要说到我们有没有认识到人类和蝙蝠之间比较确切的关系，或者说，野生动物和人类之间的关系到底是什么？这就需要理解为什么要保护动物，动物和人类有什么关系。人类是动物的一种，并且人类和其他动物之间的关系又那么紧密，人类的生产生活都离不开动物，甚至人类的精神世界和审美都与动物紧密联系。当有了这些认识，对待动物的态度就会改变。新冠病毒的来源还没有最后的科学论断，有研究人员认为病毒的传播与蝙蝠有关，也有人认为与穿山甲有关。不过在自然环境下，穿山甲传播病毒不是非常可能，因为蝙蝠和穿山甲的活动没有什么交集，就算有，这种交集也是人类带来的，可能是由于人类饲养、食用等过程中发生了一些不当接触。

之前SARS暴发时，我去农贸市场参与溯源活动，那个场景真是不堪入目，各种各样野生动物被放在一起，血流成河。动物的体液、血液、尸体等为病毒繁殖创造了太多有利的条件。病毒其实并不想让宿主消亡，因为那样它需要找新的自然宿主，若自然宿主不存在的话，它就死掉了，所以病毒和自然宿主是协同进化的。蝙蝠和病毒相安无事，是因为它们一起协同进化了上亿年，若人类非要在这个平衡中插手，就会把病毒引到自己身上。有人说我吃过蝙蝠，为什么我没有得病呢？因为当你用高温把蝙蝠肉煮熟之后，病毒基本灭活了，所以不会直接威胁到你的身体健康。但在这背后有许多人都被牵连进来，捕捉者、贩卖者、屠宰者、烹饪者，他们都会接触到病毒，风险其实是最高的。当时我们做SARS病毒溯源时，很多屠宰者的病毒抗体检测结果都为阳性，可能他们很早之前曾感染过病毒，所以不当接触会导致得病概率倍增。

当野生动物非法产业不断扩张时，病毒更容易传播给人类，并在人体内经历了一个变异过程后，使得人类患病的概率大大增加了。病毒在高密度的群体中呈指数增长的趋势，在增加到一定量后，就会很快扩散开来。从进化生物学的角度来讲，病毒在调节种群密度的过程中起到了很重要的作用。其实我们从蝙蝠身上提取的病毒并不是SARS病毒，只能说根源在蝙蝠身上，蝙蝠携带的病毒和人类携带的病毒有同源性，但不一样，所以我们只能将其命名为SARS样冠状病毒。

四、偶遇蝙蝠不要慌

之前我们经常去市民家里帮着市民抓蝙蝠，但按照传统来讲，有蝙蝠飞到家里来说明你家风水很好。我们发现许多蝙蝠喜欢7、8、9

或者10层的高度，它们对于高度、湿度、风向都有很强的选择性。不过，有蝙蝠飞进屋内，应该请专业人士来帮忙查看家里是否有洞口，因为蝙蝠会从空调的管道进到房间中。就算是蝙蝠飞到了屋内也不用担心，屋主不会受到任何伤害，因为一般这种蝙蝠和人类伴生，共同进化。如果有蝙蝠进屋，屋主想把它轻柔地放出去的话，可以戴着手套抓住它，将它放在窗边，不要抛，让它自己飞出去。

北京市野生动物救护中心在2020年上半年救助的蝙蝠，比中心正式成立以来15年救助的所有蝙蝠还要多，说明大家对蝙蝠的恐慌是快速增长的。虽然遇到蝙蝠不用恐慌，但还是要防着被它咬，其实我们最害怕的是蝙蝠携带着一些狂犬病病毒（蝙蝠携带狂犬病病毒比携带SARS病毒和新冠病毒还要严重一些），不过据我们调查，这个比例是极低的，大概万分之一。

如果在路上看见蝙蝠，可以带上厚手套，将它轻轻拿起来。而如果有一定专业知识的话，可以看看它是否受伤等，我一般会把它放在手面上，用食指轻轻点住它的下巴，拇指轻轻按住它的头，这样就可以很好地操作一只蝙蝠，能够固定和测量它。在操作时，不要使出太大力量，以防使它受伤。切记！千万不要用手提着蝙蝠的两只翅膀，这是极其不专业的手法，并且对于蝙蝠来讲就是虐待。对于可能受伤的蝙蝠，一般我们是先收住其一边翅膀，轻轻展开另一边，看看有没有骨折，因为在城市里它一般被撞得太多了而受伤；或者白天因慌乱飞翔而导致脱水，它的翅膀很大很薄，所以非常容易脱水。

经过检查后，如果发现没有什么外伤的话，就把它放到一个小箱子里，最好给它提供一个可以把着的环境。更专业的方法是拿一个装蝙蝠的小布袋，能够扎住口，这样蝙蝠就可以比较舒服地待在布袋子里，让它先缓一缓，然后晚上再尝试着把它放在窗台上，注意放飞的时候最好让它自己飞。如果有条件的话还可以放一些水，补充水分、能量对蝙蝠是有好处的。条件更好的话，可以补充葡萄糖。若蝙蝠没有活下来，埋起来是最好的选择。还有一点就是我们需要积极地去寻找野生动物救护中心，小到蜜蜂、马蜂，大到哺乳动物进家，最好还是找专业人员帮助解决，同时我们也呼吁国家设立野生动物救助专业团队来帮助这些动物，而不是由不懂专业的消防员去处理；甚至最好还能有一些公司去帮助解决人与动物之间的冲突，比如家里进了老鼠、蚂蚁等，这样对人和动物都好。

其实蝙蝠也好，啮齿类动物还有鼹鼠等也好，它们所受到人类的威胁可能是我们都不太了解的，在从事了这么多年蝙蝠的野外考察工作后，我们发现，过去有历史记载的蝙蝠现在已经非常稀少了，洞穴的开发对蝙蝠的影响很大，国内对蝙蝠有威胁的东西太多了，很重要的一个就是栖息地的破坏，南方有一些地区的喀斯特岩洞发育得特别好，其实这些洞穴本来是蝙蝠和生活在洞穴中的其他野生动物的特别好的栖息地，但经常会被认为是一个旅游景点，应该开发，因此很多蝙蝠都因栖息地的丧失而濒危，甚至有些蝙蝠我们都没有见过。所以，让我们一起保护洞穴，保护栖息地，保护蝙蝠和其他野生动物！

侵扰越冬蝙蝠，是此时此刻最离谱的事情[①]

王 放

来自上海野生动物保护管理部门的一则新闻，让人吃惊又极度不安：仅仅是2020年正月初十，闵行区野生动物保护管理站的工作人员就出动了6次。这不是一般意义上的开车出门，而是在新冠病毒传播的风险下，全副武装地穿着防护服，敲开这些天来一直紧紧闭上的居民大门。起因是野保人员接到报案，不得不上门驱赶居民在家庭周边见到的越冬蝙蝠，安抚人心。

简单说，妖魔化蝙蝠甚至侵扰越冬蝙蝠，是此时此刻疫情阴云之下最不应该发生的事情，它们藏身建筑孔隙昼伏夜出，不惊扰最重要。

① 感谢王立铭、张劲硕两位老师的交流和指正。成文过程中基因测序一节参考了王立铭老师的《新型冠状病毒肺炎，迄今为止看到的最负责任的科普大文》一文，上海蝙蝠分布、可能的传染途径和带病毒比例等关键信息由张劲硕老师提供，张劲硕老师对本文进行了审校。

一、蝙蝠传播新冠病毒？不准确的解读

经过各种新闻和科普，恐怕每个人都认为新冠病毒传播中蝙蝠可能是天然宿主。这样的结论，来自科研人员获得新冠病毒完整基因组序列信息后，将它和已知的冠状病毒基因组序列比对的结论：新冠病毒和在中华菊头蝠身上发现的SARS病毒的相似度是79.55%；和一种舟山地区蝙蝠体内冠状病毒的相似度接近90%；和另一种来自云南的中菊头蝠体内的冠状病毒的相似度是96%。

蝙蝠会把新冠病毒传给人类？不，解读的结论甚至可能相反。

要解读这个结论，可以参考两个关键信息：① 大约8000万年前开始各自进化，变成了今天完全不同样子的两个物种——老鼠和人，基因组序列相似度是85%～92%；我们养在家中的家猫和人类的基因组序列相似度超过90%，甚至人类和香蕉有50%的基因相似性。② 不同于新冠病毒感染者体内和蝙蝠体内病毒样品的显著基因差异，来自患者的病毒样本之间的基因序列高度一致。

结合这两条关键信息可以得到的推论是，新冠病毒感染者体内的病毒，和已知蝙蝠体内的病毒差异显著。更合理的解释是：某种寄生于蝙蝠体内的冠状病毒，因为某种原因进入了目前未知的某种养殖动物体内；离开了蝙蝠的冠状病毒，在这种目前未知的动物群体中得到了稳定传播并且发生突变，最终获得了感染人类的能力。而此时此刻，它已经和天然宿主体内病毒的原始形态有了根本区别。当然，这只是一种解释，新冠病毒的来源至今没有定论。

简单地说，依照目前的科学证据，那些被驱赶的蝙蝠，没有把新冠病毒传染给人类的能力。

二、上海的蝙蝠是菊头蝠吗？

看到蝙蝠就害怕，这是在疫情阴云下的全民恐慌。而实际上蝙蝠和蝙蝠之间的形态、习性差异简直天上地下，是否携带病毒、携带什么种类的病毒也天差地别。

一些科普文章中说蝙蝠可能携带4000多种病毒。实际上按照被广
为接受的病毒分类，蝙蝠携带病毒的种类是50～150种。然而作为所
有哺乳动物中第二庞大的类群，蝙蝠在全球分布有1400种，物种多样
性极高。所以50～150种病毒是分布在一千多种蝙蝠的体内的。

简单说一只蝙蝠身上可能携带几千种病毒，就好像是把亚洲的长
臂猿、非洲的大猩猩、南美洲的僧帽猴身上的传染病都一股脑怪罪到
人身上一样，过瘾但是并不合理。

具体到上海地区，常见的蝙蝠种类包括东亚伏翼蝠、中华山蝠、
大棕蝠等，和新冠病毒可能的潜在宿主中华菊头蝠、中菊头蝠不仅不
是同一个物种或者同一个属，甚至不属于同一个科——这在分类学上
是相当巨大的差异。新冠病毒可能的潜在宿主菊头蝠的分布区域在各
种山区，它们生存的关键是需要找到洞穴作为栖息地，不进入上海市
区（图7.2）。

图7.2　根据《IUCN红色名录》，中菊头蝠分布区并不包括上海
（资料来源：https://www.iucnredlist.org/species/19522/21982358）

我们假设新冠病毒的天然宿主是菊头蝠，即使如此，也并不是
每一个个体都带有新冠病毒的原始病毒，携带病毒的个体比例很低。
目前对于新冠病毒自然宿主和中间宿主的研究还非常有限。如果按照
SARS期间蝙蝠研究的比例推断，平均家里跑进来近千只菊头蝠，才有

一只可能携带病毒，而且这个病毒和最终感染人类的病毒并不相同。

所以在上海市区发现蝙蝠的那一刹那，请您先保持镇定——它并不是新冠病毒潜在自然宿主。

三、杀蝙蝠可能引起新灾难

退一万步讨论，一门心思去杀光蝙蝠会有用吗？

历史上人类曾经尝试过大规模捕杀蝙蝠的试验，全部以失败告终，其中有些尝试还带来了严重后果。比如为了防止狂犬病暴发，人们在南美洲尝试用毒药毒杀吸血蝠，甚至用上了爆炸物要摧毁蝙蝠栖息地。然而对于蝙蝠持续的侵扰反而加剧了带毒个体在不同栖息地之间的迁移流动，增加了狂犬病的传播风险。而无论如何猎杀，都没有可能彻底清除蝙蝠种群，反而带来更严重的安全风险和难以预计的生态系统退化。

在过去几十年中，几乎每一种来自蝙蝠的致命疾病，都伴随着人类对这个物种的主动侵犯。例如，对森林的砍伐减少了蝙蝠的自然栖息地，迫使它们进入人类活动区；将蝙蝠当作野味来取食，导致病毒直接感染；而过度放牧让家牛、家马进入蝙蝠栖息地，成为致命病毒的中间宿主。

蝙蝠是生态系统中极为重要的一部分，大部分蝙蝠是夜行性昆虫的主要捕食者，一些种类是植物授粉者和种子传播者，同时蝙蝠还是生态系统中食物网不可或缺的部分。疫情之后，生活还会继续。那时候如果失去蝙蝠，生态系统将遭受不可估量的损失。

四、最危险的担忧

而值得担心的，还包括以下一条：在最坏的情况下，侵扰越冬蝙蝠可能意味着有人为诱发蝙蝠发病、病毒扩散，甚至人为诱发病毒变异的可能。

人们更熟悉的一个例子是猫传染性腹膜炎（FIP），这恐怕是所有养猫人最不愿意听到的一个词。传染性腹膜炎病毒（FIPV）是一种广泛存在于猫体内的冠状病毒，在各种猫的体内都可以见到（20%～80%的个体）。正常情况下，绝大部分猫会因为免疫系统的自我防御机制不让FIPV发作成FIP，保持健康。但是在受到侵犯、极度恐惧、身体产生应激反应的情况下，出于某些目前还不够清晰的机制，家猫的免疫系统出现溃败，体内的FIPV可能迅速发作，不仅夺走染病个体的生命，也让染病的家猫变成高传染性传染源，导致家中全部猫发病。

伴随着井喷一般的科普，蝙蝠身上的"超强免疫系统封印病毒大法"传的好像武侠小说中描写的那样神奇。实际上，一方面，这样的免疫机制也同样存在于其他动物类群之中；另一方面，在最坏的情况下，全民恐慌持续侵扰蝙蝠，难以保证不会给我们这个世界带来新的疾病和灾难。

五、见到蝙蝠，该怎么办？

如果用一句话来回答，大部分情况下，在目前的上海，什么都不需要做。

主要依据是前面提到的三条：

（1）上海的蝙蝠并非已知的自然宿主蝙蝠；

（2）即便是自然宿主蝙蝠，并不把疫病直接传染人类，而需通过目前未知的中间宿主；

（3）主动侵扰蝙蝠，反而可能会带来不可预计的负面影响

而减少对于蝙蝠的侵扰，对自己、对家庭、对社会、对生态、对人类赖以生存的整个大自然，都只有好处。

上海野生动物保护管理部门的建议是这样的：

市民怀疑家中有蝙蝠栖居，可以在戴好口罩和厚手套（如劳防手套）的前提下，进行初步排摸和驱赶。首先察看吊顶、空调等可能与室外有相通孔洞的地方是否存在蝙蝠实体或粪便、尿液等痕迹。如确认没有蝙蝠，可自行封堵居室与外界相通的孔洞或缝隙，对环境做好

消毒即可。如确认发现有活体蝙蝠存在并可能进入居室环境，不建议市民徒手捕捉或驱赶蝙蝠，应先利用噪声（如金属物敲击声）或刺激性气味（如雷达气雾剂、花露水、风油精、蚊香等）驱赶；如以上措施无效，可致电相关部门协助处理。

我个人的补充是：

如果认为自己暴露于蝙蝠的粪便和尿液情况下，请致电野生动物保护管理部门协助处理。如果不存在上述情况，尽可能什么都不做，是目前信息下最安全的选择。根据已有信息，不直接接触血液、体液、粪便或者尿液，不被咬的情况下，不存在风险。

六、最后的总结

无论是从长远的可持续发展和生态安全考虑，还是仅着眼于目前的疫情，妖魔化蝙蝠，甚至侵扰越冬蝙蝠，都是此时此刻疫情阴云之下，最不应该发生的事情。

为了更好地面对下一次新发传染病，我们能做什么？

李泓莹

一、人畜共患病的传播方式

人畜共患病指可以在人和动物之间传播的疾病，传播方式大致可分为以下几种：

直接接触。比如狂犬病，被携带病原的动物咬/抓伤，或者接触到其血液、体液等，均为通过直接接触的方式被感染。

非直接接触传播。这种方式更多地出现在动物养殖过程中。比如动物所携带的病原通过某种方式污染了周围环境（比如笼舍），人就可能通过吸入等方式被感染。

媒介性传播。我们常说的媒介有蚊子、蜱虫和虱子等。登革热就是因为蚊子先叮咬了带有病原的宿主，再传播到另外一个健康的宿主上使其患病。蜱虫，也叫"草爬子"，森林脑炎就是通过蜱虫叮咬人传播的。

食物传播和水传播。这两种传播方式很常见，例如，很多寄生虫疾病都是因为粪便污染了水源或者食物来传播的。食用生蚝、生肉等生食和一些没有经过灭菌的乳制品，也可能会感染这样的疾病。

人畜共患病的传播是双向的，人也可能把疾病传给动物。这就是为什么去野外和动物接触的工作人员，不仅自己要接种疫苗进行自我保护，还要体检，以防止将自身疾病传给野生动物。

另外给大家介绍一下新发传染病，指在某一时间段内（比如过去20年中），某种已知或者未知的、出现在人群中并且呈现上升扩散趋势的疾病。它可以是未知的，比如说SARS和新冠病毒感染；也可以是已知的，比如狂犬病、布鲁氏菌病。这样一些疾病，以前控制得还算好，可是因为某种原因，比如环境或者人类行为的变化，在近几年突然呈现病例上升趋势，所以被称为新发传染病。

那么，为什么把新发传染病和人畜共患病放在一起说呢？因为在新发传染病中60%以上属于人畜共患病，而在人畜共患病中71.8%的病原来自野生动物。所以说研究新发传染病，大部分是研究人畜共患病；要研究人畜共患病，就必须去研究野生动物所携带的病原。

二、病从哪里来？

我们要了解和预防人畜共患病，而了解的第一步就是清楚"这是什么病"和"病从哪里来"。对于"这是什么病"，通过现代医学和实验室发达的技术，很快就可以对病原进行鉴定，不再赘述。我们主要关注一下"病从哪里来"，即病原的溯源。

案例1：尼帕病毒病

20世纪90年代，马来西亚暴发尼帕病毒病，尼帕病毒从蝙蝠传到猪，再由猪传到猪场的工作人员。这是一个病毒在不同物种间传播

（从野生动物传到家养动物再传到人）的案例。

案例2：中东呼吸综合征

中东呼吸综合征是一种由冠状病毒引起的疾病，在中东地区和韩国都引起不同规模的暴发。最初发现它从骆驼传播给人，进而在人之间引起传播。不过之后又在野生的蝙蝠身上发现了非常相似的冠状病毒。那病毒是怎样传播的？是蝙蝠传给骆驼、骆驼再传给人呢，还是直接从蝙蝠传给人的？这个过程直到现在都不是非常清楚。

案例3：埃博拉出血热

前几年在西非暴发的埃博拉疫情，其病毒也来自野生动物。

案例4：严重急性呼吸综合征（SARS）

溯源类似于倒推，所以一开始最容易引起我们注意的是——有人患病了，接着会根据病例做流行病学调查。中国人非常熟悉的SARS，就是在做流行病学调查时发现患病群体中很大一部分人与食品行业相关，进而追踪到各个市场，在市场上及时找到了果子狸携带的SARS冠状病毒。但是当科学家去野外的果子狸种群里进行病毒检测时，并没有发现野外的果子狸携带冠状病毒，这说明果子狸只是一个中间宿主。经过两到三年的研究，科学家在中华菊头蝠身上找到了和SARS冠状病毒99%相似的病毒，蝙蝠携带这种病毒，自己却不生病，就说明蝙蝠是SARS冠状病毒的自然宿主。

案例5：新冠病毒感染（COVID-19）

目前，新冠病毒感染的溯源工作还没有收到非常好的成效。现在认为这个疾病是从动物来的，但是并不清楚是从什么动物来的，又是怎样传播给人的。这个溯源的过程需要很长时间，需要我们的耐心和很多的科学工作。目前我们知道的和这个病毒最相似的一种病毒就是蝙蝠所携带的冠状病毒，在全基因组序列上有96%的相似。但对于病毒，4%的差异非常大，96%的相似性并不能说明这种蝙蝠就是它的自然宿主，所以现在还需要不停地去寻找。它或许存在于别的蝙蝠种中，或者在其他的动物中，我们都不知道。由世界动物卫生组织总结的，迄今为止已知的能被新冠病毒感染的动物有我们熟悉的猫科动物（目前已有家猫、老虎、狮子等被感染的案例）；另外雪貂、果蝠、小鼠、猕猴等也容易被感染。

我们现在更关心的是怎么控制人与人之间的传播，但是，了解动物宿主同样非常重要。为什么呢？

第一，我们不知道病毒还能感染哪种动物，如果它能传播到一个新的物种当中，其实对于我们人来说又多了很多需要去监控和防控的工作。

第二，它是否能从人传播给动物呢？比如说养殖畜牧业，如果一个农场的工作人员感染了，把病传给了养殖场的动物，如果这个动物易感的话，其实会造成非常大的经济损失。

第三，病毒传到野生动物的种群中，又是一个令人头大的问题。在人类中控制疫情都这么难，家养动物感染，虽然损失大，倒也还在可控范围内，可一旦病毒到了野生动物中，监测和控制就更加困难了。前面提到的猕猴属于易感动物，而很多景区都允许游人投喂猴子，这其实非常危险：如果这些猴子群体中出现了感染病例，那它们和人的互动就会让这个病毒的传播变得更加难以控制。

三、如何预防和控制？

我们之所以要了解病原的宿主，是想做到更好地预防和控制。那么，如何预防它再一次出现呢？在人畜共患病出现的生态过程中，病原体从野生动物传播到其他的家养动物或者人群中的情况一直在发生，只不过是以一种比较低的频率。这个过程英文叫spillover，中文直译过来叫"病毒的溢出、外溢"，我们也可以把它理解成传播。

我们又该如何控制病毒的传播呢？比较实际、直观的答案，是在早期传播发生时，及时地发现病毒。如果再往前推，关键问题就是我们能否提前预测到这种外溢事件的发生，并在感染发生前扼制住它，这是我们的一个目标。从宏观角度，我们要更多去了解到底是什么因素让这些疾病这么频繁地出现、传播和暴发。它本来只是一个低频的传播，在自然界中有它的规律，到底是什么原因让这种传播变得更加频繁和迅速？了解到这些因素后，我们可以采取相应的措施来减缓传播或者降低风险。以上是我们想要控制和预防病毒大规模传播的策略。

这个世界上有这么多野生动物，我们为什么在资源有限的情况下锁定哺乳动物呢？因为哺乳动物的基因和我们人类的基因相近，如果一个病毒能感染哺乳动物，那它相比于其他物种就更容易感染人。研究表明，蝙蝠所属的翼手目所携带的人兽共患病病原比例和丰富度更高，所以我们才把目光主要集中在蝙蝠上。

在蝙蝠的种群里进行冠状病毒的监测，涉及很多不同的学科，包括动物学、动物医学、病毒学等。监测结果说明蝙蝠带有非常丰富的冠状病毒。自SARS过去后的这十多年来，我们一直在中国做蝙蝠的冠状病毒检测，并已经发现了几百种新型冠状病毒，好在就目前来说，其中大多数对人的健康没有威胁。

四、高风险社区调查

发现了这么多种新型冠状病毒，我们就会好奇，住在这些蝙蝠洞旁边的社区居民，有没有被感染到？于是我们就在这些蝙蝠种群栖息地附近的社区，进行了血清学调查。结果显示，有些人的血清学检测呈阳性，也就是说在过去某个时间点，他们有暴露在这些病毒下并被感染的可能。但是根据这些人的自我报告，他们并没有出现值得引起注意的症状。这就验证了关于病原溢出的一个假设：病原的溢出事件在持续发生，但可能有很多没有引起病症，所以我们并没有注意到。然而风险仍然存在，正是因为我们不知道哪一种病毒会真的引起大暴发，这样的检测才是非常有必要的，以便我们发现早期的传播案例，进行持续的跟踪和监测。

在做血清学检测的同时，我们当然想知道是什么行为让人感染这种病毒，所以还会进行行为学调查，通过一些问题来了解到底是哪种具体接触行为让他们感染到这样的蝙蝠冠状病毒。除此之外，我们也进行了很多深度访谈，比如从个人的行为角度上，有人会描述"有两只蝙蝠飞到了我们家，我就把它打死、吃了"，或者"我养的鸡死了，然后我就把它杀掉喂狗了"。而这些行为，都存在着病原传播的风险。

病原从野生动物传播到人是一个持续发生的过程，但是很多情况下不会引起症状；还有一种可能是，病毒太过烈性，人在去医院检查前已经病死。因此，我们把目光聚集在没有被诊断的相关病症上，询访社区居民，在过去的一年中，有没有经历过急性呼吸道感染或类似流感的症状，用以推断提示他们是不是有可能被感染了。之后再把他们自我报告的症状和他们的行为联系在一起，来看到底是有哪些行为的人群，更容易经历这样的症状。

结果显示，一些吃生肉或者宰杀活禽的人群，以及收入比较低、房子里面进了蝙蝠的人群，更容易经历呼吸道感染或者流感样的病症。虽然自我报告存在一定偏差，但仍很有必要，因为这样的调查可以帮助缩小监测范围，让研究人员把有限的时间和精力放在少部分人群上，继续对他们进行跟踪和监测，以发现早期传染事件。

市场中的观察和风险评估，则主要关注市场里的管理规定，比如说市场的清洗和定期消毒，以及更重要的是这个市场上有什么动物活体销售、以什么样的形式销售，是把不同物种的动物放到一个笼子里，还是分开放，这些都有可能引起病原传播的风险。

除了这种在人群里的早期传播事件，我们也关注在家养动物里的早期传播事件。2017—2018年，一种冠状病毒在广东省等地引起了猪场里猪的急性腹泻综合征。我们对它进行了调查，了解到它是蝙蝠冠状病毒。由于想知道它到底是怎么传播的，所以去猪场进行了现场调查。

调查显示，由于中国的很多蝙蝠都非常小，可以钻到瓦片下面、房檐里面，所以很容易接触到猪。蝙蝠的尿液、粪便掉到猪圈里，可能是猪被感染的原因。后来猪场进行了改造，防止蝙蝠和猪的接触。虽然调查发现该病毒不能感染人，但猪场因此遭受了巨大的损失。所以在病毒传播过程中，人不是唯一的受害者，所有动物都是受到病原影响的一员。

五、导致新发传染病出现的主要驱动因素

从宏观角度看，人畜共患病的出现并非单一因素驱使。一些研究已展示了导致新发传染病出现的主要驱动因素。占最大比重的是土地使用变化，另外还有农业产业的变化、国际旅行与贸易、药品产业的变化、食品、野生动物贸易等。每个因素都有疾病出现的案例可以列举，在这里挑选几个有代表性的案例，来说一说这些因素如何导致了人畜共患病的出现。

案例1：土地使用变化

土地使用是一个和我们生活息息相关、非常广泛的概念，不管是要扩建城市，还是发展养殖业、种经济作物、盖工厂，都必须去利用自然的土地。填海或是砍伐一部分森林，都是土地的变化。这里的逻辑很简单：当人侵占了野生动物的栖息地，那野生动物只有两个选择：要么去别的栖息地，要么适应和人类更亲密的相处。于是这些动物很多可能就选择生活到村庄旁边，和人的社会相适应、共存，导致了人和动物更为密切的接触。

举个例子，现在大家去马来西亚等东南亚国家都可以看到整齐划一的被开发的森林，都被种上了棕榈树。棕榈树和我们的生活息息相关，很多食品加工都会用到棕榈油。这些热带国家向全世界供应的棕榈油是以牺牲自然原生林为代价的。所以说，我们作为普通消费者，其实是承担着很多环境责任的。我们可以通过改变自己的行为，做出一些对环境友好的改变。

案例2：气候变化

很多新发传染病通过媒介传播。比如蚊子，一年中干湿季或雨旱季的变化，对蚊子的繁殖都是有影响的。蚊子多了，病例就可能上升。

案例3：药物使用

药物使用涉及一个很大的领域，例如，抗生素耐药性，它充分体现了人、环境和动物的关系。不是说用了抗生素，人才会产生耐药性；其实在养殖动物的过程中，动物用了抗生素，动物身上产生的耐药性也可以传播到人身上。

　　了解了这么多驱动因素，我们是不是能预测下一次人畜共患病会在哪里出现呢？一些科研人员对此进行了尝试，其中考虑了很多相关因素，如绿地面积、人口密度、哺乳动物多样性、农业生产开发程度等。中国南部以及东南亚地区、非洲地区等，由于其特殊的社会生态因素，都有可能是下一次人畜共患病出现的地方。

　　我们现在所做的工作是去发现更多野生动物所携带的疾病和可能影响这种疾病出现的风险因素，然后把它放到预测模型里，不断地去计算和预测，让它更加准确。如果真的能起到预测的作用，我们就可以避免很多损失。

　　而我们的一个长久的使命就是：在传染病出现前就把它扼杀在萌芽状态。

　　人畜共患病的监测和防控是一个非常需要交叉学科的领域：采样需要兽医、生态学家、动物学家；在实验室检测需要病毒学家；对人的监测，需要疾病预防控制方面的工作人员和医生；做行为学的研究，需要人类学家、社会学家；想要去影响政策，还需要很多经济学家来给我们算一算账，告诉我们这些政策资金的投资效益到底有多好。所以感谢我们的合作者，这样的合作还会一直下去，我们真的希望可以预测到下一次新发传染病的出现！

附　录

疫情之下，九家机构正式提交《野生动物保护法》修法建议

2020年1月下旬，北京大学自然保护与社会发展研究中心、昆山杜克大学、北京自然之友公益基金会、猫盟CFCA、北京大学生态研究中心、广州绿网环境保护服务中心、乌鲁木齐沙区荒野公学自然保护科普中心、桃花源生态保护基金会、山水自然保护中心等几家机构紧密合作，结合各自在自然科学、法律、公共政策、公众倡导等多个领域的专业知识和一线经验，结合大数据分析、国外野生动物保护立法政策比较研究、一线保护行动案例分析以及来自10万名公众的问卷调查结果，经过近一个月的紧张工作，完成了这份关于《野生动物保护法》修订的意见和建议，并已正式提交全国人大法工委。

一、政府和立法机关的行动

1月26日

国家市场监督管理总局、农业农村部、国家林草局联合发布公告，决定禁止野生动物交易活动直至全国疫情解除。

2月3日

习近平总书记在中央政治局常委会会议研究应对新型冠状病毒肺炎疫情工作时的讲话中提出"加强法律实施，加强市场监管，坚决取缔和严厉打击非法野生动物市场和贸易，坚决革除滥食野生动物的陋习，从源头上控制重大公共卫生风险。"

2月11日

广东省人大常委会会议通过《广东省人民代表大会常务委员会关于依法防控新型冠状病毒肺炎疫情切实保障人民群众生命健康安全的决定》，明确禁止交易和滥食野生动物。

2月14日

天津市十七届人大常委会第十七次会议通过《天津市人民代表大会常务委员会关于禁止食用野生动物的决定》。

2月17日

全国人大常委会委员长会议建议，提请审议全国人大常委会关于禁止非法野生动物交易、革除滥食野生动物陋习、切实保障人民群众生命健康安全的决定草案的议案。

2月18日

福建省人大常委会会议通过《福建省人民代表大会常务委员会关于革除滥食野生动物陋习、切实保障人民群众生命健康安全的决定》。

从三部门联合公告，到提议启动修法，中央层面应对野生动物非法贸易，启动《野生动物保护法》修订的响应速度不可谓不快。在地方政府层面，广东、天津和福建先后通过了关于禁止食用野生动物的决定，甚至启动了省级的《野生动物保护管理条例》的修订工作。

同时，民间对于野生动物非法贸易与食用的讨论也非常热烈，呼吁《野生动物保护法》尽快启动修订的声音也是此起彼伏。很多学者和组织也都提出了他们对于法律修订的意见和建议。一部法律的修订引发如此多的关注和讨论无疑是一件好事，更彰显了公众参与这一生态环境保护的基本原则。因此无论抱持何种立场和态度，关注和参与到议题的讨论当中来，就已经是对这项工作莫大的支持。

但略显遗憾的是，无论是各地出台的决定，还是公众和媒体对此事的讨论，都还停留在"吃与不吃"的层面。我们认为禁食与否固然重要，但野生动物保护工作是一个系统性的工作，吃作为末端消费的一种利用方式，仅占据整个野生动物保护工作的一小部分。

我们希望借助这次法律修订的机会，让更多人意识到人类与自然的关系，认识到生物多样性之美之重要，让《野生动物保护法》回归到确保生物多样性及生态系统的完整与稳定，从而保障生态安全及人类可持续发展的目标上来。

二、研究机构和环保组织的行动

1月22日

吕植教授发出严厉打击非法利用和经营野生动物的呼吁，倡议全面杜绝对野生动物的非法食用。

猫盟CFCA开始连续发文倡导反思人类与野生动物的关系，倡导关注野生动物非法利用和贸易。

1月23日

昆山杜克大学发文关注野生动物利用与公众健康危机，倡导立法和公众参与。

1月24日

19名院士和学者联名呼吁杜绝野生动物非法贸易和食用，从源头控制重大公共健康风险。

山水自然保护中心持续发文倡导杜绝野生动物贸易及利用。

1月26日

北京大学自然保护与社会发展研究中心、昆山杜克大学和北京自然之友公益基金会展开对国内外野生动物法律政策的专题研究。

1月27日

北京自然之友公益基金会与中国环境报社以及中国政法大学、北京林业大学的两家法律研究机构联合发布《立法禁食野生动物》建议书。

1月28日

北京大学自然保护与社会发展研究中心、山水自然保护中心、乌鲁木齐沙区荒野公学自然保护科普中心、阿拉善SEE基金会、桃花源生态保护基金会、北京自然之友公益基金会、昆山杜克大学、印象识堂平台、江苏农村农业技术协会等多家机构联合发起"公众对野生动物消费、贸易、立法意愿的调查"活动。

2月2日

山水自然保护中心发起倡议，禁止食用野生动物。

2月9日

北京大学自然保护与社会发展研究中心提出了实操性的修法建议。

2月12日

北京大学自然保护与社会发展研究中心、山水自然保护中心、昆山杜克大学、北京自然之友公益基金会就《野生动物保护法》进行逐条研讨，并产出第一稿法律修订意见。

2月18日

10万份"公众对野生动物消费、贸易、立法意愿的调查"问卷完成分析工作。

2月19日

多家机构联合完成了关于修订《野生动物保护法》的意见和建议的定稿。

北京大学自然保护与社会发展研究中心、山水自然保护中心、昆山杜克大学、北京市自然之友公益基金会、猫盟CFCA、北京大学生态研究中心、广州绿网环境保护服务中心、乌鲁木齐沙区荒野公学自然保护科普中心、桃花源生态保护基金会作为长期从事环境保护的科学研究与公益活动，致力于野生动物的研究与保护工作的机构，认为应当利用此次法律修订机会，对野生动物保护的立法目的、保护范围和各个关键制度进行全面修订和完善，并重点关注以下几个方面：

1. 完善立法目的。

立法目的决定立法思路。现有立法目的仅着眼于野生动物，而未包括对其栖息地的保护。事实上，野生动物保护的成效在于物种的野外种群是否健康稳定，这不仅取决于动物个体的保护，也包括其栖息地的保护。因此，我们建议把栖息地保护的重要程度提到更高的等级和立法目的上来。同时，野生动物保护工作与生态安全和公共卫生安全直接相关，因此立法目的也应指向更高层面。总之，我们希望立法思路能够回归确保生物多样性及生态系统的完整与稳定，从而保障生态安全及人类可持续发展目标。

2. 扩大保护范围，废除"三有动物"概念。

所有的物种都是生态系统的组成部分，并相互制约平衡。某些物种的丧失及减少，会导致生态系统失衡，造成病虫害增加、动物源疾病增加。根据现有规定，仍有大量野生动物未被纳入保护范围，既不属于重点物种也未列入任何名录，造成了监管空白。因此，建议扩大《野生动物保护法》适用范围。同时，三有动物是我们长期沿用的以可利用价值划分保护类别的老思路，已不再适应当下的保护工作，应当废除。

3. 根据名录和许可，对野生动物利用进行分类管理；依照科学原则，及时制定和更新名录。

我们建议将野生动物分为国家和地方重点保护野生动物和一般保护野生动物，同时对其利用形式和利用目的进行严格的限制。对人工繁育陆生野生动物，明确划分商业与非商业目的，进行区别管理。另外鉴于《国家重点保护物种名录》自1989年制定以来没有做过大的调整和更新，致使众多已经濒危的物种没有得到应有的保护，我们在此呼吁尽快启动《国家重点保护物种名录》的更新工作。

4. 鉴于食用野生动物在实践中存在的检疫的困难和给公共卫生安全带来的巨大隐患，应明令禁止食用、生产、经营、为食用非法购买野生动物及其制品制作的食品，包括特种繁育动物及其制品制作的食品。

5. 建立人工繁育陆生野生动物的追溯和标识制度，以动物检疫标准作为商业性人工繁育许可的前置条件，严格监管野生动物交易每一环节。

现有人工繁育许可制度过于粗放，建议包括特种繁育野生动物种群在内的野生动物应当使用人工繁育子代种源，建立物种系谱、繁育档案和个体数据。长期以来，商业性人工繁育野生动物缺乏有效监管，为了从源头上控制商业性人工繁育的公共卫生风险，建议以商业为目的的人工繁育采取许可制度，所涉及物种的动物检疫标准作为许可审批的前置条件。

6. 依法信息公开，保障公众参与和监督野生动物保护的权利。

现行的《环境保护法》将公众参与确立为环境保护工作的基本原则，新环保法实施之后的实践经验也表明，公众的理解、支持和积极参与是保护工作的有益补充。因此，我们建议《野生动物保护法》明确保障公民、法人和其他组织依法获取野生动物保护信息、参与和监督野生动物保护的权利。

7. 强化野生动物保护的管理体制，建议在自然资源部成立野生动物保护局，同时明确生态环境主管部门对于野生动物保护工作的监督职责。

野生动物商业性养殖（白名单）准入评估框架

肖凌云　陈怀庆　孙　戈　吕　植

全国人大常委会禁食野生动物《决定》的出台，全面禁止了陆生野生动物及其人工繁育种群的食用。除此之外，《决定》也明确了对于纳入《国家畜禽遗传资源目录》的人工繁育种群，可以食用。

　　作为全面禁食野生动物《决定》的补充，目前《国家畜禽遗传资源目录》亟待更新。

　　那么，在什么情况下，一个物种可以进行以商业为目的的养殖和食用？

　　综合考虑多方面因素，制定一套行之有效的准入评估标准，通过公开透明的程序进行评估，迫在眉睫。

　　通过查阅学术文献，参考国际上比较通用的评估框架，结合我国的实际情况，我们提出了一个评估框架建议稿（表1），包含了：对生态和人类健康的影响、技术的成熟度、经济可持续性、管理成本、社会影响等方面。

　　我们建议，对申请进入《国家畜禽遗传资源目录》的人工养殖野生动物，应该参照此框架据实评估。

　　当一个物种的养殖满足技术和经济可行、管理有序且洗白风险低、对该物种的野生种群有益无害、公共健康风险可控，无不良社会影响时，方可考虑准入。

　　受时间以及信息的限制，这个框架肯定存在很多的不足，也期待您的建议。

表1　野生动物商业性养殖（白名单）准入评估框架（建议）

野生动物商业性养殖（白名单）准入评估框架（建议）

物种名称：
中国原产物种还是引入物种：
IUCN评级：
CITES评级：
国内物种保护等级：

评估标准	红	黄	绿	标准说明
一、该物种养殖对人类健康的风险是否可控				
1. 该物种是否有传播人—动物共患疾病的风险？				该物种或系统进化相近的物种存在已知的高致病性、高传染性人—动物共患疾病，或为上述传染病病原体宿主，评为红；不确定，评为黄；无共患病或病原体可通过成熟的技术灭杀且检疫技术成熟，评为绿
2. 该物种是否近期能具备完整的检疫规范并执行到位？				无任何现存检疫规范、技术，评为红；现存有一定规范和技术（但不完善），且在一定评估期限内可以完善规范和技术规程，在地方上建立检疫体系（人力、物力）的，评为黄；已有完备的检疫规范和技术规程，且已有相应检疫体系的，评为绿

二、该物种养殖对野外种群的风险是否可控			
3. 该物种圈养几代后会不会退化，必须补充野外种源？			圈养几代后种质将不可避免地退化且尚未存在可行的选育、优化技术基础的，评为红；已有的经验和技术可以保持长期圈养后种质不退化的，评为绿；其他情况包括有一定退化风险、有一定选育技术基础但无法治本、不确定等，评为黄
4. 该物种养殖是否存在野外捕捉洗白？			该物种曾发生过野外捕捉个体冒充养殖个体贩卖实例，且目前无有效侦破、鉴定、追溯等监管手段的，评为红；未曾发生过或不确定是否发生过类似事件，目前也没有很好的监管条件的，评为黄；未发生过、未来发生的概率低或监管条件充分的，评为绿
5. 养殖个体和养殖场是否有污染野外环境、向野外种群传播病原的风险？			该物种养殖业曾发生过污染野外环境、传播病原的现象甚至公害事件，且因监管控制困难等原因未来发生类似现象的风险不可忽略的，评为红；未发生过类似现象，但未来发生的风险不确定的，评为黄；物种本身的特性或目前通行的养殖管理技术手段可以防止污染环境、传播疾病等现象发生的，评为绿
6. 养殖个体会不会逃逸导致野外种群基因污染？			该物种养殖业曾发生过个体逃逸或人为放生等事件，导致养殖个体与野外个体大规模杂交，造成野外种群的基因污染或遗传多样性丧失的，评为红；未发生过类似现象，但未来发生的风险不确定的，评为黄；物种本身的特性或目前通行的养殖管理技术手段可以防止类似现象发生的，评为绿
7. 野外逃逸会不会造成生物入侵，危害本土生态系统？			如果为外来物种，该物种养殖业曾发生过个体逃逸并造成大规模生物入侵，严重危害本土生态系统的，评为红；未发生过类似现象，但未来发生的风险不确定的，评为黄；物种本身的特性或目前通行的养殖管理技术手段可以防止类似现象发生的，评为绿
8. 养殖会不会诱导更多人加入消费群体，对野生种群造成猎捕威胁？			该物种已有的养殖业未导致消费者对野外个体的需求降低甚至反而导致需求升高的，评为红；目前没有观察到养殖业对消费者野外个体需求的影响、未来相关影响未知的，评为黄；目前该物种的养殖个体已显著取代历史上消费者对该物种野外个体的需求的，评为绿
三、该物种养殖的技术可行性与成本控制可行性			
9. 该物种是否完全实现人工条件下子二代以上的繁殖？			该物种已实现可控的子二代以上在人工条件下繁殖的，评为绿；目前已实现人工条件繁殖子一代，并且子二代人工繁殖相关技术正在试验阶段、有望短期内获得突破的，评为黄；其他任何未实现人工条件下子二代繁殖的，评为红

10. 该物种养殖是否难度低、成本低？			该物种食性为非专性的杂食或草食，环境理化条件适应范围宽，抗病力强，可以群养、无特殊社会结构、攻击性弱（包括发情期），家域较小、运动习性少、无特殊生境需求、对人类饲养行为应激性低，评为绿；上述条件有少数要求略苛刻、其他均满足的，可酌情评为黄；若该物种食性专一或营养级较高，环境适应性差，或行为特征不适宜人工条件驯养的，评为红
11. 该物种在养殖条件下繁殖效率是否足够高？			该物种生命周期短、性成熟早，每胎产仔数多，容易配对、合笼，无特定繁殖群体结构要求或要求容易实现，无固定繁殖期、怀孕期短、每年可繁殖多次，且幼体容易成活的，评为绿；上述条件有少数要求略苛刻、其他均满足的，可酌情评为黄；若该物种生命周期过长（超过15年）或自然性成熟年龄过晚（超过3岁），繁殖时间条件、求偶条件、交配环境和育幼环境条件等很苛刻，不利于人工条件下繁育的，评为红
四、该物种养殖的市场可行性（特别是与野捕的比较）			
12. 对该物种的市场需求是否理性，是否不可替代？			目前市场对该物种及制品的需求无任何基础或目前的需求可以轻易被已驯化的物种、品种及其制品替代的，评为红；目前市场对该物种及制品存在不可替代的需求，但需求群体较为小众或较为高端，尚未在广大人群中普及且没有普及的必要的，可酌情评为黄；当前需求已有相当的规模且不可被其他已驯化物种、品种及其制品替代的，评为绿
13. 养殖的利润是否高于野捕？			养殖个体及其制品的利润率远高于野捕个体及其制品的，评为绿；利润率相当或差距不明显，评为黄；养殖利润率不及野捕，评为红
14. 养殖个体或其制品的品质是否优于野捕个体？			养殖个体及其制品的品质可以做到不差于野捕个体及其制品的，评为绿；可以借助一定的加工手段做到不差于野捕个体及其制品，或目前品质差距不易评估的，评为黄；做不到，评为红。
15. 消费者是否更偏好该物种的野捕个体或其制品？			目前市场上广大消费者更偏好人工养殖个体及其制品而非野捕个体及其制品的，评为绿；目前市场对该物种养殖和野捕个体的偏好存在分化，或在任意特定消费人群中存在不可忽视且短期无法扭转的对野捕个体及其制品的偏爱的，评为红；其他情况或现有信息无法评估市场需求偏好的，评为黄
五、该物种养殖的监管可行性（含执法成本）			
16. 对物种养殖开展执法的人力、物力是否可保证执法有力？			当前执法队伍的人力、物力充足，可在当前体制下充分开展监管工作的，评为绿；当前执法队伍人力、物力不够充足，但通过少量加大投入、加大监管力度、小幅改善监管体系等可以做到充分保障监管执法力度的，评为黄；当前执法队伍人力、物力不充足，且需要财政大力投入、监管体系较大程度改革等才可以实现有效监管和执法的，评为红

17. 对盗猎该物种的执法是否得力，使得盗猎成本高于养殖？			目前该物种的野生个体的盗猎惩罚足够重、执法足够有力，盗猎现象被有效遏制，评为绿；若该物种盗猎行为屡禁不止、时有发生，并且无有效手段可改善此现状的，评为红。无盗猎风险的物种不适用此项。
18. 是否有适用的方法可区分养殖个体和野外个体，追溯来源？			目前不存在或极少数存在该物种及其产品的溯源技术手段和技术规程，且未来也难以实现和普及的，评为红；目前溯源技术未普及，但未来可通过较小的投入实现个体及其产品识别及溯源的，评为黄；目前产品识别与溯源技术规程完善，已普及或随时可在产业中普及的，评为绿
19. 养殖与经营利用许可是否可以信息完全公开并接收公众监督？			目前的养殖与经营利用许可信息备案完整、数据库结构完善、管理维护得当，随时可以实现信息公开并接受公众监督的，评为绿；目前相关证照有完整备案，但尚需整理完善才可适应新发照和许可的数字化登记备案、网络信息公开需求的，评为黄；已有的许可无完善备案，未来也不具备完善备案和信息公开条件的，评为红
20. 养殖许可和市场管理及监督是否到位可控制"洗白"？			目前监管体系可有效识别野捕和养殖个体及其产品，且执法力度足够、惩罚措施得当，评为绿；目前无法做到有效识别，但通过可行的产品溯源技术规程的普及可以做到有效识别，且有相应的执法力量足以覆盖这部分监管需求的，评为黄；其他市场监管不到位的，评为红
六、该物种养殖的社会影响			
21. 养殖和食用该物种是否符合公序良俗？			对该物种及其制品的利用需求与我国的公序良俗有明显违背、属于应革除的陋习的，评为红；在我国社会中无相关利用传统和群众基础，是否利用也与公序良俗不相关的，评为黄；对该物种的驯养、其制品的利用可有利于社会经济的进步、滥用野生动物行为的改善等，评为绿
22. 国际上对该物种贸易和商业利用的惯例？（CITES附录）			该物种属于CITES附录Ⅰ、附录Ⅱ的，评为红；属于附录Ⅲ的，评为黄；不在CITES附录中的物种，评为绿
七、针对全国人大常委会《决定》出台后，调整增补《国家畜禽遗传资源目录》需考虑的情况			
23. 该物种养殖从业人员的人数、地理分布、收入水平			
24. 该物种现存养殖数量和年产值			

补充说明：本评估中，红色项为严格控制的评估标准，若出现标准说明中红色内容均应视为禁止准入。若这几项没有出现标准说明中的红色内容，则可根据综合考量，给出评估结果。标准第七项则为针对全国人大常委会《决定》出台后，此次调整增补《国家畜禽遗传资源目录》可酌情考虑的因素。